# 세계와인수업

**W o r l d  o f  W i n e s**

**고종원 · 이정훈** 공저

# 머리말

세계와인수업은 그동안의 저자들의 오랜 와인과 관련한 경험과 연구 그리고 현장에서의 실무 등의 다년간의 경력을 바탕으로 저술하게 되었다. 교육현장에서의 경험과 교육자로서의 학습도 반영되었다.

와인은 현재 코로나 19 팬데믹 상황에서도 가장 인상적인 발전과 성장을 이룬 분야로 새롭게 부각되고 있다. 관광산업이 코로나의 영향으로 성장률이 급격히 저하되는 상황에서도 신세계 같은 실적을 내게 되었다. 특히 항공과 여행분야는 가장 어려운 관광분야로 고충이 지속되었기에 와인산업의 성장은 새로운 틈새시장으로서의 가치도 갖게 된다. 기존의 판매처가 대형할인매장, 전문판매점, 인터넷 판매 등에서 편의점 판매 등이 가세하면서 새로운 매출의 활로가 열리고 있는 것으로 보인다.

와인은 취급하는 레스토랑에서는 사람들과의 교류와 접촉의 매개체로서 역할해 왔다. 코로나 상황의 도래로 대면 접촉을 줄이며 가정으로 공간이 전환되어 가족 간 그리고 홀로 와인의 세계가 열렸다는 점은 새로운 전환점을 맞게 되었다고 평가하고자 한다.

대학에서의 교육은 음료의 한 분야로서 와인은 흥미를 갖고 학생들이 배우게 되는 기회를 갖는다. 중요성을 크게 인식하지 못하지만 사회진출 후 와인은 호텔, 외식분야에서 매우 큰 비중을 차지한다는 차원에서 대학에서의 전공교육 과목으로 매우 큰 중요성과 의의가 있다고 사료된다.

우리나라도 와인의 대한 인식이 변화하면서 수요가 매우 증가한 상황이고 이러한 현상은 지속적으로 이어질 것으로 예측된다. 가격의 대중화, 쉽게 구입할 수 있는 접근성, 와인에 대한 소비자의 인식변화 등의 영향이다.

유럽과 미주와 대양주 지역의 경우, 와인은 필수적인 식탁의 음식으로 자리 잡고 있으며 역사의 산물로 인식되고 있다. 와인은 음식을 잘 소화하며 즐길 수 있는 매개체의 역할을 한다. 와인에 함유된 산도와 당도 그리고 탄닌은 음식과의 매칭을 돕는 긍정적인 요소이다.

화이트와인은 아로마가 중요하다. 수백 가지로 캐치할 수 있는 아로마는 와인의 향연을 즐길 수 있게 한다. 레드와인의 함유물인 안토시아닌과 폴리페놀 성분은 심장병을 줄이며 혈관을 확장시키는 유의미한 긍정적 요소이다. 또한 와인은 발효음식으로 우리 건강에 이롭다는 전문가 평가가 지배적이다. 물론 알코올이 있는 음료로 자제하지 않으면 건강을 해친다는 점에서 유의해야 한다.

가장 소중한 사람과 가장 중요한 비즈니스에서 사용되는 와인은 매우 의미 있고 가치 있는 식탁의 요소로 자리 잡고 있다. 수천 년의 역사 가운데 와인은 인간의 소통과 이해 그리고 비즈니스를 위한 매개체로 역할해 왔다. 와인의 가치는 개념적으로 정복되는 것이 아니라 하나하나 알아가는 것이라고 생각된다.

지난날 해외의 많은 곳들을 방문하고 여행하며 와인의 가치를 인식하게 되었다. 테루아(Terroir)를 경험하며 그 지역의 특색 즉 날씨, 토양, 햇빛, 일조량, 바람, 강수 등 인간의 노력이 투영된 포도밭을 보며 많은 깨달음을 얻게 되었다. 와인은 해당 국가와 지역의 역사와 문화 그리고 수천 년 이상 오랜 기간의 산물이라는 것을 인식하게 되었다.

새로운 와인을 만나는 기쁨은 크다. 좋고 가치 있는 사람을 만나서 기뻐하는 것처럼 와인을 만나는 것은 무엇보다 중요하고 가치가 있다고 생각된다. 얼마 전 저자를 위해 출생연도의 빈티지(Vintage) 와인을 정성스럽게 구해 선물해준 가족의 사랑을 생각하게 된다. 가장 사랑하는 이에게 값비싼 투자와 마음을 쓴 사랑이 평생 기억될 것이다. 그의 행복과 건강을 위해 더욱더 기도하게 하는 계기를 만들어 주었다고 생각한다.

금번에 다시 함께 가치 있는 저서를 최선을 다해 준비한 한국 최고의 실무전문가 이정훈 선생에게 감사드리며 이 책을 출간함에 도움을 주신 백산출판사 진욱상 대표님과 관계자 분들에게도 심심한 감사를 전해 드린다. 이 책이 와인을 학습하는 관련 분야 전공 학생들과 와인을 공부하는 일반인들 그리고 와인마니아 분들에게도 도움과 참고가 되기를 소망한다. 부족하고 개선될 내용에 대해서도 지도편달을 부탁드리는 바이다. 와인을 통해 모두 늘 행복하시고 건승하시길 기원합니다.

2022년 가을의 문턱에서

저자를 대표하여 고종원 씀

# 차례


PART 1 와인 입문 11

CHAPTER 1 와인의 개요 13
1. 주류의 분류 / 13
2. 와인의 분류 / 15
3. 와인의 역사 / 16

CHAPTER 2 포도품종 22
1. 포도의 분류 / 22

CHAPTER 3 떼루아와 포도재배 30
1. Terrior / 30
2. 포도재배 / 33

CHAPTER 4 와인 양조 40
1. 와인 양조 개론 / 40
2. 와인의 양조 과정 / 42

PART 2 나라별 와인 59

CHAPTER 5 프랑스 와인 61
1. 지역 개관 / 61
2. 보르도 / 63
3. 브르고뉴 / 78
4. 샹파뉴 / 98
5. 꼬뜨 뒤 론 / 107
6. 발 드 루아르 / 116
7. 알자스 / 124
8. 프로방스 / 130
9. 꼬르스 / 131
10. 쥐라 / 132
11. 사부아 / 133
12. 남부 프랑스 / 134
13. 남서부 지방 / 137

CHAPTER 6 이탈리아 와인 141
1. 지역 개관 / 141
2. 이탈리아 와인의 특징 / 142
3. 이탈리아 등급 체계 / 147
4. 포도품종 / 148
5. 주요 생산지 / 152
6. 유명와인 / 155

CHAPTER 7 스페인 와인 160
1. 지역 개관 / 160
2. 스페인 와인의 특징 / 162
3. 스페인 등급 체계 / 165
4. 포도 품종 / 167
5. 주요 생산지 / 171

CHAPTER 8 포르투갈 와인 176
1. 지역 개관 / 176
2. 주요 생산지 / 177
3. 기후 / 178
4. 포르투갈의 와인 용어 / 178
5. 포도 품종 / 179

CHAPTER 9 독일 와인 182
1. 지역 개관 / 182
2. 독일 와인의 특징 / 184
3. 포도 품종 / 186
4. 독일 와인의 등급 체계 / 189
5. 주요 생산지 / 196

CHAPTER 10 칠레 와인 209
1. 지역 개관 / 209
2. 칠레의 떼루아 / 212
3. 칠레 와인 법과 품질 분류 / 214
4. 포도 품종 / 215
5. 주요 생산지 / 217
6. 칠레 와인 상품의 특징 / 222

CHAPTER 11 아르헨티나 와인 228
1. 지역 개관 / 228
2. 아르헨티나 와인의 특징 / 230
3. 포도 품종 / 232
4. 주요 생산지 / 234
5. 유명 브랜드 및 생산자 / 235

CHAPTER 12 남아프리카공화국 와인 236
1. 지역 개관 / 236
2. 남아프리카 와인의 특징 / 237
3. 포도 품종 / 238
4. 주요 생산지 / 239

CHAPTER 13 오스트레일리아 와인 241
1. 지역 개관 / 241
2. 오스트레일리아 와인의 특징 / 243
3. 오스트레일리아 와인 라벨 및 와인법규 / 245
4. 주요 생산지 / 246
5. 호주 와인 마케팅 / 252

CHAPTER 14 뉴질랜드 와인 254
1. 지역 개관 / 254
2. 뉴질랜드 와인의 특징 / 254
3. 포도 품종 / 256
4. 주요 생산지 / 258
5. 유명 브랜드 및 생산자 / 259

CHAPTER 15 미국 와인 260
1. 지역 개관 / 260
2. 미국 와인 등급 체계 / 265
3. 미국 와인 법 / 266
4. 주요 와인산지 / 268

CHAPTER 16 동유럽 지중해 와인 277
1. 헝가리 와인 / 277
2. 그리스 와인 / 279
3. 키프로스 지역 와인 / 283
4. 일본 와인 / 283
5. 한국 와인 / 287

PART 3 와인 서비스 실무 295

CHAPTER 17 소믈리에 실무 Part-1 297
1. 소믈리에의 정의 / 297
2. 소믈리에의 업무 / 298
3. 소믈리에 고객 서비스의 사이클 / 299
4. 와인 서비스 방법 / 303
5. 디켄터 선택과 적정 서비스 온도 및 보관 / 307

CHAPTER 18 소믈리에 업무 Part-2 310
1. 테이스팅의 정의 / 310
2. 전문 테이스팅의 목적 / 310
3. 테이스팅 환경 / 311
4. 와인 테이스팅 노트와 작성방법 / 311
5. 블라인드 테이스팅 / 315

CHAPTER 19 소믈리에 실무 Part-3 319
1. 시음회 및 와인 품평회 참가 / 319
2. 자기 계발 / 321
3. 소믈리에 대회 / 322
4. 소믈리에 영역 확대 / 323

CHAPTER 20 소믈리에 실무 Part-4 326
1. 와인과 음식 / 326
2. 와인과 음식의 조화 / 329
3. 아시아 요리 와인 마리아주 / 339
4. 레스토랑에서 간단한 와인 선택 기준 / 343

■ 참고문헌 / 344

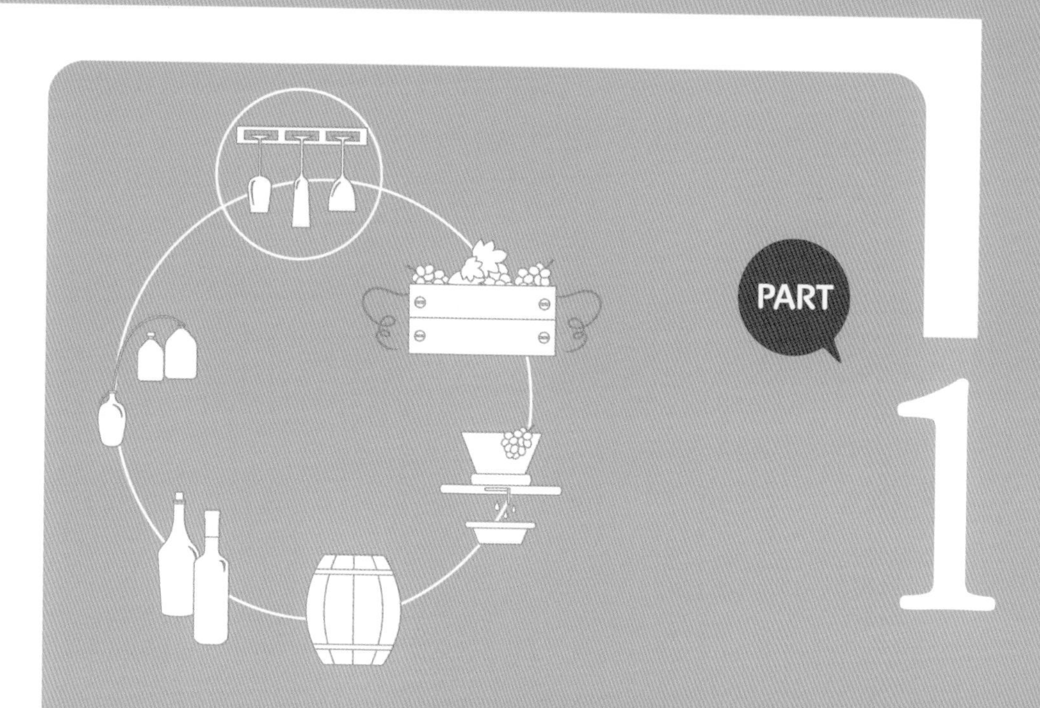

PART

# 1

# 와인 입문

CHAPTER 1

# 와인의 개요

## 1 주류의 분류

### 1) 양조주

양조주는 당분이 효모균의 활동에 의해 알코올과 이산화탄소로 변화하여 만들어진다. 대표적인 양조주는 와인, 막걸리, 맥주, 일본의 사케, 중국의 노주 등이 있다.

와인은 포도를 원료로 만들어진 양조주로서 알코올은 일반적으로 7~15% 정도이다. 와인 발효의 화학식은 다음과 같다.

$$\text{포도 당분} \xrightarrow{\text{효모}} \text{에틸알코올} + \text{이산화탄소}(CO_2) + \text{발효열}\uparrow$$

포도 당분이 효모에 의해 에틸알코올(알코올)과 이산화탄소로 변환되고 이 과정에서 발생한 발효열은 식혀준다. 여기서 이산화탄소를 날려 보내면 일반적인 화인트 와인과 레드 와인의 기본 와인이 되고 이산화탄소를 제거하지 않고 병에 넣는 경우에 가장 기본적인 스파클링 와인이 양조된다. 프랑스 남부 랑그독의 리무 지방 등에서 선조에서 전해 내려오는 재래 양조 방법(메토드 앙세스트랄레: Mothode Ancestrale)의 양조방법으로 지금도 사용하고 있다. 현재에는 발효가 진행 중인 와인을 병입 하여 1차 발효로 생긴 이산화탄소를 병 속에서 남기는 방식으로 만들어지는 내추럴 와인의 스파클링 와인인 펫낫(Pet-Nat: 뻬띠앙나추렐: Petillant-Natural)은 프랑스어로 자연스러운 기포를 뜻한다. 펫낫은 일반적인 스파클링와인과 달리 진흙처럼 보이는 앙금을 갖게되는데 이는 발효를 마친 효모의 잔해로서 여과과정을 거치지 않기에 자연스러운 현상이다.

펫낫

### 2) 증류주

증류주는 물과 알코올의 비등점의 차이를 이용하여 양조주에서 알코올성분을 분리하는 증류 방식으로 만든다. 증류 방식에는 단식 증류와 연속식 증류 방식이 있다.

포도를 원료로 하는 증류주는 일반적으로 브랜디(Brandy)라고 부르며 이태리에서는 그라빠(Grappa), 프랑스에서는 특정 원산지에서 생산하는 브랜디인 꼬냑(Cognac)과 아르마냑(Armagnac)이 있다.

곡물을 원료로 하는 증류주는 보드카, 위스키, 진, 럼, 증류식 소주 등이 있다.

### 3) 혼성주

혼성주는 양조주, 증류주를 기본 재료로 하며 약초, 허브, 과실, 당분, 그 외 향을 첨가하여 만든 알코올음료이다.

양조주 원료로 하는 혼성주는 플레이버드 와인(Flavored Wine)이라 부르며 버무스(Vermouth)가 대표적이고 증류주 원료로 하는 혼성주는 리큐어(liqueur)가 대표적이다.

## 2 와인의 분류

버블의 유무와 주정을 비롯한 첨가물 여부에 따른 분류는 다음과 같다.

| 스틸 와인(Still Wine) | 탄산가스 기압이 없거나 1기압 미만의 와인 |
|---|---|
| 스파클링 와인(Sparkling Wine) | 탄산가스 3기압 이상의 와인 |
| 포티파이드 와인(Fortified Wine) | 알코올을 첨가한 주정강화 와인 |
| 플레이버 와인(Flavored Wine) | 와인을 기본으로 한 혼성주 |

포티파이드 와인은 발효 도중 또는 발효 후 알코올 40%의 브랜디를 첨가하여 알코올이 16~20% 정도가 된다. 스페인의 쉐리, 포르투갈의 포트, 이탈리아의 마르살라, 프랑스의 천연감미 와인(V.D.N), 리퀘르 와인(V.d.L) 등이 해당한다.

플레이버 와인은 와인에 약초, 허브, 과실, 당분, 그 외 향을 첨가하여 만든 혼성주로 향을 강화 및 더하였다는 의미로 아로마타이즈드 와인(Aromatized wine)이라고도 부르며 프랑스의 리렛(Lillet), 그리스의 레치나(Retsina) 등이 해당한다.

## ③ 와인의 역사

조지아의 크베브리 와인 양조

와인의 역사는 B.C(기원전) 5000년경 지금의 서아시아(중동) 이란과 조지아(Georgia)부근에서 시작되었다고 전해진다. 영국의 과학 전문 매거진인 네이처(Nature)에서 이란의 산맥 지대에서 와인의 흔적이 발견되었다고 밝힌 바 있으며 또 다른 설로 B.C 7000년경의 포도 경작의 증거가 조지아에서 발견되어 조지아의 코카서스(Caucasus)가 기원이라는 설도 있다.

B.C 2500년경 바빌로니아 지금의 이라크인 티그리스 유프라테스강 유역의 메소포타미아 문명과 함께 같은 시기 이집트 피라미드에 포도재배 와인 양조에 관한 벽화가 그려져 있으며 B.C 1700년 바빌론 왕조 함무라비 법전에 와인 판매에 관한 규정이 적혀 있다. B.C 1600년경 그리스 미노아 문명 시기 크레타섬의 팔라이카스트로에서 암포라와 포도 압착기가 출토되어 이는 크레타섬의 미케네 출신 지도자가 그리스 본토로 전해주었다고 추측된다.

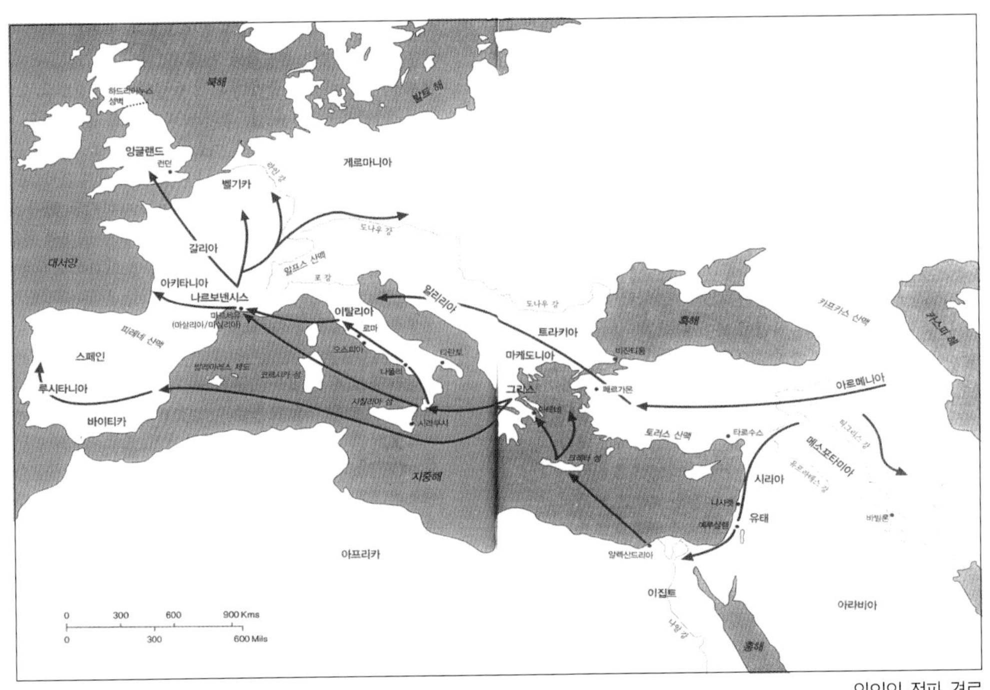


와인의 전파 경로

바쿠스

신화에서 와인의 신은 로마 신화에서는 바쿠스(Bacchus), 그리스 신화에서는 디오니소스(Dyonysus)로 불린다.

B.C 1500년경 페니키아인(현재 요르단)이 암포라(Amphora)를 이집트에 전해주었고 B.C 800년경 현재의 이탈리아 중부 토스카나 북부 지방에 와인 양조가 시작되었다.

B.C 500년경 로마제국 시대 그리스인에 의해 시칠리아를 비롯 이탈리아 남부로 전파되어 B.C 100년경 로마군의 원정에 의해 프랑스의 갈리아 지방, 독일의 게르만, 스페인의 히스파니아에 전해진다.

A.D(서기) 92년 로마 황제 도미티아누스가 곡물 부족 현상을 막고자 이탈리아에서 새로운 포도밭 조성을 금지함으로 포도재배가 프랑스에서 활성화된다.

A.D 100년경 프랑스의 론, 독일의 라인으로 A.D 200년경 프랑스의 브르고뉴, 보르도로 400년경 샹파뉴로 이렇게 프랑스 전역으로 확산되었다.

이시기 와인의 저장 운송 용기로서 나무로 만든 오크 통 사용이 시작된다.

280년 로마황제 프로부스가 갈리아 에서의 포도재배 장려하였고, 로마 시대부터의 오랜 도시인 독일의 트리어(Trier)와 모젤(Mosel) 부근에서 포도재배가 활성화된다.

400년경 로마제국이 붕괴되고 711년 북아프리카, 이베리아 반도까지 이슬람 제국(터키, 무어인)의 지배하에 들어간다. 술을 금기하는 이슬람 율법에 따라 와인은 암흑시대를 맞이하지만 교회의 포도재배는 계속된다.

샤를마뉴 황제

800년경 프랑크 왕국 샤를마뉴 황제(칼대제)가 신성 로마 제국의 황제로 즉위하였고 와인을 장려하여 특히 라인가우, 브르고뉴에서 산업이 활성화되고 이시기 카톨릭 종파인 베네딕트 파에 의해 와인은 이탈리아, 프랑스, 독일에서 발전하게 된다.

1096년부터 시작된 십자군 전쟁으로 전투에 나서는 기사들의 영혼을 위해 포도밭을 기부하여 교회의 포도밭은 기하급수적으로 늘어난다.

이러한 상황에서 1112년 베네딕트파에서 분리된 시토파에 의해 와인은 새로운 부흥기를 맞이하게 된다. 이들은 와인을 자신들이 마시기 위해 만들던 이전 베네딕트파의 수도사와 달리 엄격한 교리를 따르는 수도사들이었다.

이들은 토양과 기후, 포도재배와 와인의 관계를 연구하였고 와인 양조 과정뿐만 아니라 땅을 고르고, 가지치기, 접붙이기 등에 관한 여러 실험을 실시하여 현재의 "크뤼(Cru)"라는 개념과 특정 포도원의 밭의 와인은 나름의 일관된 특징인 떼루아(Terroir)를 밝혀냈다.

이로써 브르고뉴의 돌담을 상징하는 끌로(Clos)가 특정 떼루아를 갖는 포도밭이란 개념을 확립하게 된다.

브르고뉴에서는 유명한 "끌로 드 부죠"가 그 결정체이고 브르고뉴의 수도사들이 다시 독일의 라인가우로 전파하여 중세 최대 규모의 포도밭 "에베르바흐 수도원(Kloster Eberbach)"이 탄생하게 된다.

끌로 드 부조

1200년경 이슬람교의 세력이 쇠퇴하여 스페인이 다시 카톨릭 문화권으로 수복되고 이에 포도원도 완전히 복구된다.

유럽에서는 1453년 쉐리주가 영국으로 수출되기 시작하고 1500년경 스페인, 포르투갈이 개척한 신대륙의 페루에서 최초 와인 양조가 시작되었고 1520년 멕시코, 1557년 아르헨티나로 확대된다.

1500년 후반 만들어진 유리병은 코르크와 함께 사용되어 곧 샴페인의 발명으로 이어진다. 1600년 초기 헝가리에서 귀부 스위트 와인인 토카이가 생산되고 1660년 보르도 쏘떼른에서 귀부 스위트 와인이 생산되기 시작했다.

1600년경 네델란드인에 의해 증류기술이 전파되어 꼬냑, 브랜디의 상품명이 1678년 영국에서 최초로 등장하게 된다.

1660년대 중반 샤또 오브리옹이 영국 시장에서 인기를 끌어 보르도 와인이 유명해지고 이로서 지역 와인을 섞어서 판매하던 기존 방식에서 특정 포도밭이나 양조장을 대변하는 샤또(Chateau)의 개념이 등장한다.

1668년 샹파뉴 지방에서는 후대에 샴페인의 아버지라 불리는 돔 페리뇽이 오빌레 수도원에 근무하며 샴페인연구를 시작한다.

신대륙 칠레, 아르헨티나에서는1850년 유럽에서 고급품종이 들어오는 등 와인 산업이 중요한 시기를 맞이하게 된다.

1855년에는 나폴레옹 3세의 지시로 프랑스 만국 박람회에 최초의 와인 등급인 보르도 메독 지방과 쏘떼른 지방의 와인에 등급체계가 만들어지게 된다. 이 등급체계는 와인역사상 최초의 등급체계로 역사성과 정통성을 지니게 된다.

피에르 페리뇽(돔 페리뇽)

그러나 불과 5년뒤 1860년 포도나무 뿌리에 기생하는 진딧물 벌레인 필록세라의 창궐로 유럽 포도밭의 초토화되기 시작하였고 필록세라의 피해로 와인이 부족한 이 시기에 신세계 와인들의 유럽 와인 수출이 본격화되기 시작한다.

1855년 보르도 그랑 크뤼

이후 와인 산업은 1914년부터의 1945년까지 1,2차세계대전과 경제 공황을 치르는 등 긴 침체기를 보낸다.

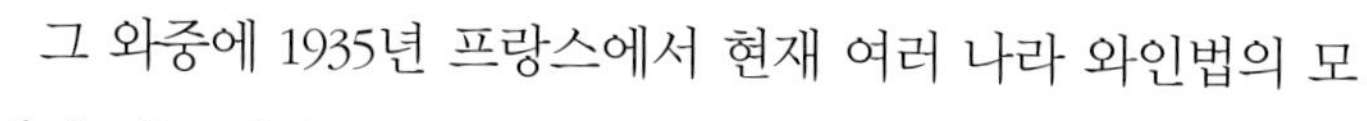

그 와중에 1935년 프랑스에서 현재 여러 나라 와인법의 모델이 되는 원산자 통제 명칭(A.O.C)을 도입하여 와인의 위조 방지 및 품질 관리에 앞장선다.

1950년 포도재배 농법에서 농사용 트랙터 도입으로 농법은 기계화로 도입으로 진보하게 된다.

1970년 "파리의 심판"이라 불리는 미국과 프랑스 와인의 비교 블라인드 테이스팅에서 미국 와인이 1위를 차지하여 미국 와인이 국제 시장에서 고급 와인으로 인식되기 시작하며 신세계 와인의 성장을 보여주었다.

품질 관리를 위해 1980년대에는 원산지 통제 명칭 제도가 세계 각국에서 재정립되고 1981년 프랑스의 양조학자 에밀 페노(Emile Peynaud)가 온도 조절 발효의 중요성을 강조함으로 와인 산업에서 양조자의 역할이 크게 대두되었다.

1990년 오스트레일리아 와인의 생산량, 수출이 늘어 나는 등 세계 시장에서 신세계 와인의 도약이 활발히 일어났으며 이시기 수출용 와인 생산을 위해 많은 포도밭에서 오래된 쉬라즈 포도 나무가 뽑히고 까베르네 쏘비뇽, 샤르도네

미쉘 롤랑 & 로버트 파커

품종으로 대체된다.

에밀 페노에 의해 만들어진 양조 컨설팅이란 직업군에서 미셸 롤랑을 비롯한 플라잉 와인 메이커(Flying Wine Maker)에 의한 양조 컨설팅이 세계적인 붐을 이루고 로버트 파커 등 와인 평론가들이 높은 평가를 주는 현상이 일어난다. 이는 전 세계 와인의 전체적인 질적 향상을 가져다 주었지만 한편으로는 와인의 획일화를 만들어냈다는 부정적인 측면도 대두되었다.

*Alvaro Palacios*

알바로 팔라시오스

이후 이러한 획일성에서 벗어나고자 하는 바람이 일기 시작하는데 이들은 와인의 다양성을 되찾기 위해 고유의 산지와 그곳에서 자생하던 토착 품종에 주목하였다. 대표적인 인물이 알바로 팔라시오스(Alvaro Palacios)이고 산지는 스페인의 프리오라트(Priorat)이며 오래된 포도 나무의 그르나슈(Grenach Noir) 품종 와인이다. 남아프리카 공화국에서는 오랜 세월동안 방치되었던 포도밭의 포도로 만든 와인이 부쉬 바인(Bush Vine)이라는 이름으로 부활하였다. 오스트레일리아나 미국에서도 포도원에 남아있던 적은 수의 오래된 포도 나무로 농축미 있는 올드 바인(Old Vine)을 적극적으로 생산하기 시작한다.

2010년경 부터 와인의 다양성을 와인 양조의 기원을 찾는 움직임이 대두되었다. 이태리 프리울리 지방의 요스코 그라브너(Josko Gravner)의 와인에서 세상의 관심을

요스코 그라브너

끌기 시작한 도자기 양조법(암포라 와인: Amphora Wine)은 슬로베니아에서 전통적으로 이어져 내려온 오렌지 와인(Orange Wine) 양조에 대한 관심으로 이어졌고 이어서 최초의 와인을 양조하는 스타일의 내추럴 와인(Natural Wine)이 현재 전 세계적인 붐을 이루고 있다.

남아프리카공화국 스와트란드 지방의 내추럴 와인 조합(Swartland Independent Producers)

이러한 내추럴 와인 붐은 지금의 비건(Vegan) 등의 사회현상과 더불어 건강, 기호로서의 음료의 기능뿐만 아니라 소비자의 가치 소비를 표현하는 소비재의 역할을 갖는 점이 특징이다. 앞으로 현재의 내추럴 와인과 함께 다양한 자연 친화적인 농법과 양조를 사용하는 와인들이 더욱 대중화되어 와인의 다양성에 대한 소비자의 선택지가 더욱 넓어질 것으로 추정된다.

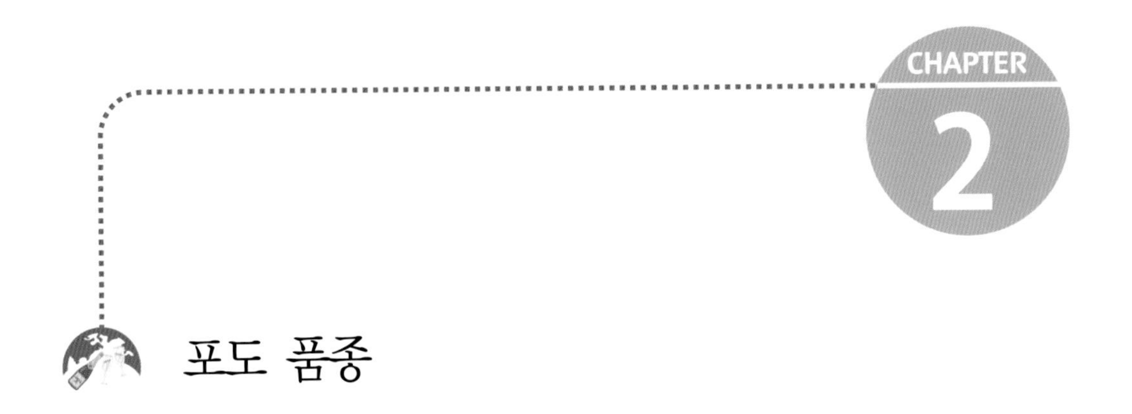


# 포도 품종

## 1 포도의 분류

'종의 기원'이라는 말이 있듯이 기원이 되는 식물계에서 맨 마지막 세 분화된 단계가 품종이다. 포도속 비티스(Vitis: Grapevines)는 79가지 포도 품종의 바로 위 상위 단계이다. 때문에 포도 품종앞에는 비티스(Vitis)가 꼭 붙어있다. 대표적인 포도 품종 종으로는 유럽 품종인 비티스 비니페라(Vitis Vinifera), 미국 품종인 비티스 라부르스카(Vitis Labrusca)가 대표적이며, 극동 아시아 품종으로는 비트스 코그네티아(Vitis Coignetiae)가 있다. 그외 꺽꽂이 대목(Root Stock)으로는 비티스 리파리아(Vitis Riparia), 비티스 루페스트리스(Vitis Rupestris)를 들 수가 있다. 연구소에서 개발한 교배 품종으로는 대표적으로 크로스(Cross)가 있다.

### 1) 비티스 비니페라(Vitis Vinifcra)

포도속 비티스(Vitis)에는 여러 품종이 있지만 비티스 비니페라 품종이 대부분의 와인에 사용되는 가장 중요한 품종으로 샤르도네나, 까베르네 쏘비뇽 등이 여기에 속한다. 유럽 품종, 또는 국제 품종으로도 불리며 서아시아가 원산지이고 전세계 와인 양조에 사용된다.

### (1) 레드 와인 품종

#### ① 까베르네 쏘비뇽(Cabernet Sauvignon)

"레드 와인 품종의 왕"으로 불리는 대표적인 품종으로 그 어떤 포도 품종보다 안정적으로 품질 좋은 와인을 생산한다. 원산지는 프랑스 보르도의 메독 지방이며 우아하고 장기 숙성력이 강한 풀바디 와인의 대명사로 불린다.

블랙커런트, 박하, 녹색 고추 향의 풍미가 풍부한 와인으로 오크 숙성 시 바닐라와 삼나무 등의 향이 복합적으로 어우러진다.

보르도에서는 전통적으로 멜롯이나 까베르네 프랑과 브렌딩하여 와인을 생산하며 캘리포니아 나파 밸리에서도 성공적으로 정착하여 과일 향이 듬뿍 담긴 마시기 좋은 와인을 생산한다.

주요산지는 프랑스 보르도, 캘리포니아, 남아프리카 공화국, 오스트레일리아, 칠레 등이다.

#### ② 멜롯(Merlot)

보르도가 원산지로 지롱드 강 좌안 메독에서는 브렌딩의 보조 품종으로 사용되며 지롱드 강 우안 쌩 떼밀리옹이나 뽀므롤 마을에서는 메인 포도 품종으로 사용된다. 좋은 멜롯 와인은 장기 숙성이 가능하며 감칠맛과 함께 부드러운 자두향의 레드 와인으로 변화한다.

신세계 특히 미국에서 품종 와인으로 좋은 품질의 와인을 생산하며 특히 캘리포니아의 멜롯은 부드러운 탄닌과 과일 풍미가 매력적인 와인으로 인기를 끌고 있다.

주요산지는 프랑스 보드로(쌩 떼밀리옹, 뽀므롤), 캘리포니아, 칠레 등이다.

#### ③ 피노누아(Pinot Noir)

초기에는 붉은 과일 향을 비롯하며 산미가 인상적인 와인으로 심플하게 느껴지지만 숙성과 함께 나타나는 다양한 향이 특징인 세계적으로 추종받는 미디엄 바디의 와인을 생산하는 품종이다.

덜 익었을 때는 여름에 나오는 붉은 과일 향이 나오며 상큼하고 과일캐릭터의 와인이지만 숙성이 진행되면 동물적인 향과 송로 버섯의 향을 띄는 등 복합적으로 변모하는 반전의 모습을 보여주는 품종이다.

주요산지는 프랑스 브르고뉴, 꼬뜨 도르, 뉴질랜드 센트랄 오타고, 미국 캘리포니아, 오스트레일리아, 독일 등이다.

④ 시라(Syrah)/쉬라즈(Shiraz)

프랑스에서 "시라"로 불리는 이 포도 품종은 프랑스산은 검은 과실, 후추 향이 지배적이고 오스트레일리아에서는 좀더 농익은 향과 강한 알코올이 특징적인 와인을 만들어낸다. 신세계인 호주에서는 쉬라즈로 불리고 프랑스와는 전혀 다른 브렌딩 파트너인 까베르네 쏘비뇽과 브렌딩되는 등 특별한 조합의 와인이 생산된다.

양조자에 따라 오스트레일리아에서도 라벨에 와인의 스타일을 명시하기 위하여 쉬라, 쉬라즈를 선택해서 기재하고 있다.

주요산지는 프랑스 론 밸리, 프랑스 남부, 오스트레일리아 등이다.

⑤ 까베르네 프랑(Cabernet Franc)

까베르네 쏘비뇽과 친척관계인 품종으로 보르도에서는 보조 품종으로 루아르 밸리에서는 주요 품종으로 사용된다.

블랙베리, 블랙커런트, 허브 향을 내는 가볍고 부드러운 레드 와인을 생산한다.

주요산지는 프랑스 보르도, 루아르 등이다.

⑥ 그르나슈(Grenache)

열기를 좋아하는 품종으로 높은 알코올 도수에 체리 향의 과일 풍미의 성격을 갖고 있으며 세계에서 가장 많이 심어진 품종으로 단일 품종보다는 브렌딩 품종으로 사용된다.

주요산지는 프랑스 론 밸리와 남부 프랑스, 스페인 등이다.

⑦ 가메이(Gamay)

원산지는 프랑스 보졸레로 프랑스와 유럽각지에서 재배되고 있다.

가볍고 체리맛 풍미로 유명하며 색조는 선명한 보라색으로 탄닌 함유가 적어 가볍게 마시기 좋은 품종이다.

주요산지는 보졸레, 루아르 밸리이다.

⑧ **네비올로**(Nebbiolo)

피에몬테의 바롤로와 바르바레스코에서 풀바디의 힘있는 와인을 생산한다.

레드베리, 장미, 제비꽃 부케가 특징이며 숙성시 담배 향과 송로버섯 향이 난다.

주요산지는 이탈리아 피에몬테이다.

⑨ **산지오베제**(Sangiovese)

이탈리아에서 가장 널리 재배되며 미디엄에서 풀바디 와인까지 생산된다. 상큼한 산미가 매력적인 품종으로 네비올로와 함께 이탈리아를 대표하는 레드 품종이다.

주요산지는 이탈리아 토스카나지역 키안티, 브르넬로 디 몬탈치노, 비노 노빌레 디 몬테풀치아노이다.

⑩ **템프라뇨**(Tempranillo)

최고 품질의 스페인산 와인 품종으로 미디엄에서 풀바디 까지의 와인을 생산한다. 강한 타닌과 나무 딸기향, 매콤한 풍미가 특징이다.

주요산지는 스페인의 리오하, 리베라 델 두에로이다.

⑪ **진판델**(Zinfandel)

캘리포니아에서는 진판델 이탈리아 남부에서는 프리미티보로 불리는 품종으로 미국에서는 매우 옅은 분홍 장미빛 세미 스위트 와인 화이트 진판델에서부터 알코올과 풀바디의 묵직한 정통 드라이 와인까지 생산하는 팔색조 같은 품종으로 각광받고 있다.

즙이 많은 검은 과일 향과 부드러운 탄닌이 특징이다.

주요산지로는 캘리포니아와 이탈리아 남부이다.

⑫ **무르베드르**(Mourevedre)

짙은 색과 향이 강한 품종으로 프랑스 남부와 스페인에서 주로 브렌딩에 이용되었으나 지금은 진한 색깔과 강한 향 덕분에 많은 사랑받고 있다.

주요산지로는 프랑스 남부와 스페인이며 특히 스페인의 후미야(Jumilla) 마을에서는 수령이 100년 된 고목에서 만들어지는 와인으로 유명하다.

주요산지는 프랑스 남부, 스페인이다.

⑬ **토우리갈 나시오날**(Tourigal Nacional)

포르투갈의 포트 와인(Port wine)을 생산하는 대표적인 포도 품종으로 현재 수준급의 포르투갈 드라이 레드 와인을 생산하는 품종이기도 하다.

주요산지는 포르투갈이고 포트 와인산지는 포르토(Porto), 드라이 레드 와인 산지는 도우로(Douro)와 다웅(Dao)이다.

### (2) 화이트 포도 품종

① **샤르도네**(Chardonnay)

세계에서 가장 인기 있는 화이트 와인 품종으로 품질적인 면에서 최고의 와인을 생산한다. 프랑스의 브르고뉴, 샴페인 제조에도 중요한 품종이다.

보통 빈 캔버스 같은 포도 품종이라고 흔히 표현하기도 하는데 그 이유는 주로 풀 바디의 드라이 화이트 와인으로 만들어지지만 재배된 장소나 양조자의 양조에 따라 산뜻한 맛에서부터 금속성의 날카로운 맛이나 강한 열대성 풍미를 갖는 맛까지 다양하게 만들어진다. 양조자나 떼루아에 따라 다른 스타일로 만들어질 수 있기 때문이다.

보통 서늘한 기후에서는 레몬 또는 녹색 과일의 풍미와 산뜻한 산미가 있는 와인을 만들고 따뜻한 기후에서는 열대 과일 풍미와 함께 오크 숙성을 통한 풀바디의 와인을 만든다.

주요산지로는 프랑스의 브르고뉴 와 샹파뉴, 캘리포니아, 오스트레일리아 등이다.

② **쏘비뇽 블랑**(Sauvignon Blanc)

드라이하고 산뜻하면서 산도와 아로마가 강한 품종으로 최근 인기가 급상승하고 있는 품종이다. 주로 구즈베리 풍미가 나며 푸른 고추나 풀, 고양이 오줌 냄새도 난다.

뉴질랜드의 말보로(Marlborough)에서는 강렬한 산미와 진한 아로마를 특징으로 하는 전형적인 상큼한 화이트 와인이 만들어지고 캘리포니아에서는 오크통에 숙성시켜 독특한 아로마를 억제시키는 경우도 있다. 잘 만들어진 와인에서는 열대 과일 맛이 나기도 한다.

이 품종은 품종와인으로는 뉴질랜드의 명성이 높지만 보르도에서 세미용과 브렌딩 하여 만드는 스위트 와인으로 유명하다.

③ **세미용**(Semillon)

품종 자체로는 그다지 유명하지 않지만 보르도의 전설적인 스위트 와인을 만드는데 가장 중요한 역할을 하는 품종이다.

진하고 농축적이며 감미로운 풍미가 쏘비뇽 블랑의 매력적인 산미와 조화를 이룬다.

풍미는 꿀, 오렌지 마말레이드, 토스트 등이 일반적 특징으로 오스트레일리아에서는 단일 품종으로 드라이 화이트 와인을 생산하기도 한다.

종종 오크 숙성을 거치기도 하나 오크를 사용하지 않은 경우에는 맛이 가볍고 향이 강한 스타일로 양조된다.

주요산지는 프랑스 보르도의 쏘떼른, 바르삭, 오스트레일리아의 헌터 밸리, 바로사 밸리 등이다.

④ **리슬링**(Riesling)

세계에서 가장 인기있는 포도 품종 중 하나이다.

전형적으로 상쾌한 산미의 가볍고 향기로운 와인으로 근사한 아로마와 상대적으로 낮은 알코올을 특징으로 한다. 광물질에서부터 관능적이고 감미로운 과일 풍미까지 표현 범위가 다양하다. 오크통에서 발효하는 경우는 거의 없다.

주요산지는 독일, 프랑스의 알자스, 오스트레일리아, 뉴질랜드, 미국 등이다.

⑤ **슈냉 블랑**(Chenin Blanc)

드라이 와인에서 스위트 와인까지 다채로운 와인을 만드는 품종으로 루아르 밸리에서 가장 많이 재배되며 라임, 바닐라부터 꿀까지 다양한 풍미를 자랑한다.

주요산지는 프랑스 루아르 밸리, 남아프리카 공화국 등이다.

⑥ **피노 그리**(Pinot Gris)

색이 짙으며 미세한 꿀, 연기, 향신료의 풍미를 보여준다. 같은 품종이지만 이탈리아 산은 프랑스 알자스 산보다 가벼운 바디를 갖고 있다.

주요산지는 프랑스 알자스, 이탈리아 등이다.

⑦ **게브르츠 트라미너**(Gewurztraminer)

리치, 장미, 라일락들의 진한 꽃 향이 나며, 때때로 훈제 베이컨 향 풍미도 갖고 있다.

주요산지는 프랑스의 알자스, 독일 등이다.

⑧ **뮈스까**(Muscat)

뮈스까 계열에는 뮈스까 아 쁘띠 그랑, 알렉산드리아, 오토넬 등이 있으며 고급 뮈스까로는 알자스의 드라이 화이트와 오스트레일리아의 스위트한 리꿰르 뮈스까가 대표적이다. 일반적으로 대중에게 친숙한 이탈리아의 모스까또(Moscato)가 있다.

주요산지는 프랑스, 알자스, 오스트레일리아, 이탈리아 등이다.

⑨ **비오니에**(Viognier)

고급품종으로 살구와 사향 냄새가 나는 풀 바디의 화이트와인을 생산한다.

주요산지는 프랑스 남부 론 밸리의 꽁드리유(Condrieu), 캘리포니아, 칠레 등이다.

⑩ **트레비아노**(Trebbiano)/**위니 블랑**(Ugni Blanc)

드라이 화인트 와인 및 꼬냑에도 사용된다. 이탈리아에 가장 많이 심어진 품종이다.

주요산지로는 이탈리아, 프랑스 등이다.

⑪ **푸르민트**(Furmint)

헝가리의 전설적인 스위트 와인인 토카이(Tokaji)를 양조하는 데 쓰인다.

상쾌한 산미와 강한 알코올로 유명하며 얇은 껍질 덕분에 디저트 와인에 이상적이다.

주요산지는 헝가리이다.

⑫ **팔로미노**(Palomino)

스페인 남부 안달루시아에서 쉐리를 만드는 품종으로 산도가 낮고 당분이 많아서 쉐리를 제조 하는데는 적합하나 다른 지역에서는 주목받지 못하는 품종이다.

주요산지는 스페인의 헤레스(Jerez)이다.

⑬ **그뤼너 펠트리너**(Gruner Veltriner)

뛰어난 잠재력을 품고 있는 품종으로 오스트리아 전역에서 재배된다.

특히 바카우 지방에서 만드는 와인은 독특한 향신료 풍미의 드라이한 풀바디 와인으로 장기 숙성 가능하다.

주요산지는 오스트리아 바카우(Wacau), 빈(Wein) 등이다.

### 2) 비티스 라부르스카(Vitis Labrusca)

아메리카 포도 품종으로 와인보다는 주스나 생식용으로 많이 쓰인다.

미국 동북부 뉴욕과 캐나다가 원산지이다.

주요 포도 품종으로는 콩코드(Concord), 챔피언(Champion), 나이아가라(Niagara), 델라웨어(Delaware) 등이 있다.

### 3) 비티스 코그네티아(Vitis Coignetiae)

극동 아시아, 러시아 사할린, 한국, 일본이 원산지로 한국에서는 머루, 일본에서는 야마부도(Yama Boodo)라고 부른다. 와인 양조에 당도가 부족하여 양조자에 따라 설탕을 넣거나 포도를 말려서 양조하는 경우도 있다.

### 4) 비티스 리파리아(Vitis Riparia), 비티스 루페스트리스(Vitis Rupestris)

비티스 비니페라 품종에 병충해 저항력을 주기 위해 사용되는 꺾꽂이 뿌리대목 품종이다. 원산지는 미국 동북부이다.

### 5) 교배 품종(크로스: Cross)

교배로 만들어낸 품종을 말하며 이러한 품종들은 보통 포도재배에 불리한 기후나 부정적인 요소를 극복하기 위해 만들어지는 경우가 많다.

독일의 경우 포도나무 재배의 북방한계선에 위치하고 있어 늦서리의 위험을 피하고자 천천히 익는 만숙종인 리슬링보다 빨리 익는 뮐러 트루가우(Muller Thurgau: Riesling* Gutedel)를 탄생시킨 것이 대표적인 예이다.

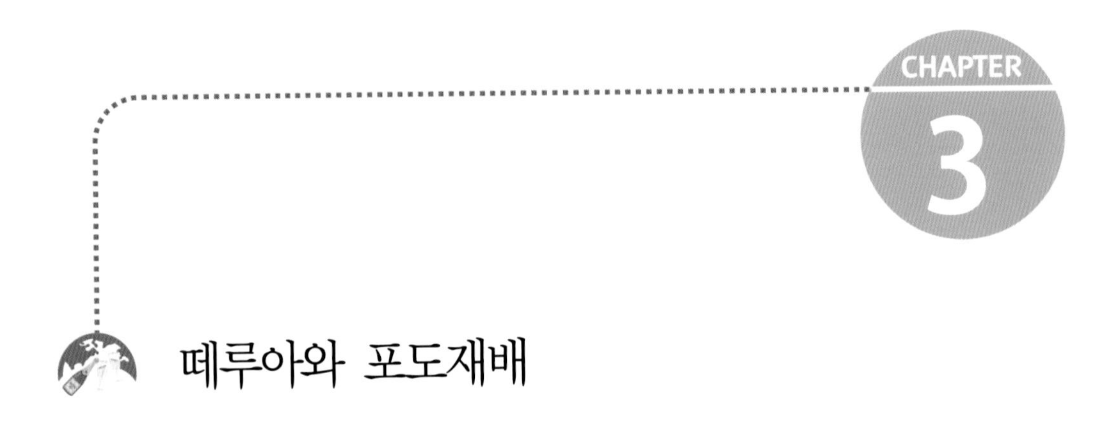


# 떼루아와 포도재배

## 1 Terrior

와인의 개성을 만드는 요소에는 포도 품종, 재배 양조기술 이외에 기후, 지형, 토양의 조합 등의 복합적인 요소가 있다. 이것을 떼루아(Terroir)라고 부르는데 포도의 성장에 영향을 미치는 모든 환경을 설명하는 단어이다.

같은 품종이라 하더라도 떼루아에 의해 특징이 서로 다른 와인이 만들어지기 때문이다.

과거에는 이러한 자연 요소만 떼루아로 인정하는 경향이 강하였으나 현재는 양조자의 역할을 중요 요소로 인정하고 있다.

떼루아의 정의

## 1) 기후

### (1) 해양성 기후

바다와 같은 큰 물에 인접한 지역으로 지형적 특징은 수분이 태양열을 흡수해 복사함으로 포도밭에 영향을 미치는 일교차나 계절의 변화에 온도 변화를 적절히 유지한다.

해양성 기후에서는 토양이 중요한데 부족한 열기를 담아두어 보충하는 자갈토양이 대표적인 예이다. 해양성기후인 보르도가 우수한 포도로 위대한 와인을 만들어 내는 이유로 자갈토양을 빼고 언급할 수 없는 이유이다. 대표적인 산지는 프랑스 보르도 지방이다.

### (2) 대륙성 기후

보통 물가에 멀리 떨어져 있어서 일조량이 많고 건조하다. 또한 밤과 낮의 계절간 온도의 차이가 심해 포도재배에 도움을 준다. 그러나 서리 나 우박으로 피해를 입는 경우가 많아 큰 위험요소로 작용한다. 대표적인 산지는 프랑스 브르고뉴 지방이다.

### (3) 지중해성 기후

여름에는 덥고 건조하며 겨울에는 상대적으로 온화하고 습도를 갖기 때문에 포도재배에 최적인 기후이다. 지중해 연안의 대표적 기후이기 때문에 지방의 이름이 그대로 사용되었다. 대표적인 산지는 지중해 연안과 프랑스의 꼬뜨 뒤 론 남부 지방이다.

## 2) 토양

### (1) 석회질 토양

알칼리성인 석회질 토양은 칼슘이 풍부하여 포도에 산도를 부여해주는 중요한 토양이다. 대표적인 산지로는 프랑스의 샹파뉴, 샤블리, 브르고뉴, 꼬냑, 스페인의 헤레스 등이 있다.

### (2) 점판암 토양

점판질은 열보존력이 좋고 미네랄이 풍부하여 와인에 광물질의 특성을 전해준다. 대표적인 산지로는 독일의 모젤, 팔츠, 포르투갈의 알토 도우로 등이 있다.

#### (3) 점토질 토양

점토는 차가운 성질의 토양으로 물기를 잘 보존하므로 덥고 건조한 지역에 좋다. 대표적 산지로는 프랑스의 뽀므롤 등이 있다.

#### (4) 자갈 토양

자갈토양은 따뜻하고 배수가 좋아서 서늘하고 습한 지역에 좋다. 대표적 산지로는 프랑스의 보르도 등이 있다.

### 3) 그 외 이상적인 재배조건

일반적으로 와인용 포도가 잘 자라기 위한 조건은 다음과 같다.

재배 지역은 와인 벨트인 북반구에서는 북위 30~50°, 남반구에서는 남위 30~50°에 위치하고 연평균 기온은 10~16℃이며 포도가 자라나는 시기의 일조 시간은 연간 13,000~1,500시간이 필요하다. 강우량은 연간 500~900mm가 적당하나 겨울에서 봄에 비가 내리고 포도가 익어가는 여름과 특히 수확기인 가을에 비가 내리지 않아야 한다. 이 시기는 당도, 산도를 비롯한 구성요소 성분의 품질이 결정되는 중요한 시기이다.

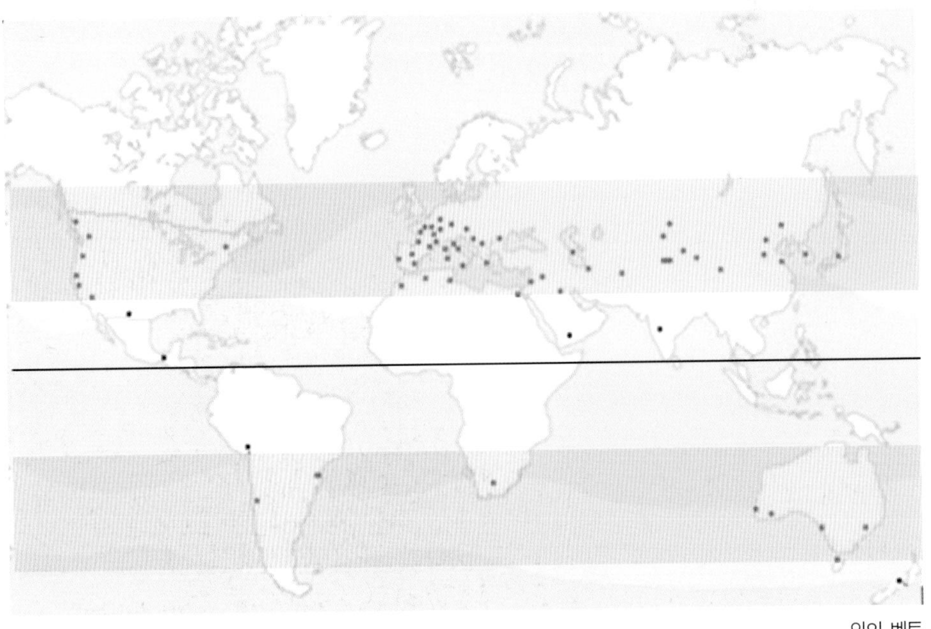

와인 벨트

# ② 포도재배

## 1) 포도의 생육 1년 사이클

보통 한 해의 시작은 1월부터 시작되지만 포도재배자에게 있어서 포도밭 1년의 시작은 수확 후에 다시 시작된다.

또한 북반구와 남반구의 계절은 정반대이기에 여기서는 북반구 프랑스의 수확 후 겨울 준비인 11월을 기준으로 살펴보고자 한다.

### ① 겨울

- 11월

다음해 포도 생산에 관계없는 가지를 잘라내는 가을 가지치기를 시작한다. 또, 상태가 안 좋은 포도나무를 뽑고 다시 심을 포도밭을 관리하며 땅을 골라준다. 겨울 서리를 방지하기 위해 포도나무 밑둥 뿌리 위에 두둑을 쌓듯 흙을 쌓아 준다. 이는 겨울내 포도나무 뿌리가 동사하는 것을 방지하기 위함이다. 포도나무는 잎이 떨어지고 이때부터 3월가지 휴면기로 들어서며 겨울잠을 자게 된다.

- 12월

11월의 두둑 쌓는 작업을 계속한다. 이 작업은 큰 추위가 오기 전에 끝내야 하는 중요한 작업이다.

- 1월

겨울 가지치기를 시작한다.

새순을 줄여 포도재배량을 줄이고자 이전 해에 자란 가지를 잘라내는 것을 시작한다.

이 작업은 포도나무의 생장 균형을 유지하며 수명을 길게 유지하기 위한 작업이다.

포도밭의 겨울

보통 프랑스에서 이 시기는 포도재배자의 수호성인인 성 빈세트(Saint Vincent)의 축제일인 1월 22일 후에 실시한다.

- 2월

겨울 가지치기를 계속 실시하고 2월 중에 가지치기를 마무리한 후 잘라낸 잔가지를 태우는데 이시기 포도밭에서 흔히 볼 수 있는 광경이다. 이때의 잔가지들을 모아두어 바비큐 장작으로 사용하기도 한다.

② 봄

- 3월

포도밭의 봄

포도재배자는 비료를 살포하고 새로운 포도나무를 대목에 접붙이기 작업을 실시한다. 비료를 주는 것은 포도나무의 생장을 돕고 병충해와 서리로부터의 저항성을 기르기 위함이다.

이로써 포도나무에 활력을 불어넣어 포도나무 성장의 시작이 나타나기 시작한다.

이시기에 성장 과정으로 “포도나무의 눈물”이라는 단계가 있는데 수액이 올라와 가지 끝자락에 맺히는 현상을 말한다. 이를 포도나무가 운다고 표현하는데 이로써 뿌리 조직이 겨울잠을 마치고 활동을 시작하였음을 알 수 있다.

- 4월

포도나무 밑둥 위를 덮었던 흙을 제거하고 나무의 열 가운데로 흙을 모아주는 작업을 실시한다. 이 작업으로 자연스럽게 제초작업이 되면서 토양이 숨을 쉬고 빗물이 잘 스며드는 작업이 자연스럽게 이루어진다. 화학 제초제를 사용하는 경우도 있다.

이즈음 기온이 10℃ 정도가 되고 알맞은 습도가 이어지면 봉우리의 발아가 시작된다. 이는 식물 성장의 시작으로 초록색 싹이 튼 후, 곧 나뭇잎이 돋아나게 된다.

포도 순의 성장 과정

• 5월

이 시기 포도나무는 곰팡이, 바이러스, 해충 등에 취약하기 때문에 이에 대비해 포도재배자의 관리가 집중되는 시기이다. 서늘하거나 습기가 많은 지역에서는 더 자주 약을 살포한다.

③ 여름

• 6월

기온이 20℃가 되면 개화가 시작되고 10여일 후 꽃이 피어나게 되는 개화기이다. 개화는 수확시기를 결정짓는 중요한 조건이 된다.

이때부터 포도나무는 열매를 맺게 되는데 꽃가루가 묻지 않은 꽃들은 떨어지게 된다. 이 시기 온도가 조금 낮으면 낙화로 수확량이 낮아질 수 있다.

포도재배자는 가지를 철사줄에 묶는 작업을 실시한다.

• 7월

포도재배자는 계속 자라면서 포도가 흡수할 영양분을 가져갈 수 있는 포도나무의 가지 끝을 치는 작업을 실시하여 열매 맺는 포도 송이 개수를 조절한다. 이를 여름 가지치기라고 한다.

포도 밭의 여름

• 8월

포도재배자는 포도송이 주변의 잎들을 제거하여 일조량을 늘려 포도 껍질의 착색과 포도알의 성숙을 촉진시키는 작업을 실시한다.

포도 알 당분이 높아지고 산도가 낮아지며 말랑 말랑 해진다. 수확 직전까지 탄닌, 색소, 아로마의 함량이 계속해서 증가한다.

포도알의 착색

④ 가을

• 9월

포도재배자의 수확이 시작되는 시기이다.
과거에는 포도 수확이 허가되는 고시를 따랐으나 현재는 포도 알을 수시로 체크하여 수확시기를 정하며 요즘은 보다 완숙한 포도를 수확하기 위해 과거에 비해 시기를 늦춰 10월에 수확하는 경우도 많다.

• 10월

중점을 두는 것은 잘 익은 포도를 수확하는 것이기 때문에 수확은 9~10월에 거쳐 실시한다.
10월 말경부터 포도나무 잎사귀가 서리를 맞아 색이 변하고 떨어지기 시작한다. 이시기를 포도나무의 순환기라 하는데 포도나무는 식물 성장기 중 휴식기에 들어간다.

포도 밭의 가을

수확 후 와인 양조와 함께 그 외의 업무가 시작된다.
수확한 포도가 여러 과정을 거쳐 와인이 되어 오크통에 들어가면 몇차례 다른 오크 통으로 이동하면서 가라앉은 앙금 등을 제거하는 과정을 거치고 불필요한 탁함을 유발하는 물질을 제거하는 청징 작업을 한 뒤 병입될 때까지 오크통에서 숙성시키는 안정화 과정에 들어간다.

오크 통 숙성

## 2) 재배 방법

### (1) 트레이닝 시스템

- 귀요 트레이닝(Gyout Training) 평지에서 양질의 포도를 얻을 때 사용하는 수형 방법으로 가지 양쪽을 사용하는 더블 귀요(Double Gyuot)와 한 쪽 가지를 사용하는 싱글 귀요(Single Gyuot) 방식이 있다. 대표적인 산지는 프랑스의 보르도, 브르고뉴 등이다.
- 바스켓 트레이닝(Basket Training) 바람이 강한 곳에서 바람을 막는 수형 방법으로 대표적인 산지로는 그리스의 산토리니 등이다.
- 고블렛 트레이닝(Goblet Training) 뜨거운 햇볕으로부터 포도를 잎으로 가려서 포도 송이를 보호하는 수형 방법으로 대표적인 산지는 프랑스 남부 론 등이다.

귀요 트레이닝

바스켓 트레이닝

고블렛 트레이닝

### (2) 포도나무 병충해

병충해는 수확량 감소와 품질 저하를 초래하며 나무의 생장에도 치명적인 손상을 입힌다.

병으로 인한 피해는 포도알에 발생하는 탄저병, 포도나무 잎, 새순, 포도알에 발생하는 흰가루병, 노균병 등 10여 가지가 있다.

벌레로 인한 피해에는 대표적으로 필록세라(Phylloxera)가 있다. 이 해충은 진딧물과 유사하며 유충과 성충이 잎과 뿌리에 기생하여 잎혹과 뿌리혹을 만들고 수액과 양분을 흡수하여 포도나무를 말려 죽인다.

이외에도 풍뎅이, 포도유리나방, 포도호랑하늘소도 벌레에 속한다.

### (3) 자연 친화적인 농법 와인

#### ① 지속 가능한 와인(Sustainable Wine)

자연 친화적 비료 사용

지속 가능한 와인은 환경을 보호하고, 사회적 책임을 지원하며, 경제적 타당성을 유지하고, 고품질의 와인을 생산하는 와인 제조 과정을 목표로 한다. 유기농 농법 및 비오다나미 농법을 선택시 비용 증가와 생산량 감소로 가격이 상승하고, 반대로 일반 농법을 적용시 환경 및 인체에 악영향을 줄 수 있기 때문에 고안되었다.

#### ② 유기농 와인(Organic Wine)

해충 퇴치용 오리

유기농 농업의 원칙에 따라 재배된 포도로 만든 와인으로, 화학 비료, 살충제, 살균제 및 제초제의 사용을 배제한다. 포도에 해가 되는 해충이나 질병이 발생한 경우에는 천적이나 다른 자연 치유 방식을 도입하여 해결한다. 유기농 와인의 기본 정의는 "유기적으로 재배된 포도로 만든 와인"을 나타낸다.

③ **비오디나미 와인**(Biodynamic Wine)

비오디나미는 오스트리아 철학자 루돌프 슈타이너가 1924년 기술한 포괄적이고 실용철학적인 개념에 유기농법(Organic Culturer)을 보다 강화시킨 것으로 포도재배를 화학적인 작용에 의지하지 않고 작물 자체의 힘을 길러 해충과 질병을 예방하는데 목적이 있다. 이를 위한 퇴비조성과 지구, 해, 달 태양계의 순환을 전반적인 개념으로 관리하는 자연순리적인 의미가 강하다.

비오디나미 경작과 전용 비료

CHAPTER 4

# 와인 양조

## 1 와인 양조 개론

영어로는 와인(Wine), 불어로는 뱅(Vin), 독일어로는 바인(Wein), 포르투갈어로 비뉴(Vinho), 이탈리아어 및 스페인어로 비노(Vino)라 한다.

포도에는 과실의 당분과 포도당이 함께 존재하고 발효는 그러한 당분이 효모의 활동에 의해 알코올과 탄산가스로 변화하는 과정을 말하며 와인은 그 결과로 생성된 알코올 음료이다.

와인의 발효에는 자연적으로 존재하는 야생 효모와 인위적으로 배양하여 첨가하는 인공 효모가 사용된다

와인 생산국에서 와인의 법적 정의는 "다른 과실을 제외한 신선한 포도 또는 포도 과즙의 발효 제품"으로 한정한다.

그러나 한국에서는 다른 원료 사용시 원료를 명시한 후에 와인이라 명명할 수 있다.

그 예로 감 와인, 사과 와인 등을 들 수 있다.

경북 청도의 감 와인(감그린)

## 1) 포도의 구성 요소

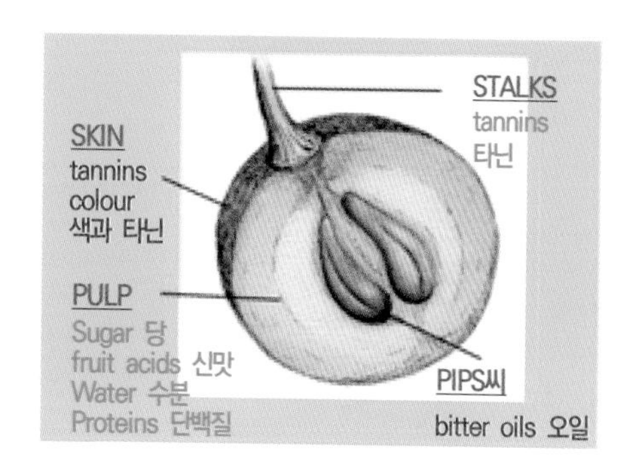


포도는 크게 포도알이 달린 꽃자루와 과육 및 껍질, 씨 등으로 이루어진 포도알로 되어있다.

### (1) 꽃자루(Stalks)

꽃자루는 포도송이의 3~5%를 차지하며 수분과 광물질이 함유되어 있으며 탄닌을 갖고 있다.

이를 통상 줄기 탄닌이라고 부르는데 과거에는 탄닌이 거칠어서 제거하고 포도 알 만으로 와인을 양조했지만 최근에는 와인에 개성을 부여하는 역할로 양조자에 의해 섬세히 사용되는 경우도 있다.

### (2) 포도알

#### ① 과육(Pulp)

포도송이의 80%를 차지하며 가장 중요한 부분이다.

수분, 당분, 세가지 중요한 산(주석산, 사과산, 구연산), 광물질 중 특히 칼륨, 질소 등의 물질로 구성되어 있다.

#### ② 껍질(Skin)

포도송이의 10%를 차지하며 표면에 희끗 희끗한 부분이 효모의 착상을 돕는다.

껍질은 탄닌과 색소가 풍부하며 품종마다의 특유의 방향성물질이 껍질속 안의 얇은 막에 담겨있다.

#### ③ 씨앗(Pips)

2~4개까지 들어 있으며 포도송이의 4~5%를 차지한다.

탄닌 성분과 지방성분이 함유되어 있으며 일반적으로 씨앗에서 나오는 탄닌은 껍질에 비해 거칠고 씁쓸하여 되도록 추출되지 않도록 양조하였으나 최근에는 양조자에 따라 살짝 씨의 겉 부분을 갈아내어 부족한 탄닌을 더 하거나 개성을 부여하는데 사용하기도 한다.

## 2 와인의 양조 과정

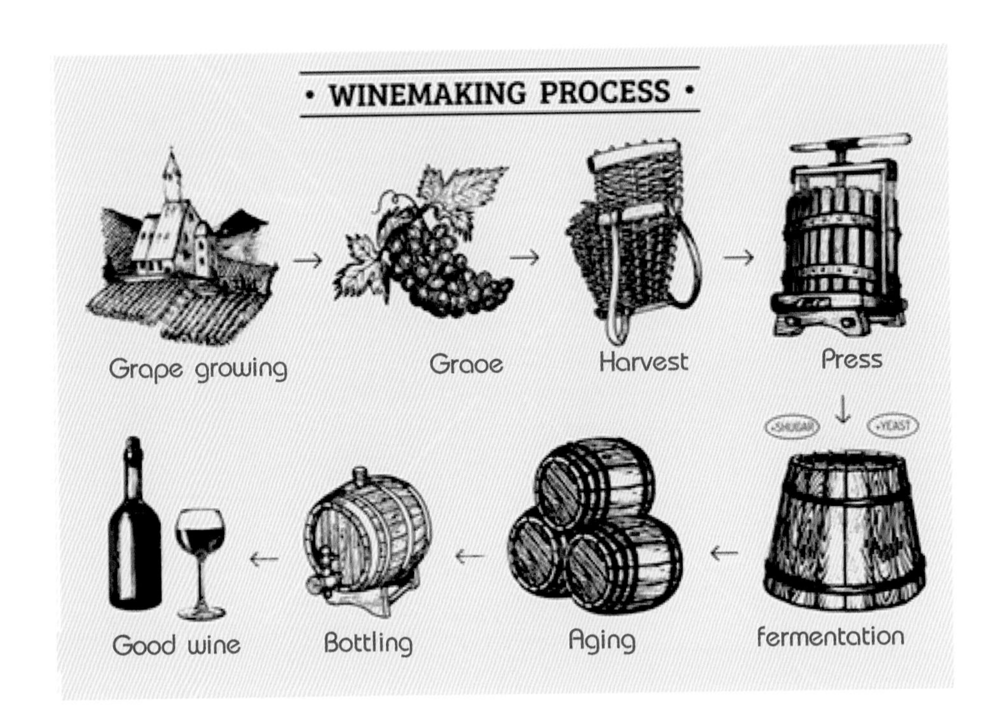


### 1) 화이트 와인 양조

수확–선과 작업–제경, 파쇄–압착–알코올 발효(15~20℃)–오크통 또는 스탠레스 탱크 숙성–앙금분리- 정제와 거르기–병입–병 숙성–출하한다.

화이트 와인은 포도의 산화 위험요소가 높고 과실 풍미가 중요하기 때문에 저온에서 2~3시간 침용 기간을 짧게 거친 후 압착 후 과즙만 발효시키는 과정을 거친다.

### 2) 로제 와인 양조

침용(Maceration)하지 않고 바로 압착해서 옅은 색의 과즙으로 로제 와인을 만드는 직접 압착법과 레드, 화이트 품종을 섞어서 만드는 독일의 로틀링(Rotling) 방법이 있으며 그 외에 고급 로제 와인을 만드는 방법으로 침용 기간에 따른 추출 색조를 결정하는 프랑스 론 따벨(Tavel) 마을의 세니에(segniee) 방법이 있다.

화이트 와인과 레드 와인을 블렌딩 하는 방법은 샹파뉴 지방에서 로제 샴페인(Rose Champagne) 양조에만 허가되어 있다.

### 3) 레드 와인 양조

수확–선과 작업–제경, 파쇄–침용, 발효(25~30°C)–압착–오크통 또는 스탠레스 탱크 숙성–앙금분리–정제와 거르기–병입–병숙성–출하한다.

침용(Maceration) 과정에서 껍질의 탄닌 및 향 성분을 추출하고 발효 온도는 화이트 와인보다 높은 온도에서 발효한다. 발효는 20°에서 시작되고 35°C가 넘으면 효모가 사멸하게 되므로 온도관리가 중요하다.

병입되기 전 안정화 과정에서 발생하는 불순물을 걸러줄 필요가 있다. 이것은 정제라고 부르는데 보통 계란 흰자나 젤라틴 등을 넣어서 제거한다.

### 4) 스파클링 와인 양조

#### (1) 전통적 방식(Traditional Method)

알코올 발효를 마친 와인 병 속에 다시 당분과 효모를 첨가하여 병 속에서 두번째 발효시키는 방식으로 흔히 샹파뉴(샴페인) 방식이라고도 한다.

그러나 샴페인 지방 외에 "샴페인 방식으로 만든 스파클링"을 샴페인이라 칭하지 못하기 때문에 샴페인 지방 외의 산지에서는 "크레망(Cremant)"이라는 명칭을 사용하고 있다. 일반적으로 프랑스의 각지방에서 전통적 방식(샴페인 방식)으로 만든 스파클링을 가리키지만 광범위하게는 유럽안에서 만들어지는 전통적 방식 스파클링 와인의 명칭으로도 사용된다.

가장 고급스러운 스파클링 와인 생산 방법으로 나라별로 독일의 젝트(Zekt), 스페인에서는 까바(Cava)가 이 방법으로 양조된다.

(2) 스테인레스 탱크 방식(샤르마 메서드: Charmat Method)

알코올 발효를 마친 와인을 다시 커다란 밀폐식 스테인레스 탱크 내에서 2차 발효시킨 후 앙금 제거 후 병입 하는 방식으로 샤르마 매서드(Charmat Method)라고도 부른다. 포도의 아로마를 남기고 싶은 발포성 와인을 만들거나 대량의 스파클링 와인을 만들 때 사용하는 방식이다. 이탈리아의 아스티 스프만테(Asti Spumante), 프로세코(Prosecco)가 이 방법으로 양조된다.

(3) 루랄 방식(Rural Method)

알코올 발효 중 잔당이 남아있는 와인을 병입하여 병 안에서 발효를 계속 시키는 방식으로 다른 스파클링 양조방법과는 달리 포도주스 상태에서 시작하여 한번의 발효로 마치는 방식이다.

최초의 스파클링 와인 생산에 사용된 방식으로 선조 전래 방식 메소드 안세스트랄(Methode Ancestrale)이라고도 부르며 프랑스 랑그독 지방의 블랑케뜨 메토드 안세스트랄(Blanquette Methode Ancestrale) 등이 이 양조 방식으로 양조된다.

(4) 가스 인젝션(Gas Injection)

콜라와 같이 탄산가스를 단순 주입하는 방식의 스파클링 와인으로 가장 수준 낮은 스파클링 와인을 만들 때 사용하는 방법이다.

## 5) 디저트 와인 양조

(1) 늦 수확 와인(Late Harvest)

포도를 완숙을 넘어 과숙 시켜 당도를 응축시키는 방법으로 그 당도의 응축도에 따라 다양한 수준의 스위트 와인이 된다. 독일의 스패트레제(Spatlese), 알자스의 방당주 따르디브(Vendanges Tardives)를 예로 들 수 있다.

(2) 말린 포도 와인(Passito)

이탈리아의 파시토라는 방식으로 만드는 디저트 와인으로 수확한 포도를 말리는 과정을 통해 생산하는데 통상적으로 70%의 수분이 증발될 때까지 건조시켜 당분의 응축미를 높인다.

(3) 귀부 와인(Noble Rot)

보트리티스 시네레아라는 곰팡이균이 포도 알에 스며들어 부패를 유발하여 만들어지는 와인으로 귀하게 부패하였다는 뜻으로 귀부와인이라고 부른다. 껍질이 얇은 포도품종, 높은 습도의 아침 안개, 충분한 일조량의 상관관계의 떼루아에 의해 만들어지는 와인으로 세계 3대 귀부와인이라 불리는 와인 중 프랑스 쏘떼른의 샤또 디켐, 독일의 트로켄베렌아우스레제가 이방식으로 만들어진다.

(4) 아이스바인(Ice Wein)/아이스 와인(Ice Wine)

포도밭에서 언 상태의 포도송이를 수확하고 바로 착즙 하여 만드는 스위트 와인으로 독일에서는 아이스 바인, 캐나다에서는 아이스 와인이 생산된다. 오스트레일리아에서는 인공적으로 포도를 얼린 후 아이스 와인을 만든다.

(5) 주정 강화 와인(Fortified Wine)

주정 강화 와인은 크게 발효 전에 주정을 넣어서 만드는 방식과 발효 중에 주정을 넣어서 만드는 방식으로 크게 나눈다.

전자는 프랑스의 뱅 드 리꿰르(V.d.l: Vin de Liqueur)을 만드는 방식이고 후자는 프랑스의 뱅 뒤 나뛰렐(V.D.N: Vin Doux Natural)과 포르투갈의 포트(Port) 와인을 만드는 방식이다. 이러한 주정 강화와인은 포도의 천연 당분이 주는 달콤함이 가득 느껴진다.

### (6) 오렌지 와인(Orange Wine) 또는 앰버 와인(Amber Wine)

오렌지 와인의 기원은 와인의 기원인 기원전 8000년 조지아에서 시작되었다. 흙으로 만든 도자기 암포라(Ampora)인 크베브리(Qvevri)를 땅속에 묻고 그 안에서 양조하는 방식으로 시작하였다.

오렌지 와인 / 앰버 와인

현재는 생산자에 따라 나무 재질, 콘트리트, 스테인레스 스틸 탱크, 플라스틱 등 다양하게 사용한다. 그렇기 때문에 오렌지 와인은 내추럴 와인 양조 중 하나의 방식이지만 모든 오렌지 와인이 곧 내추럴 와인은 아니다. 포도 품종은 화이트 와인 품종으로 조지아 지방의 토착품종부터 국제 품종까지 폭 넓게 사용되고 있다.

일반적인 화이트 와인은 껍질을 분리하고 포도 주스만을 발효하여 양조하는데 오렌지 와인은 화이트 와인 포도 품종을 껍질과 포도주스를 같이 침용 시켜 짧게는 몇일부터 길게는 1~2년 동안 접촉시켜 포도 껍질의 탄닌과 풍미 등 여러 성분을 추출해 낸다.

오렌지 와인은 대부분 오렌지색이지만, 옅은 로제 와인색부터 진한 분홍색까지 다양하다. 미감에서는 쓴맛이나 떫은맛이 느껴지며, 풍미가 강렬하다. 이는 껍질 혹은 줄기에서 타닌 성분이 녹아 나왔기 때문이며 와인이 껍질과 접촉한 시간이 길수록 강도가 강해진다.

가벼운 스타일은 섭씨 10~12C°, 묵직한 스타일은 섭씨 14~16C°로 온도가 적정 온도이다. 구운 비프 스테이크는 물론 특색 있는 아시아 음식에 잘 어울린다.

## 빈티지 차트

최초 빈티지 차트는 해당 연도의 기후 등의 토대로 양조한 상태를 점수 화하여 표기한 차트를 뜻하였으나 지금의 빈티지 차트의 점수는 이제 단순히 포도를 수확한 해의 기후 여건만을 가리키지 않는다.

1990년대 중반 이후 지금까지 빈티지 차트의 점수를 보면 2002년 프랑스 론 지방 같은 극단적인해를 제외하고 대부분 평균이상의 좋은 상태를 유지하고 있음을 볼 수 있다. 이것은 1990년대 중반 이후 양조기술의 비약적인 발전이 영향이 크다고 볼 수 있다. 또한 유명 사이트 및 평론가의 빈티지 차트의 점수는 고정적이지 않으며 주기적인 테이스팅을 진행한 이후에 수정된다.

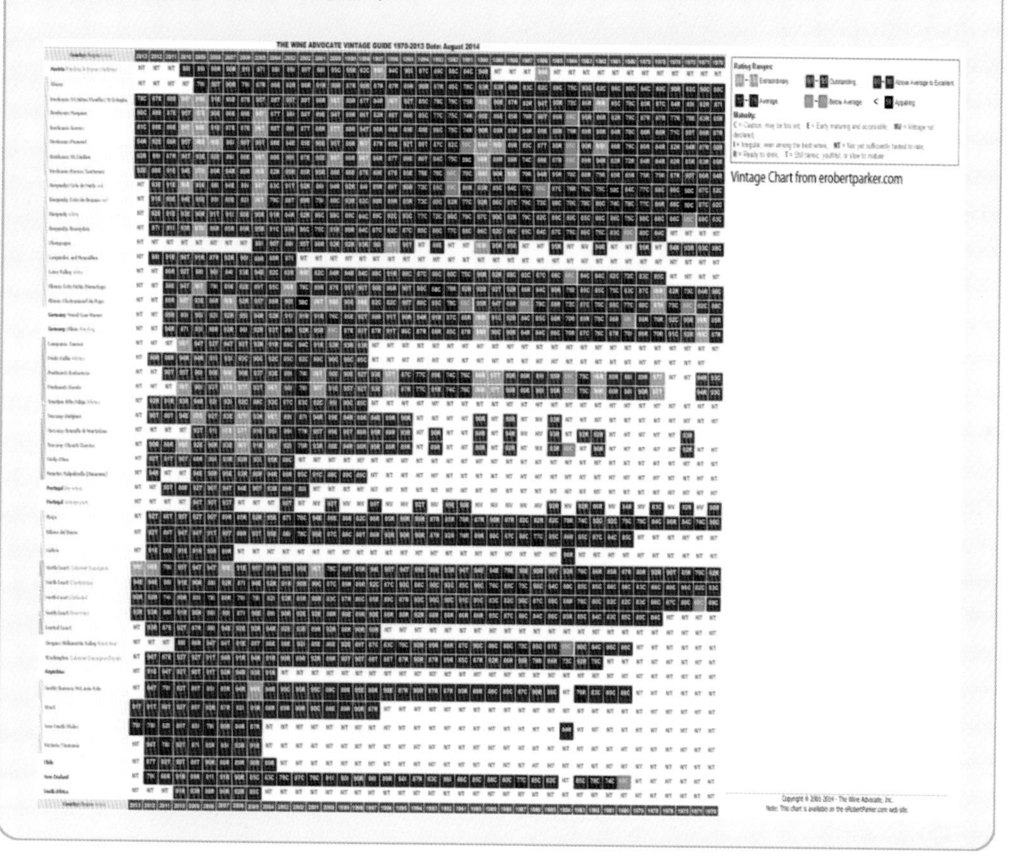

Vintage Chart from erobertparker.com

## 6) 와인 규정

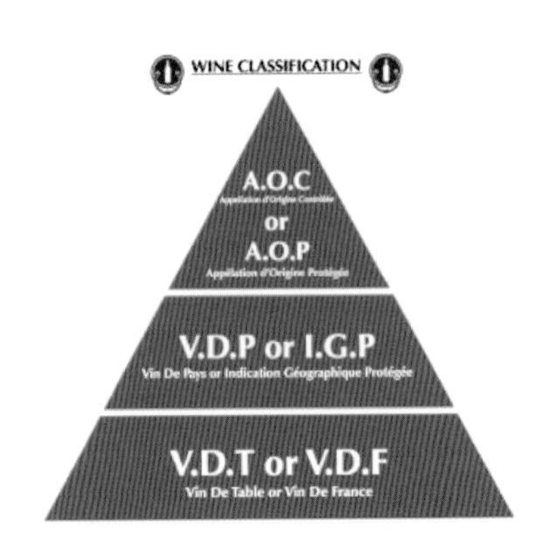


포도는 수 천년 동안 여러 나라에서 재배되었고 와인 또한 일상적 또는 사치품으로 사용되었다.

그런데 무슨 이유로 프랑스의 A.O.C(Appellation d'origine controlee: 원산지 통제 명칭)가 전세계 와인생산국 와인규정의 롤 모델이 되었는가?

이규정의 배경은 다음과 같다.

19세기말 필록세라에 의해 포도밭이 황폐해진 시기에 프랑스 샹파뉴(샴페인) 지방에서 특히 위조 샴페인 사기가 극성에 달했다. 위조 샴페인 수량이 전체 샴페인 생산 수량을 배로 웃도는 상황까지 이르자 샹파뉴 지역에서 시민 폭동까지 일어나게 되었다.

이에 정부는 폭동을 진정시키기 위해 급하게 샴페인 지방에서 생산된 스파클링에만 샴페인이라는 라벨을 허가하게 된다

이러한 상황의 와인 품질악화 및 위조 유통 상황에 Chateau Fortia의 피에르 르 로아(Pierre Le Roy) 남작이 1923년 남부 론 지방의 샤또 네프 뒤 파프 와인 생산자와 조합을 결성하여 포도 생산구역, 품종의 제한, 재배방법 규정을 제창하였다.

이것이 유래가 되어 1935년 프랑스 전국적인 제도로 발전하여 현재 전 세계 와인 법의 표준이 된 A.O.C(원산지통제명칭, 현재의 A.O.P:Appellation d'Origine Protégée)가 시행된다.

지방행정부의 법률에 따르는 이 AOC규정은 포도의 "원산지 명칭 통제" 제도로서 와인의 원료인 포도가 생산되는 구역과 명칭을 해당 구역별로 관리하는 제도이다. AOC 제도는 전통적으로 유명한 고급와인 생산지의 명성을 보호하고, 그 품질을 보존하기 위해서 만들어졌다. 이 법률은 각 포도재배 구역의 지리적 경계와 그 명칭을 정하고, 사용되는 포도의 품종, 재배방법, 단위면적당 수확량의 제한, 그리고 제조방법과 알코올 농도에 이르기까지 최소한의 세부 규정을 정하고 있다.

대한민국에서도 이러한 원산지 통제 명칭 제도를 벤치마킹하여 지역 농축산물의 브랜드이미지 및 마케팅 활성화에 도입, 적용하고 있다.

| | | | |
|---|---|---|---|
| 여주시 | 파주시 | 고성군 | 양양군 |
| 영월군 | 천안시 | 음성군 | 부여군 |
| 김제시 | 무주군 | 고창군 | 나주시 |
| 해남군 | 김해시 | 창원시 | 김천시 |
| 울릉군 | 제주특별자치도 | 경상북도 | 농협중앙회 |

지역 농산물 브랜드

## Special Colum

### ◈ 내추럴 와인(Natural Wine)에 대한 단상(斷想)

Sommelier 이정훈

2000년대 초반부터 "건강하게 잘 살자."라는 웰빙 열풍이 불어왔다.
이로 인해 건강식단과 유기농 식품 등 식재료에 대한 관심이 높아졌고 유기농 전문관을 이용하는 고객이 늘어나는 등 사회 전반적인 현상이 일어났다. 상품의 선택 기준을 단순히 가격대비 품질만으로 평가하던 시기에서 웰빙이라는 새로운 가치 평가 기준의 패러다임이 대중화된 사례이다. 현재 이러한 새로운 패러다임이 와인에도 일어났다.
내추럴 와인의 등장이 바로 그것이다.
와인의 정의는 발효된 포도 주스로 한국어로는 포도주이다.
기존 와인 양조에 따른 와인의 분류는 다음과 같다.

기존 와인 양조에 따른 와인의 분류

와인

◆스파클링 와인

◆스틸 와인
- 화이트
- 로제
- 레드

◆주정강화 와인
- 포트 와인
- 쉐리 와인 등

◆디저트 와인

내추럴 와인의 등장으로 이제 와인은 포도재배, 양조법을 기준으로 컨베셔널 와인(Conventional Wine)과 내추럴 와인(Natural Wine)으로 크게 구분되어진다.
컨벤셔널 와인은 "기존 관습적인 방법으로 만든 와인"이라는 뜻으로 우리가 현재 일상적으로 소비하는 대중적 와인을 지칭한다.
컨벤셔널 와인에 대해 알아보자
컨벤셔널 와인(Coventional Wine)은 포도재배 시 화학 비료와 살충제, 제초제 등이 사용 가능하다. 제초제로 포도나무 사이의 잡초를 제거하고 트랙터가 포도나무를 이동해 지나다니며 기계 수확을 하여 대량생산이 가능하고 인건비 포함 생산 비용을 절감할 수 있어 상품성이 있고 가격 경쟁력이 좋은 와인을 만들어 낸다.
현대의 일반적인 와인의 경우 와인의 변질 방지 및 빛깔 등의 상품성을 위해 양조과정에 개입을 해 왔다.
일반적으로 오늘날의 와인 생산자들 대다수는 아황산염이 와인의 산패를 막는 필수적인 방부제로서 이를 사용한다.

또한 아황산염은 발효 시작 단계에서 포도에 붙어 있는 야생 효모와 박테리아를 제거하여 생산자가 선택한 배양 효모를 주입할 수 있게 해준다. 배양 효모는 발효뿐만 아니라 와인 아로마 형성을 위해 첨가되기도 한다.
Food & Wine에 대한 기사에서 Nadia Berenstein 박사에 따르면 아황산염은 수백 년 동안 음식을 신선하게 유지하는 데 사용되어 왔으며 화이트 와인은 일반적으로 레드 와인보다 아황산염이 더 많고 스위트 와인에서 가장 많이 함유하고 있다. 그런데 약 100명 중 한 명 확률로 아황산염 알러지가 있으며 극소수이지만 두드러기와 호흡 곤란을 겪는다고 한다. 일반 대다수 사람들의 건강에 이상이 없지만 특정한 소수에게는 위험 요소가 되는 요인을 갖고 있다는 사실이다. 또 와인의 상품성을 위해 시각적으로 깨끗한 상태를 만들기 위해 계란 흰자나 물고기의 부레 등 동물성 단백질이 청징제로 사용되고 있다.
이러한 과정을 거쳐야 현대적인 와인이 만들어지는데 이 때문에 "일반 와인은 포도로 만들었지만 채식주의자는 마실 수 없다"는 말이 있다. 와인 양조 과정 중 청징(Fining)제로 사용하는 동물성 단백질로 인해 책식 주의자가 마실 수 없다는 뜻이기도 하다.
다음은 내추럴 와인(Natural Wine)에 대해 살펴보자.

혹자는 내추럴 와인이란 존재하지 않는다고 말한다. 이 말은 내추럴 와인의 구분 기준이 존재하지 않기 때문에 내추럴 와인이란 말이 성립하지 않는다는 뜻이다. 실제로 내추럴 와인의 기준은 아직 확립되어 있지 않다.
하지만 이 말에 다시 반론이 재기된다. "최초의 와인을 만들 때 기준이 있었는가?"이다. 정말 이쯤 되면 닭이 먼저 인가 달걀이 먼저 인가의 무한반복의 굴레에 빠질 수도 있을 것 같다. 이러한 모호한 상황에서 필자는 칼럼 형식을 빌어 내추럴 와인에 대해 이야기해 보고자 한다.
현재 내추럴 와인은 일반적으로 다음과 같이 설명하고 있다.

- 유기농(Organic) 또는 비오디나미(Diodynamic) 혹은 그와 동등한 방식으로 재배한다.
- 손으로 수확한다.
- 자연에 존재하는 효모만으로 발효한다.
- 유산 발효를 인위적으로 차단하지 않는다.
- 청징(Fining)을 거치지 않는다.
- 여과를 거치지 않는다.
- 와인 양조 시 그 어떤 첨가물도 넣지 않는다.

이렇게 살펴본 결과 컨벤셔널 와인과 가장 큰 차이점은 포도재배 와 자연 효모, 첨가물 사용이 가장 큰 차이점임을 알 수 있다.

일반적으로 살충제 나 제초제를 사용하지 않고 포도나무를 재배하여 포도원의 생물역학적 건강성을 강화하고 첨가제가 거의 없거나 전혀 첨가되지 않고 생산된다. 일반적으로 산업 기술보다는 전통적인 기술을 사용하여 소규모로 생산되며 배양 효모가 아닌 해당 포도원에서 포도에 붙어있는 토착 자연 효모로 발효된다. 가장 순수한 형태의 와인 양조 과정으로 인위적인 첨가물이 없이 순수하게 발효된 포도 주스이다.

즉, 최소한 유기농법을 사용하는 포도밭에서 수확한 포도로 양조한 후 병입 과정에서 소량의 아황산염을 넣는 것 외에는 아무것도 첨가하거나 제거하지 않고 생산한 와인이므로 옛날 방식대로 자연스럽게 포도즙으로 발효된 포도 주스에 가장 가까운 와인이다. 그리고 배양 효모가 아닌 그 지역에 그대로 살고있는 포도 자체의 자연 효모를 사용해서 와인을 발효시킨다.

자연 효모는 배양 효모와는 달리 발효가 일어나지 않을 수 있고 발효 중 중단될 수도 있는 불안정성을 갖고 있다. 이를 보완하기 위해서는 포도원 자체의 생물역학적 안정성이 바탕이 되어야 하는데 건강한 포도원의 생물학적 안정성이 자연 효모를 풍부하게 보유하게 하며 발효의 안정성을 보완해 준다.

화학약품을 사용하는 포도밭에서는 자연 효모의 수가 적거나 거의 없기 때문에 자연 효모로는 발효가 불가능하다. 때문에 내추럴 와인 생산자들은 자신들의 와인이 살아있는 와인이라고 표현한다.

내추럴 와인 생산자 중 대부분은 아황산염을 전혀 사용하지 않거나 일부가 보통 병입 단계에서 소량만 사용한다.

와인 별 아황산염 사용 기준: 컨벤셔널 와인, 유기농 와인, 비오디나미 와인, 내추럴 와인 순

다음 청징(Fining)과 여과(Filter) 과정에 관해서 내추럴 와인 생산자들은 사람들이 눈으로 와인을 마신다고 불평한다.

와인 생산자들 대부분이 소비자들이 선호하는 투명도를 위해 각종 첨가물과 청징, 여과 처리를 이용하여 와인의 안정화. 즉 깨끗한 상태를 만든다.

내추럴 와인의 경우 여과를 하지 않아 침전물이 생기는데 이때 시각적으로 흐릿하다는 점과 미감이 거칠다는 이유로 결점으로 평가하는 평가자를 만날 수 있다.

필자는 2019년 국제 와인 품평회인 ASIA Wine Trophy에서 오렌지 & 내추럴 와인 평가 심사위원을 담당한 적이 있다. 그 당시 구성 인원은 포르투갈의 와인 양조자, 스위스 대학의 와인 교수, 일본 사케 & 와인 전문가, 한국의 와인 평론가, 필자(소믈리에)로 구성되었다.

다음은 당시의 토론 내용을 재현해 보았다.

A: "와인이 탁하다."

B: "문제없다. 내추럴 와인이니까."

C: "내추럴 와인이라고 다 그런 건 아니다."

D: "산화미가 느껴진다. 와인의 결점이다."

E: "당연한 풍미다. 내추럴 와인의 양조적 특징이다."

30여개의 와인을 평가하는데 3시간이 넘게 걸렸다. 논쟁의 쟁점은 자신들의 기준에서 와인의 상태가 "정상이다" "정상이 아니다"라는 것이다.
흐릿한 투명도는 컨벤셔널 와인에서는 결함으로 평가되지만 내추럴 와인에서는 침전물이 와인에 질감과 풍미의 전체적인 균형을 이루게 해주기도 한다.
산화된 산미 또한 컨벤셔널 와인에서는 와인 산패의 결점으로 여기지만 내추럴 와인에서는 자연스러운 미감으로 받아들여지는 경우가 많다.
하지만 문제는 위에 언급했 듯이 어느정도가 내추럴 와인으로 잘 만들어진 와인이며 결점인가의 시각, 후각, 미각 기준이 정립되어 있지 않는다는 것이 딜레마인 부분이다.
다음은 내추럴 와인의 건강적 효용성 제기 의문이다.
내추럴 와인이 몸에 더 좋은가? 라는 질문도 흔히 제기된다. 그 답은 해답을 내릴 수 없다. 연구 자료 자체가 거의 전무하기 때문이다. 그럼에도 내추럴 와인 애호가들은 숙면에 도움이 된다, 두통, 숙취가 덜하다는 등 자신의 경험을 토대로 신봉하고 있다.
이에 대한 논쟁은 "유기농 식품이 일반 식품보다 몸에 더 좋은가?"와 같은 질문이라 할 수 있겠다. 참고로 이 질문에 답은 2014년 영국 영양저널에 발표된 343개의 연구에서 유기농 야채와 일반 재배 야채들의 영양소는 거의 차이가 없는 것으로 조사되었으나 유기농 농산물이 더 높은 수준의 항산화물질을 가지고 있을 수 있다는 결과가 있다. 2018년 JAMA international Medicine의 보고서에 의하면 암 발생률을 25% 낮추고 당뇨병 유병율이 35% 낮았고 대사증후군 위험율이 31% 낮다고 발표되었다.

### ◈ 내추럴 와인과 사회현상

초기 내추럴 와인 붐은 전세계 대도시를 중심으로 예를 들면 "뉴욕에서 내추럴 와인을 즐길 수 있는 50 bar" 등 내추럴 와인 bar map을 선보이는 등 이른바 핫 플래이스에서 즐기는 와인이라는 이미지였으나 이제는 동네 조금 큰 마트에서도 내추럴 와인을 쉽게 구매할 수 있게 되었다.
내추럴 와인은 솔직히 새롭게 탄생한 와인이 아니다. 세상의 관심을 받기 시작한 시기가 근래이지 고대부터 존재해 온 최초의 와인이다. 그러한 와인이 근래에 이르러 동물성 식품을 제한하고 과일, 채소, 곡물등 식물성 식품을 섭취하는 식습관을 지향하는 채식주의자 비건(Vegan) 사회현상과 맞물려 각광을 받기 시작한 것이다.
과거에는 내추럴 와인의 주소비 층은 신체적인 알러지 영향을 받는 채식주의자가 대부분이었으나 현재에는 자신의 신념을 기준으로 동물성 식품을 거부하는 채식주의자가 크게 증가하고 있다.
이들은 와인에 있어서도 빛나는 광택과 깨끗한 선명도를 만들어 주는 청징제로 사용되는 달걀 흰자, 물고기 부레등을 사용하는 일반 와인을 거부하고 자신의 신념에 해당하는 내추럴 와인을 자신의 아이덴티로 사용하는 등 내추럴 와인은 사회현상과도 밀접한 관계를 맺고 있다.

이러한 비건 주의가 젊은 세대에게는 S.N.S(Social Media)를 통해 자신의 가치이자 차별성을 표현하는 매개체로서 표현되고 있기도 하다.

두말할 필요 없이 내추럴 와인은 자연친화적 와인이다.

오렌지 와인을 포함한 내추럴 와인 붐의 흐름은 또한 현재 소비자의 자연 친화적인 와인 계열로도 대중화되었고 이에 따라 와인 생산자들 또한 대거 합류하는 등 와인 산업 전반에 큰 영향을 주고 있는 상황이다.

◈ 여러 의문과 논란에도 내추럴 와인은 이제 우리 곁에 자리 잡은 듯하다

프랑스에서는 내추럴 와인의 정의와 그 생산방식은 AVN(Association of Natural Wines)에서 제공한 초안을 바탕으로 2019년 모인 내추럴 와인 단체(le syndicat de defense des vins nature)가 지난 10여년 간 정부와 논의한 결과, 2020년 2월 21일 프랑스 정부에서 내추럴 와인의 명칭을 인정하기로 결정하였다. 단, 현재 유럽 와인 규정상으로 Natural Wine이라는 명칭은 공식적으로 인정되지 않기 때문에 대신, "자연주의 양조 방식으로 만든"이란 뜻의 뱅 메토드 나뚜르(vin méthode nature)라는 프랑스식 명칭을 사용해야 한다. 아직 완전하지는 않지만 놀라운 진전 상황이다.

vin méthode nature 명칭을 사용하려면, 인증된 유기농 방식으로 재배한 포도를 손으로 수확하고 천연 효모로 발효해야 한다. 이외에도 직교류식 필터, 급속 저온 살균, 발효 전 포도(포도즙) 가열, 역삼투압 같은 거친 양조 방식을 사용해선 안 된다. 아황산염 허용량은 최대 30mg/l이다. 아황산염 함유 여부에 따라 뱅 메토드 나뚜르의 로고는 두 가지로 나뉜다.

두 가지 인증 로고(내추럴 와인 단체: Syndicat de Defense des Vins Nature)

◈ 다소 복잡해 보이는 "포도재배 및 와인 양조별 와인 분류"를 다음과 같이 작성해 보았으며 간략한 설명을 첨부해 본다

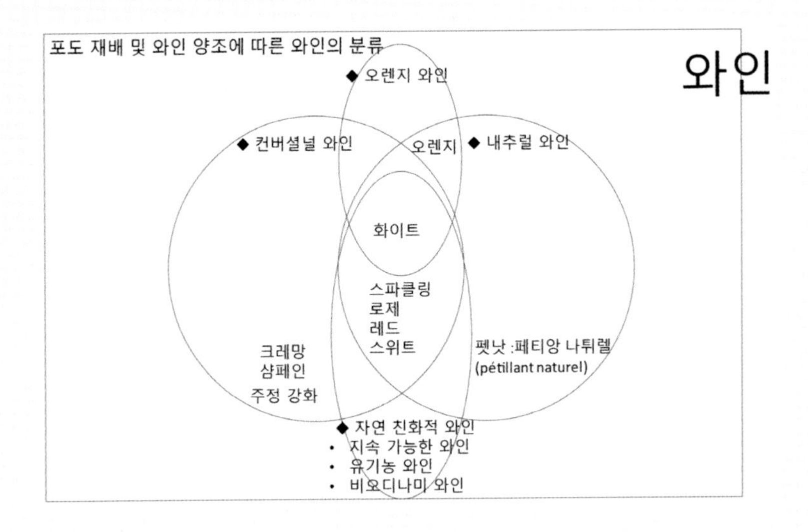


■ 오렌지 와인

- 오렌지 와인은 화이트 포도 품종만으로 포도 껍질과 장기간 접촉으로 만든다.
- 오렌지 와인은 내추럴 와인의 한 부분이지만 모든 오렌지 와인이 곧 내추럴 와인은 아니다. 오렌지 와인 중 일부는 스테인리스 스틸, 플라스틱 통에서 양조하는 경우도 있기 때문이다.

■ 컨벤셔널 와인

- 컨벤셔널 와인은 포도재배에 제한을 받지 않는다.
- 컨벤셔널 와인은 샴페인, 크레망, 2차 발효가 필요한 일반적인 스파클링 와인을 만들 수 있다.
- 컨벤셔널 와인은 주정 강화 와인을 만들 수 있다.

■ 컨벤셔널 와인과 내추럴 와인의 공통 분모

- 컨벤셔널 와인과 내추럴 와인은 스파클링(Methode Ancestrale), 화이트, 로제, 레드, 디저트 와인을 만들 수 있다.

■ 내추럴 와인

- 내추럴 와인은 유기농 또는 비오디나미 혹은 그와 동등한 방식으로 포도를 재배, 양조해야 한다.
- 내추럴 와인은 첨가물을 첨가할 수 없기 때문에 샴페인, 크레망을 비롯 2차 발효가 필요한 일반적인 스파클링 와인, 주정 강화 와인을 만들 수 없다.

- 내추럴 와인은 스파클링 와인은 메토드 앙세스트랄레(Methode Ancestrale) 와인 스타일인 펫낫만 만들 수 있다.

◈ '펫낫(Pét-Nat)'은 '뻬티양 나투렐(Pétillant Naturel)'이라는 프랑스어의 줄임말로 '뻬띠양(Pétillant)'은 '탄산', '스파클링 와인'의 거품이 이는 뜻으로 해석할 수 있다. 즉, '펫낫(Pétillant Naturel=Pét-Nat)'은 와인이 만들어지는 1차 알코올 발효를 병속에서 실시하여 자연적으로 발생한 탄산을 병 속에 가두어 만든 스파클링 와인을 일컫는 단어다. 그렇기 때문에 탄산은 2차 발효를 거친 다른 스파클링보다 약한 약 발포성 와인의 성격을 띄게 된다.

■ 자연친화적 와인

- 자연친화 와인은 컨벤셔널 와인의 모든 항목을 만들 수 있다. 그러나 포도재배에 있어 인공화학약품 사용이 불가하다. 지속 가능 농법 와인, 유기농 와인, 비오디나미 와인 순으로 갈수록 더욱 자연 친화적 와인이다.

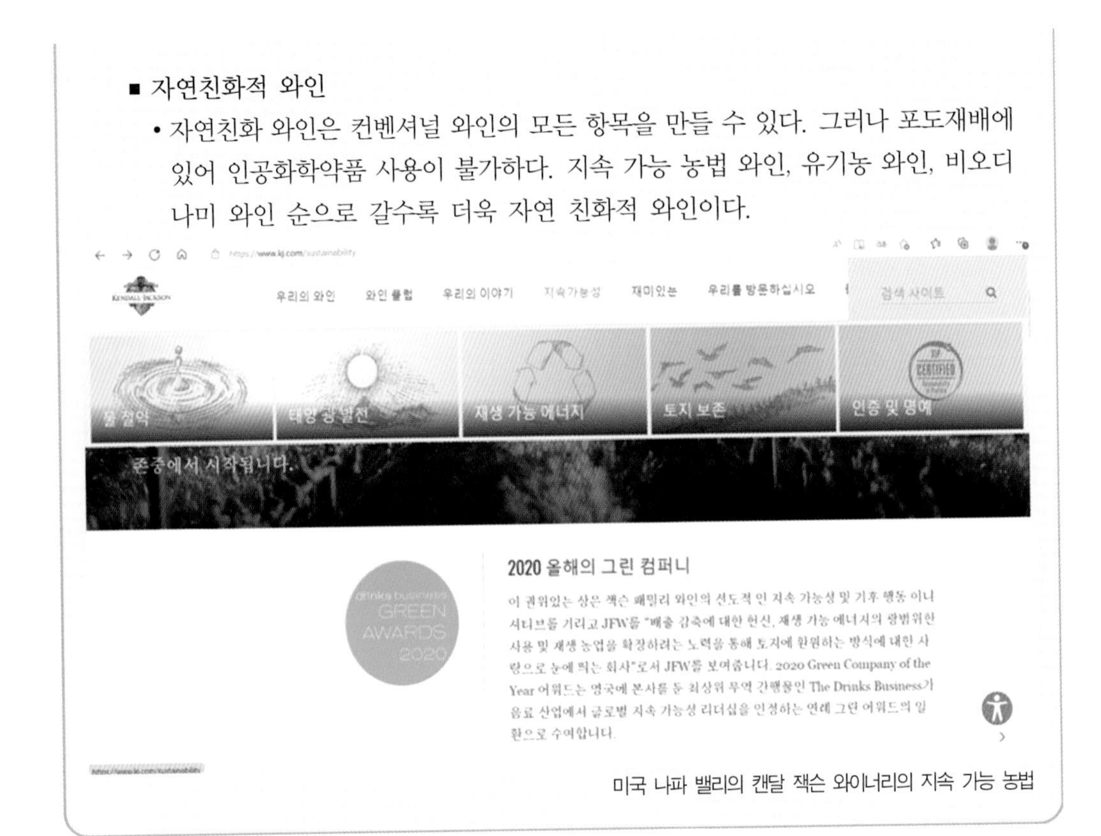


미국 나파 밸리의 캔달 잭슨 와이너리의 지속 가능 농법

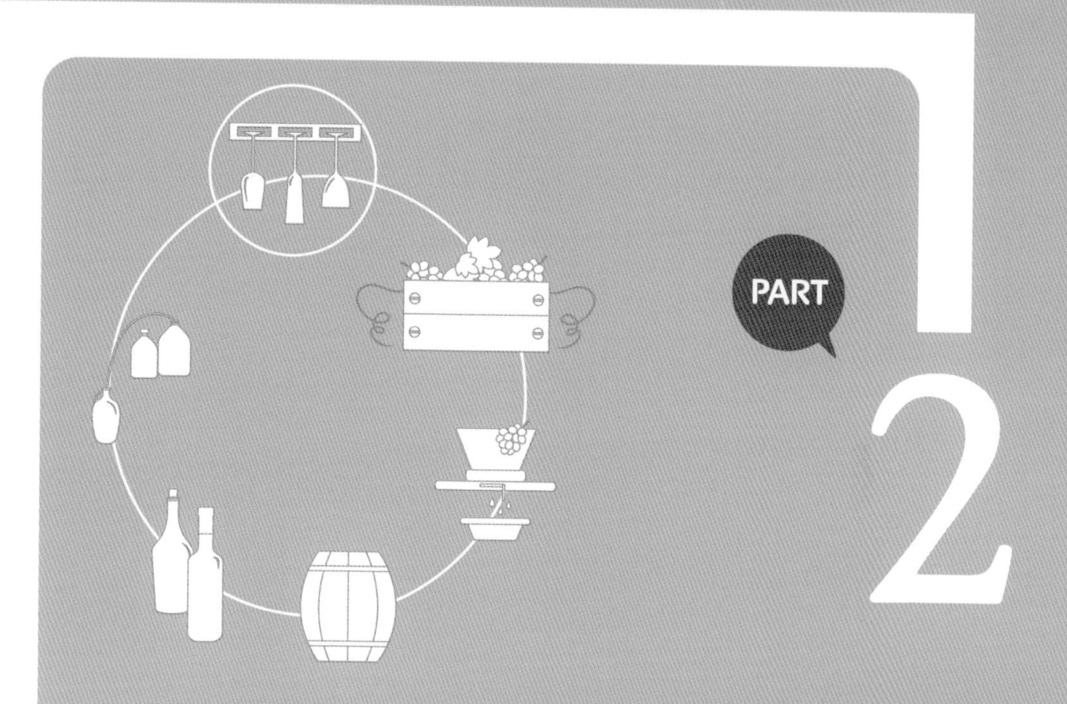

PART

# 2

# 나라별 와인

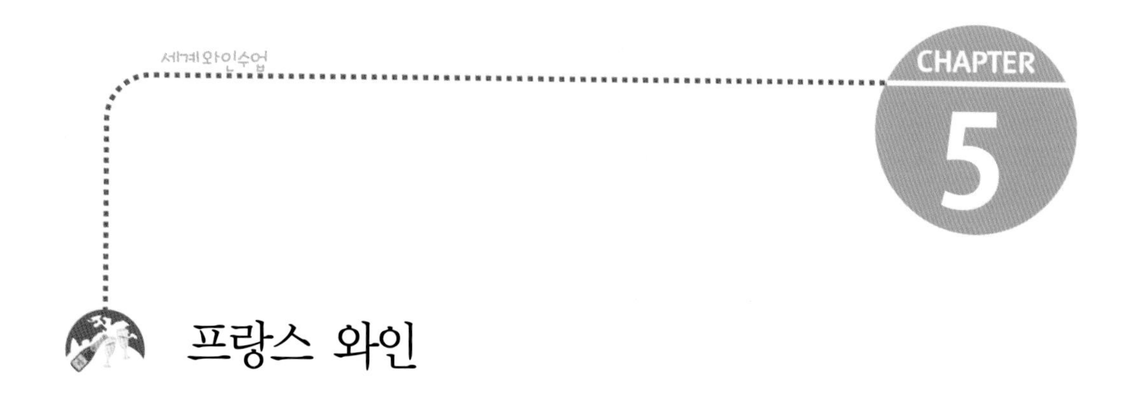


# 프랑스 와인

## ① 지역 개관

프랑스 와인 역사는 800년경 페니키아인이 현재의 마르세이유로 건너오면서 시작된다.

로마시대 때 포도재배가 확산이 되었고 1121년 시토파 수도원인 끌로 드 부조(Clos de Voget)에 의해 브르고뉴 와인의 품질향상이 이루어졌다.

1152년부터 1452년 동안 영국 왕 헨리 2세와 당시 아키텐(현재 보르도) 공국의 공주(전 프랑스의 왕비)가 결혼하여 당시 관례 데로 보르도는 결혼 지참금으로 영국령이 되게 된다.

샹파뉴(Chapagne)지방 에서는 1600년경 유리병과 코르크 마개의 도입으로 샹파뉴(영: 샴페인)가 발전되었고 1789년 프랑스 혁명에 의해 브르고뉴 지방의 교회, 영주의 포도밭이 민간에 불하되게 된다.

1855년에는 파리 만국 박람회가 개최되어 보르도의 레드 와인과 스위트 와인의 등급체계가 정해지게 되었고 이것은 향후 프랑스 와인의 정통성을 대변하는 중요한 등급체계로 자리 잡게 된다.

1850년경부터 1900년대까지 포도나무 병충해 및 진딧물로 인하여 포도재배에 큰 위기를 겪게 되지만 1935년에 원산지 통제 명칭 제도(A.O.C)를 실시하여 와인의 품질 관리에 근대적인 표준을 마련하여 와인 왕국 프랑스의 위치를 확고히 하게 된다.

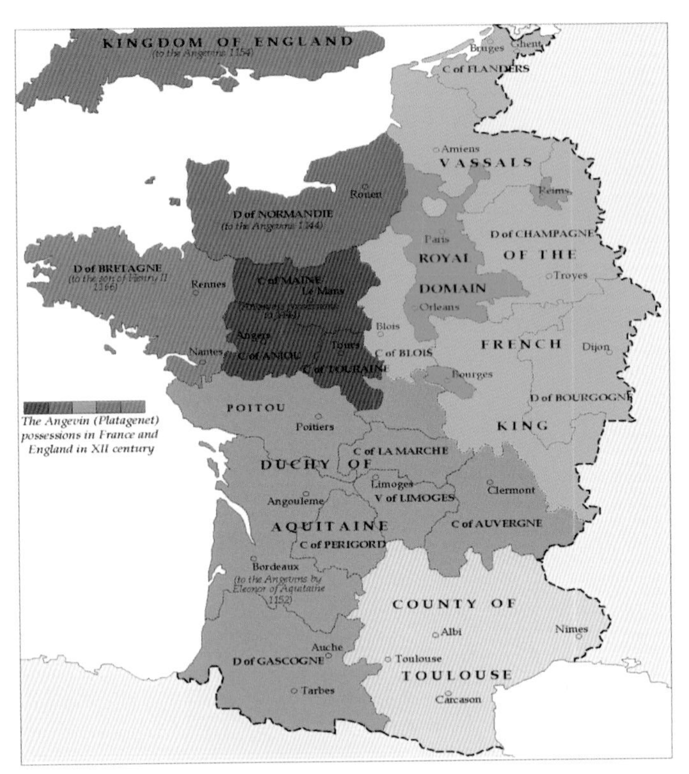


12세기 아키텐 공국 영토

## 프랑스 와인의 품질분류

프랑스 와인은

- AOC(Appellation D'origine Controlee: 아빨라시옹 도리진 콩트룰레): 최상위 원산지 통제 명칭 와인
- VDQS(Vins Delimites De Qualite Superieure: 뱅 델리미테 드 쿠알리트 쉬페리에): 우수품질 와인
- VDP(Vin De Pays: 뱅 드 뻬이)는 지방명 와인
- VDT(Vins De Table: 뱅 드 따블)의 프랑스 전역에서 생산되는 가장 낮은 등급 와인

지역에 상관없이 AOC, VDQS, VDP, VDT 4단계로 나뉘어 적용되었으나 2009년 9월 1일 와인 법 개정으로 프랑스 와인등급에서 2014년 VDQS가 삭제되었다. 이로서 상당수의 VDQS가 승격되었고 프랑스의 품질 분류는 AOC/AOP, Vin de pays/IGP, Vin de France 3단계로 구분되게 된다.

## ② 보르도(Bordeaux)

### 1) 개요

지롱드 구역 전체에 해당하는 세계적인 와인 명산지로 유럽 최대의 삼림이 대서양의 바람을 막아주고 여름 동안의 부드러운 기후의 온난 해양성 기후의 산지로 포도재배에 적합하다.

프랑스 남서부를 흐르는 도르도뉴(Dordogne)와 가론(Garonne)강이 합류해서 지롱드(Gironde)강으로 합류하여 대서양으로 흘러간다.

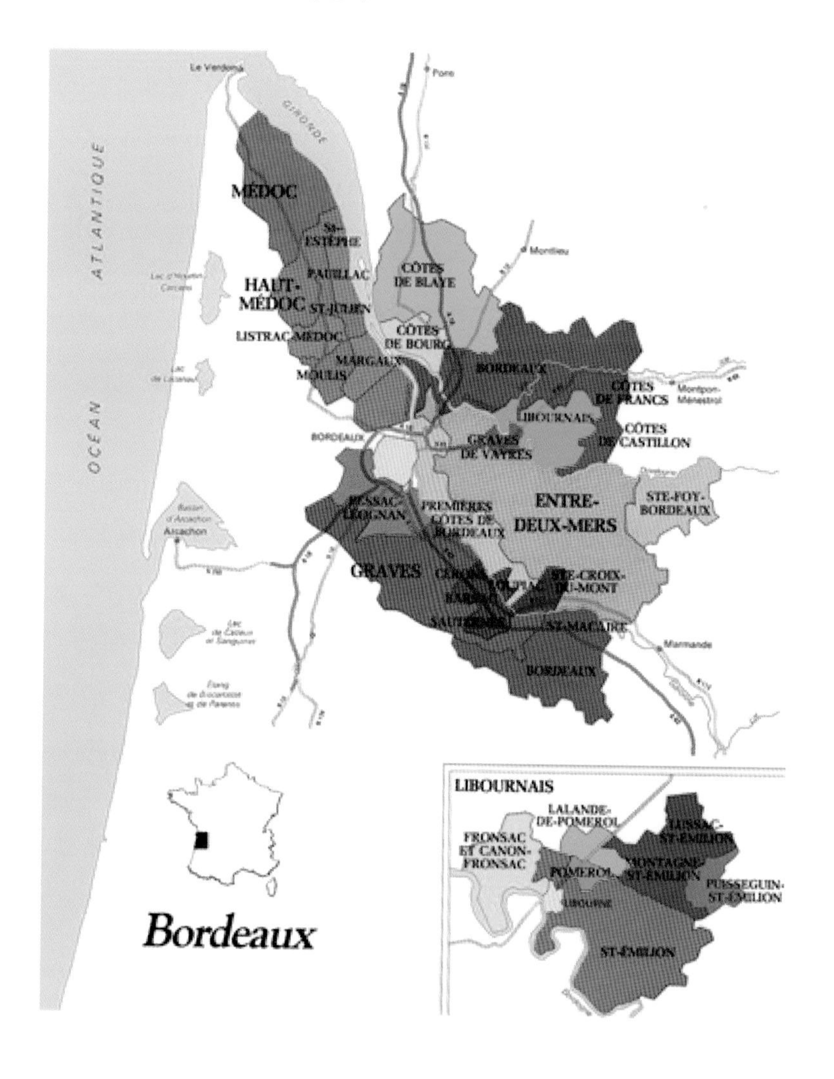

세계적으로 명성 높은 와인에서부터 일상 소비용 와인까지 화이트, 로제, 레드, 발포성 와인, 스위트 화이트 와인 등 다양하고 다채로운 와인을 생산하는 지방이다.

중세시대 영국에서 클레레(Clairet)라는 이름의 색이 옅은 레드 와인 스타일로 인기를 높았으며 현재에도 보르도 전역에서 생산 가능한 A.O.C 보르도 끌레렛(Bordeaux Clairet)는 이런 역사성에서 유래한다.

1855년 제정된 보르도 메독(Medoc) 와인 등급체계가 유명하며 와인 선적 항으로 유명한 상업 도시인 가론 강의 항구는 "달의 항구(초생달 항구)"로 유네스코 세계유산에 등재되었다.

보르도 지방은 과거 영국, 네델란드 와의 교역을 통해 와인의 품질향상을 이루어왔다.

예를 들면 네델란드인이 포도밭 면적의 확대를 가져다준 간척 기술과 함께 오크 통을 유황으로 살균하는 기술 등 와인의 보존 성을 높여주는 기술을 전파해 주었으며 영국과의 교역에서는 와인을 통 단위로 거래하던 관습에서 벗어나 유리병에 병입하고 코르크로 밀봉하는 스타일을 처음으로 도입하게 되었다.

이러한 와인 품질 향상에 더불어 상업적인 면에서 보르도 와인은 엉 프리뫼르(En Primeur: 선물시장), 네고시앙(Negociant: 도매 상인), 꾸르띠에(Courtier: 중개상) 등의 개념이 상징하는 수준 높은 상업성이 다른 와인 산지와는 다른 가장 큰 차이점이라 말할 수 있다.

### 2) 포도 품종

보르도는 비티스 비티페라(Vitis vinifera)라고 불리는 유럽 양조 포도품종 중에서도 전세계적으로 가장 대표격으로 사용되는 품종들의 고향이다.

레드 와인은 까베르네 쏘비뇽, 멜롯, 까베르네 프랑을 주품종으로 쁘띠 베르도, 까르미네르 보조 품종의 브렌딩으로 양조한다.

세계 어디서든 이 브렌딩을 기초로 하여 와인을 양조할 경우 통상적으로 보르도 브렌딩이라고 부른다.

화이트 와인은 쏘비뇽 블랑, 세미용을 주품종으로 뮈스까델 보조품종의 브렌딩으로 양조한다.

### 3) 생산지역

보르도는 크게 지롱드 강이 흘러내려오는 방향을 기준으로 지롱드 강 왼쪽을 보르도 좌안, 지롱드 강 오른쪽을 보르도 우안, 그리고 페샤 레오냥, 쏘테른 & 바르삭, 앙트르 두 메르 이상 5개 구역으로 나눈다.

#### (1) 보르도 좌안(Light Bank) 생산 구역

##### ① 마고(Margaux)

지롱드강 좌안에 길게 이어진 메독의 마을명 A.O.C로 가장 남쪽에 위치하고 있으며 마르고, 깡뜨냑, 수상, 라바르드, 아르삭 5개 마을에 걸쳐있다. 다른 오 메독에 위치하는 마을명 A.O.C가 까베르네 쏘비뇽 중심이 많지만 A.O.C 마고는 인근의 A.O.C 뽀이약이나 A.O.C 생줄리앙보다 멜롯의 비율이 비교적 많은 특징이 있다. 섬세하고 기품이 있는 이 A.O.C는 오 메독 와인 중에서 가장 여성적인 와인이라고 평가받는 경우가 많다.

1855년 파리만국 박람회의 메독 등급체계에서 선정된 샤또가 21개(현재 20개)로 전체 생산량의 65%를 점하고 있다. 대표적인 샤또로는 1등급 프르미에 크뤼 샤또 마고로 이 샤또 에서는 17세기부터 포도재배 및 와인 생산을 하여 18~19세기에 걸쳐서 흔들리지 않는 명성을 쌓았다.

이 1등급 샤또 마고의 위상과 당시 시대의 취향의 영향으로 마고 마을은 1855년 등급체계에서 가장 많은 포도원이 선정되었으나 현재에는 과대 평가되었다는 평가도 적지 않다.

##### ② 생 줄리앙(Saint-Julien)

지롱드강 좌안을 따라 길게 이어진 오 메독 구역의 거의 중앙에 위치하는 마을명 A.O.C로 레드 와인의 명산지이다. 1855년 메독 등급체계에서 11개의 샤또가 선정되었으며 이중 5개의 샤또가 2등급 와인이다. 1등급 와인은 없지만 1등급에 견줄 수 있는 평가를 받는 샤또 레오빌 라스가즈, 샤또 뒤크뤼 보까이유 등의 와인이 있다. 메독에서 가장 면적이 적고 토양이 균일하여 와인 스타일이나 품질이 비교적 상향 평준화 되어있는 것이 특징이다.

##### ③ 뽀이약(Pauillac)

메독에서도 가장 우수한 레드 와인 산지로 명성이 높다. 이 곳은 까베르네 쏘비뇽을 중심으로 만드는 풍부한 향과 탄닌, 강인함, 우아함을 갖춘 고품격 레드 와인 산지로 유명하다.

1855년 메독 등급 체계에서 선정된 18개의 샤또가 전체 생산량의 85%를 차지하고 5개의 1등급 와인 중 3개의 와인의 이곳에 위치하고 있다.

④ **생 떼스테프**(Saint-Estephe)

토양의 표토층에서는 메독다운 자갈지층이 보이나 심토층에는 이회토와 석회질의 지층이 주를 이루는데 이것이 생떼스테프 와인의 특징을 가져다준다. 메독의 좌안에서는 이례적으로 멜롯 품종이 많이 심어져 있으며 또한 우수한 크뤼 부르주아의 대표 산지로도 유명하다.

⑤ **물리**(Moulis-en-Médoc)

메독의 6개 꼬뮌 중 가장 작은 면적이 작은 A.O.C이다. 서쪽의 방풍림이 포도밭을 바람으로부터 막아준다. 꼬뮌의 명칭은 과거 이 곳에 건설되었던 많은 "풍차"에서 유래되었다.

1855년 메독 등급 체계인 그랑 크뤼 클라세 등급의 샤또는 없었지만 이후 도입된 우수한 평가를 받는 "크뤼 브루주아" 등급 샤또가 많다. 높은 평가를 받은 실력파 샤또가 많은 곳이다.

⑥ **리스트락**(Listrac-Médoc)

오메독에 속하는 레드 와인의 6개 A.O.C 중 가장 하구로부터 떨어진 곳에 자리하고 있다. 해발 43m로 메독 구역 중에서 가장 높은 곳에 위치하고 있다. A.O.C 인정은 1957년으로 메독의 마을명으로서는 가장 최근의 A.O.C이다.

메독의 다른 마을들이 까베르네 쏘비뇽 중심의 멜롯 브랜딩에 보조품종으로 소량의 까베르네 프랑, 쁘디 메르도, 말벡을 브랜딩하는 방식이지만 리스트락은 다른 마을에 비해 멜롯 품종의 비율이 많은 편이다.

⑦ **오 메독**(Haut Medoc)

지롱드 강 좌안에 길게 뻗은 총길이 120km의 와인산지 중 상류의 29개 꼬뮌을 감싸고 있는 구역를 오 메독이라고 부른다. 이 구역내에 위치한 위의 6개의 마을 A.O.C 이외의 포도밭에서 법으로 정한 기준을 충족한 레드 와인은 오 메독 A.O.C 와인으로 판매된다.

이곳에는 또한 1855년 그랑크뤼로 지정된 오 메독 A.O.C로 5개의 그랑크뤼 클라세 와인도 있다.

⑧ **메독**(Médoc)

지롱드 강 좌안 총 길이 120km 중에 상류의 오 메독 보다 대서양에 가까운 중, 하류 지역의 A.O.C로 메독(Medoc) 의미는 "물의 한가운데"라는 뜻의 라틴어에서 유래하였다. 지대가 "높은"을 의미하는 오 메독(Haut-Medoc)에 비해 지대가 "낮은"을 의미하는 바 메독(Bas-Medoc)을 의미하지만 그 의미가 품질이 낮다는 의미로 오인될 여지가 있어서 통상 단순히 메독(Medoc)으로 부른다.

■ 보르도의 등급 체계

A. 1855년 메독 등급 체계

정식명칭: 크뤼 클라세 뒤 메독(Crus Classes du Medoc)

| Chateau(First wine) | Second wine | A.O.C |
|---|---|---|
| Premiers Crus(1등급, 5개) | | |
| Chateau Lafite Rothschild | Carruades de Lafite Rothschild | Pauillac |
| Chateau Latour | Les Forts de Latour | Pauillac |
| Chateau Margaux | Pavillon Rouge du Ch.Marguax | Marguax |
| Chateau Mouton Rothschild | Le Petit Mouton de Mouton Rothschild | Pauillac |
| Chateau Haut Brion | Ch. Bahans Haut Brion | Pessac-Legognan |
| Deuxiemes Crus(2등급, 14개) | | |
| Chateau Rauzan Segla | Segla | Marguax |
| Chateau Rauzan Gassies | Le Chevalier de Rauzan Gassies | Marguax |
| Chateau Leoville Las Cases | Clos du Marquis<br>Le Petit Lion du Marquis de Las Cases(from 2007 Vintage) | St-Julien |
| Chateau Leoville Poyferre | Ch. Moulin Riche | St-Julien |
| Chateau Leoville Barton | La Reserve de Leoville Barton | St-Julien |
| Chateau Durfort Vivens | Le Second de Vivens | Marguax |
| Chateau Gruaud Larose | La Sarget de Graud Larose | St-Julien |
| Chateau Lascombes | Chevalier de Lascomes | Marguax |
| Chateau Brane Cantenac | Le Baron de Brane | Marguax |
| Chateau Pichon Longueville Baron | Les Tourelle de Longueville | Pauillac |
| Chateau Pichon Longueville Contesse de Lalande | La Reserve de Comtesse | Pauillac |
| Chateau Ducru Beaucaillou | La Croix de Beaucaillou | St-Julien |
| Chateau Cos d'Estournel | Les Pagodes de Cos | St-Esterhe |
| Chateau Montrose | La Dame de Montrose | St-Esterhe |

## Troisiemes Crus(3등급, 14개)

| | | |
|---|---|---|
| Chateau Kirwan | Les Charmes de Kirwan | Marguax |
| Chateau d'Issan | Les Remparts de Ferriere | Marguax |
| Chateau Lagrange | Les Fiefs de Lagrange | St-Julien |
| Chateau LangoaBarton | Lady Langoa | St-Julien |
| Chateau Giscours | La Sirene de Giscours | Marguax |
| Chateau Malescot st-Exupery | Dame de Malescot | Marguax |
| Chateau Cantenac Brown | Brio de Cantenac Brown | Marguax |
| Chateau Boyd Cantenac | Jacques Boyd | Marguax |
| Chateau Palmer | Alter Ego de Palmer | Marguax |
| Chateau la Lagune | Moulin de la Lagune | St-Julien |
| Chateau Desmirail | Initial de Demirail | Marguax |
| Chateau Calon Segur | Ch. Marquis de Calon | St-Esterhe |
| Chateau Ferriere | Les Remparts de Ferriere | Marguax |
| Chateau Marquis d'Alesme Becker | Marquise d'Alesme | Marguax |

## Quatriemes Crus(4등급, 10개)

| | | |
|---|---|---|
| Chateau Saint Pierre | | St-Julien |
| Chateau Talbot | Connetable de Talbot | St-Julien |
| Chateau Branaire Ducru | Ch. Duluc | St-Julien |
| Chateau Duhaire Milon Rothschild | Moulin de Duhart | Pauillac |
| Chateau Pouget | Antoine Pouget | Marguax |
| Chateau La Tour Carnet | Doce de Carnet | Haut-Medoc |
| Chateau Lafon Rochet | Les Pelerins de Lafon Rochet | St-Esterhe |
| Chateau Beychevelle | Amiral de Beychevelle | St-Julien |
| Chateau Prieure Lichine | Le Cloitre du Marquis de Terme | Marguax |
| Chateau Marquis de Terme | Les gondats de Marquis de Terme | Marguax |

## Cinquiemes Crus(5등급, 18개)

| | | |
|---|---|---|
| Chateau Pontet Canet | Les Hauts de Pontet Canet | Pauillac |
| Chateau Batailley | | Pauillac |
| Chateau Haut Btailley | Ch. La Tour d'Aspic | Pauillac |
| Chateau Grand Puy Lacoste | Lacoste Borie | Pauillac |
| Chateau Grand Puy Ducasse | Ch. Artigues Arnaud | Pauillac |
| Chateau Lynch Bages | Ch. Haut-Bages Averous | Pauillac |
| Chateau Lynch Moussas | Les Haut de Lynch Moussas | Pauillac |
| Chateau Dauzac | La Bastide Dauzac | Margaux(Labarde) |
| Chateau d'Armailhac | | Pauillac |
| Chateau du Tertre | Les Haut du Tertre | Margaux(Arsac) |
| Chateau Haut Bages Liberal | Ls Chapelle de Bages | Pauillac |
| Chateau Pedesclaux | Ch. Bellerose | Pauillac |
| Chateau Belgrave | Diane de Belgraves | Haut-Medoc(St-Laurent) |

| Chateau Camensac | La Closerie de Camensac | Haut-Medoc(St-Laurent) |
|---|---|---|
| Chateau Cantemerle | Les Allees de Cantemerle | Pauillac |
| Chateau Cos Labory | Le Charme de Labory | St-Esterhe |
| Chateau Clerc Milon | | Pauillac |
| Chateau Croizet Bages | La Tourelle de Croizet Bages | Pauillac |

*Ch.는 Chateau를 의미한다.

*1등급의 Chateau Haut-Brion은 당시 Graves A.O.C 와인이었지만 영국 시장에서 이미 유명한 보르도 와인으로 인기가 높은 와인으로 특별히 Medoc 등급체계에서 평가 받게 되었다. 1987년 분류된 페샥레오냥의 크뤼 클라세 드 그라브 등급에도 속한다.

### B. 크뤼 브루주아(Cru Bourgeois)

Haut-Medoc, Medoc 구역 안의 A.O.C 샤또를 평가 대상으로 한 새로운 보드로의 등급체계로 2003년 3개의 등급체계를 공표하였으나 소송 등의 이유로 폐기 되었다가 2008년 빈티지부터 "Cru Bourgeois" 하나의 등급만 인정되는 등급체계이다.

2006년 크뤼 브루주아 쉬뻬리외르

### C. 크뤼 아르티잔(Crus Artizan)

"장인의 포도밭"이란 뜻으로 포도밭 면적이 5ha 이하로 자신이 재배 양조 판매를 하는 소규모 가족경영의 소규모 와인너리를 대상으로 한 등급체계이다. 주로 메독과 오메독 지방에 있으며 2005년 빈지지부터 적용하고 있다.

2008년 크뤼 브루주아

### Chateau Mouton Rothschild 이야기

1855년 보르도 메독 지방에서 레드 와인의 등급 발표가 있었다. 나폴레옹 3세의 명으로 우수한 보르도 레드 와인과 스위트 화이트와인에 대한 역사상 처음으로 등급체계가 발표되는 날이었다.

시장의 거래가격을 기준으로 등급이 선정되는데 이날 샤또 무똥 로칠드는 샤또 라피트 로칠드와 비슷한 시장가격임에도 불구하고 1등급에 선정되지 못했다. 이때 무똥의 오너인 필립 로칠드 남작은 와인 모토를 다음과 같이 남겼다.

"1등이 될수 없고, 2등은 내가 원한 것이 아니었다. 나는 무똥이다."

그후 1973년 샤또 무똥 로칠드는 그토록 원했던 1등급으로의 지위를 획득하게 된다 최초 등급 선정 후 118년이 지난 후에 일이었다. 그날 이후 무똥은 라벨의 와인 모토를 바꾸게 된다.

"무똥은 1등이다.한때 2등이었으나… 무똥은 변하지 않는다."

혹자는 1855년 이후 단 한번의 승급을 로비스트로서의 막대한 로비의 성과로 보는 시각도 있으나 무똥이 남긴 업적을 비추어 보면 당연한 일이기도 하였다. 더군다나 무똥의 땅 일부는 원래 라피트의 일부분이기도 하였으며 과거부터 동급대우를 받아왔기 때문이다.

### ◈ 샤또 무똥 로칠드의 업적

① **샤또 병입**

포도재배 부터 양조 병입까지 전과정을 샤또에서 마치는 샤또 병입을 업계 최초로 도입하였다. 기존의 유명 샤또 들도 포도를 재배하고 수확하고 양조까지 샤또에서 마치고자 하는 움직임이 있었다. 하지만 당시 네고시앙이 포도를 구매 양조하고 중개상인이 소매로 넘겨서 중간 수수료를 챙기는 상업 구조가 형성되어 있기 때문에 샤또에서 직접 병입을 하려 하면 구매를 하지 않는 등 압력으로 사실상 실패할 수밖에 없는 구조였다. 무똥은 6개의 유명 샤또 협의체를 구성하여 의지를 관철하였고 이후 보르도에서 샤또 병입이 도입되게 되었다.

② **세컨드 와인**

1927년 최악의 빈티지로 와인의 명성을 잃을 수 없는 일이기에 무똥은 그해 샤또 무똥 로칠드를 생산할 수 없다는 판단을 내린다. 샤또 무똥 로칠드 와인이 아닌 무똥의 막내라는 뜻의 무똥 까떼(Mouton Cadet)를 세컨드 와인(Second wine)으로 저렴한 가격에 출시하였고 결과는 성공적이었다.

그전까지 1등급 와인을 만들고 나머지 와인을 일반상품으로 판매했었는데 세컨드 와인이라는 부가가치 높은 새로운 상품이 개발되게 된 것이다.

이에 무똥은 세컨드 와인으로 르 쁘띠 무똥 드 로칠드(Le Petit Mouton de Mouton Rothschild)를 만들고 기존의 무똥 까떼는 네고시앙처럼 포도를 사서 만드는 브랜드 와인(Brand Wine)의 포트폴리오를 구축하게 된다.

③ **아트 라벨**(Art Label)

무똥은 1945년 이차대전 종전을 기념하여 승리의 "V"를 넣은 라벨을 출시한다. 몇 번의 예외적인 빈티지를 제외하고 Salvador Dalí, Francis Bacon, Picasso 및 Miró와 같은 예술가가 Chateau Mouton Rothschild의 와인 라벨을 디자인했다.

이후 무똥의 라벨을 그리는 화가는 유명한 화가로 여겨지게 되었으며 수집가들에 의해 무똥의 와인의 가치도 더 높게 가치 평가되었다. 2013년 빈티지의 작가는 한국의 이우환 화백이다.

### (2) 보르도 우안(Right Bank) 생산 구역

#### ① 생 떼밀리옹(Saint-Emilion)

보르도의 우안을 나누는 도르도뉴강은 19세기 말경 철도개통까지 리부른네 남서 지방의 와인을 영국, 네델란드 등 유럽 각국으로 수출하는 중요한 운송로로 활용되었다.

생떼밀리옹은 지롱드 북동부에 위치하고 있으며 도르도뉴 강 우안에 있다. 리부른네 마을에 가까운 레드와인의 명산지로 포도밭은 생떼밀리옹 마을을 중심으로 9개 마을에 위치하고 있으며 지형은 평지, 언덕, 구릉으로 다채롭다.

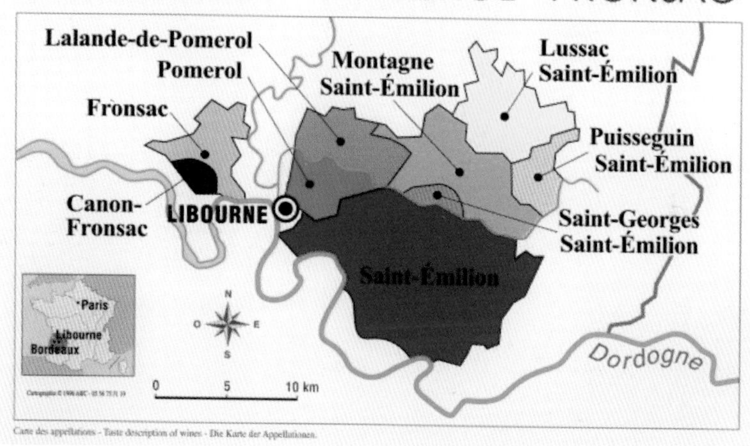


전체적으로 점토질을 다량 함유한 석회질의 토양으로 멜롯 품종에 적합하기 때문에 메독에 비해 멜롯이 많은 것이 특징이다. 다음으로 까베르네 프랑으로 이곳에서 까베르네 쏘비뇽 품종은 비율은 5~15%로 낮은 편이다.

고지에 포도 언덕이 있는 생떼밀리옹 마을은 중세시대 돌로 만든 마을 건물들이 남아있는 풍광이 아름다운 마을로서 마을의 이름은 이 곳에서 은둔생활을 하던 성인 에밀리옹에서 유래하였다.

중세시대에는 스페인의 성지 순례의 경유지로 영화로웠던 이 마을은 1999년 세계문화유산으로 등록되었으며 포도밭의 경관이 세계문화유산으로 등록된 것은 세계 최초의 일이다.

② 위성 생떼밀리옹(Satellites de Saint-Emilion)

뤼삭 생떼밀리옹, 몽따뉴 드 생떼밀리옹, 쀠스겡 생떼밀리옹, 생 조르주 생떼밀리옹으로 구성된 각 A.O.C의 생산자 협력기구인 생떼밀리옹 위성지구 생산자 협회가 조직되어 있다.

㉠ 몽따뉴 드 생떼밀리옹(Montagne-Saint-Emilion)

도르도뉴 강 우안의 A.O.C 생떼밀리옹 지구의 북동쪽에 위치하는 4개의 생떼밀리옹 위성지구 중 하나로 몽따뉴 드 생떼밀리옹을 중심으로 걸쳐있는 포도밭은 1,600ha로 가장 넓다. 해발 114m인 가장 높은 곳에 위치하고 있다. "몽따뉴"는 프랑스 어로 "산"을 의미하지만 라틴어로는 "언덕"을 의미하기도 한다. 같은 위성 지구인 A.O.C 생 죠르주 생떼밀리옹과 일부 겹치고 있다.

㉡ 뤼삭 생떼밀리옹(Lussac-Saint-Emilion)

4개의 위성 생떼밀리옹(Satellites de Saint-Emillion) 중 가장 북쪽에 위치하고 있다. 리부른네 내에서도 갈로 로만 시기에 포도재배가 이뤄진 흔적이 가장 강하게 남아 있는 산지이다. 그후 12세기경 베네딕트 파에 의해 부흥하여 영국 왕실에까지 이름을 알리게 되었다. 와인은 부드러우면서 비교적 젊은 시기에 즐길 수 있는 와인을 생산한다. 약 1,500ha의 포도밭은 도르도뉴 강 우안의 점토질 토양과 멜롯 주품종으로 이루어져 있다.

㉢ 쀠스겡 생떼밀리옹(Puisseguin-Saint-Emilion)

도르도뉴 강 우안의 A.O.C 생떼밀리옹 지구의 위성 지구 중 하나로 북에는 뤼삭 생떼밀리옹, 서쪽으로는 몽따뉴 드 생떼밀리옹 동쪽으로는 꼬뜨 드 가스띠용의 밭이 있다. 쀠스겡의 쀠(Puy)는 산을 의미하고 스겡(sseguin)은 샤를마뉴대제의 중신의 이름에서 유래되었다.

㉣ 생 조르주 생떼밀리옹(Saint-Georges Saint-Emilion)

생죠르주 마을에 몽따뉴 드 생떼밀리옹의 밭도 있기 때문에 이 마을에서 2개의 A.O.C와인이 생산가능하다.

### St-emillion wine의 등급체계

- St-emillion Premiers grands crus classes
- St-emillion Grands Crus Class
- St-emillion Grands Crus
- St-emillion

2012 St-emillion Premiers grands crus classes(A, B)

지롱드 리부른네 시의 동쪽 도르도뉴 강 우안에 위치하는 생떼밀리옹에서 생산되는 와인 중에서 품질이 특히 우수하다고 평가받는 와인을 생떼밀리옹 그랑크뤼(Saint-Emilion Grand Cru Classes로 선정한다.

최상위 등급은 프리미에르 그랑 크뤼 클라쎄 A와 B로 나뉘며 1955년 등급이 시행된 이후 1958년, 1969년, 1984년, 1986년 1996년 2006년 등급재조정이 행하였다 지난번 2006년 등급 조정에 결과에 따른 등급 소송을 거쳐 2012년에 경정된 등급 조정은 다음과 같다. 2012년에는 그동안 변화가 없던 A클래스에 2개의 샤또가 진입한 것이 가장 큰 특징이다.

Premiers grands crus classés A
Château Ausone
Château Cheval Blanc
Château Angélus(2012년 승급)
Château Pavie(2012년 승급)
Premiers grands crus classés B
Château Beauséjour Duffau-Lagarrosse
Château Beau-Séjour Bécot
Château Bélair-Monange
Château Canon
Château Canon-la-Gaffelière(2012년 승급)
Château Figeac
Clos Fourtet
Château La Gaffelière
Château Larcis Ducasse(2012년 승급)
La Mondotte(2012년 승급)
Château Pavie-Macquin
Château Troplong Mondot
Château Trotte Vieille
Château Valandraud(2012년 승급)

③ **뽀므롤**(Pomerol)

보르도시의 동쪽 30km에 위치하고 리부른느 시의 북쪽에 있는 레드 와인의 명산지이다. 전체 포도밭의 면적이 80ha로 보르도 지방에서는 가장 작은 A.O.C 중의 하나이다. 메독 지방과 비교하면 샤또라고 부르기 힘들 정도로 작고 소박하지만 이곳에서 희소성 높은 우수한 레드 와인이 생산된다. 백년 전쟁으로 황폐해진 포도밭을 15~16세기에 부활시켜 각국의 와인 애호가로부터 높은 평가를 받는 곳이다.

멜롯 중심의 섬세하고 풍만한 와인으로 그 중에는 멜롯 100%로 만드는 샤또 르 팽, 샤또 페트뤼스등 명성 높은 명주가 있다.

④ **라 랑드 드 뽀므롤**(Lalande-de-Pomerol)

뽀므롤 바로 북쪽에 위치하는 곳으로, 포도밭은 도르도뉴강과 일르강의 합류점에 가까운 네악 마을에 걸쳐 있다. 멜롯 중심의 와인을 생산하는 곳으로 근접한 뽀므롤 와인과 달리 영한 빈티지 부터 충분히 즐길 수 있다.

⑤ **프롱삭 & 까농 프롱삭**(Fronsac & Canon Fronsac)

두 A.O.C는 도르도뉴강 우안과 좌안에 서로 마주보고 위치하며 리부른네에 속하는 A.O.C로 점토석회질의 언덕 경사면에 있는 레드 와인 생산지이다.

보르도 중에서 가장 작은 A.O.C중 하나이며 멜롯 품종 중심으로 풍부한 향기와 부드러운 와인을 생산한다.

⑥ **꼬드 드 블라이예 & 꼬뜨 드 보르도** A.O.C(Blaye Côtes de Bordeaux)

레드 와인은 멜롯, 까베르네 프랑이 주품종으로 말벡이나 까베르네 쏘비뇽도 조금 사용된다.

㉠ 꼬뜨 드 브르그(Bourg & Côtes de Bourg) A.O.C

㉡ 보르도 꼬뜨 와인 지역 통합 A.O.C(2009년)

- 블라이예 꼬뜨 드 보르도(Blaye Côtes de Bordeaux)
- 까띠악 꼬뜨 드 보르도(Cadillac Côtes de Bordeaux)
- 가스띠용 꼬뜨 드 보르도(Castillon Côtes de Bordeaux)
- 프랑 꼬뜨 드 보르도(Francs Côtes de Bordeaux)

의 4개의 A.O.C.가 Cote de Bordeaux A.O.C 로 통합되었다. 때문에 2008년까지의 빈티지에는 각각의 4개의 A.O.C로 사용되었음을 인지해야 한다. 서로 다른 위치이면서도 통합 A.O.C를 사용하는 근거는 각각 꼬뜨 Côtes(언덕)이라는 공통적 떼루아가 있기 때문이다.

㉢ 그외 그라브 드 베레(Graves de Vayres), 쌍트 푸아 보르도(Sainte-Foy-Bordeaux) A.O.C가 있다.

### (3) 그라브(Graves)

#### ① 페샥레오냥(Pessac-Léognan)

1987년 독립 A.O.C를 갖게 되었다. 오크 통에서 숙성 중이던 1986년 빈티지부터 적용되었다. 1953년과 1959년 그라브 지구의 와인 등급체계인 크뤼 클라세 드 그라브에 인정받은 16개의 샤또가 모두 페샥레오냥 A.O.C에 위치하고 있다.

또한 크뤼 클라세 드 그라브는 보르도에서 드라이 화이트 와인으로는 유일하게 크뤼 클라세 등급을 갖고 있는 등급체계이기도 하다.

Graves Classifications－Crus Classes, Grands Crus, Pessac–Leognan–Graves

| Wine | Region | Classification Date |
|---|---|---|
| BOUSCAULT*) | PESSAC-LEOGNAN | 1959 |
| CARBONNIEUX*) | PESSAC-LEOGNAN | 1959 |
| DOMAINE DE CHEVALIER*) | PESSAC-LEOGNAN | 1959 |
| FIEUZAL | PESSAC-LEOGNAN | 1959 |
| HAUT-BAILLY | PESSAC-LEOGNAN | 1959 |
| HAUT-BRION | PESSAC-LEOGNAN | 1959 |
| MALARTIC-LAGRAVIERE*) | PESSAC-LEOGNAN | 1959 |
| MISSION HAUT-BRION | PESSAC-LEOGNAN | 1959 |
| OLIVIER*) | PESSAC-LEOGNAN | 1959 |
| PAPE CLEMENT | PESSAC-LEOGNAN | 1959 |
| SMITH HAUT-LAFITTE | PESSAC-LEOGNAN | 1959 |
| TOUR HAUT-BRION | PESSAC-LEOGNAN | 1959 |
| TOUR MARTILLAC*) | PESSAC-LEOGNAN | 1959 |

■ White Growths of Graves

| Wine | Region | Classification Date |
|---|---|---|
| BOUSCAULT*) | PESSAC-LEOGNAN | 1959 |
| CARBONNIEUX*) | PESSAC-LEOGNAN | 1959 |
| DOMAINE DE CHEVALIER*) | PESSAC-LEOGNAN | 1959 |
| COUHINS | PESSAC-LEOGNAN | 1959 |
| LAVILLE-HAUT-BRION | PESSAC-LEOGNAN | 1959 |
| MALARTIC-LAGRAVIERE*) | PESSAC-LEOGNAN | 1959 |
| OLIVIER*) | PESSAC-LEOGNAN | 1959 |
| TOUR MARTILLAC*) | PESSAC-LEOGNAN | 1959 |

#### ② 그라브(Graves)

북쪽으로는 가론강과 그 지류, 피레네 산맥과 중앙산악지대에서 온 자갈, 옥석으로 뒤덮여 있는 곳으로 "그라브"는 프랑스어로 "자갈"을 의미한다.

이처럼 토양의 성질이 A.O.C명칭을 갖고 있는 곳은 프랑스에서 그라브 와 도르도뉴강의 좌안에 위치한 그라브 드 베레(Graves de Vayres) 밖에 없다.

③ 그라브 쉬뻬리외르(Grave Superierures)

그라브 지역에서 늦 수확한 세미용과 쏘비뇽 블랑 종을 브렌딩해서 세미 스위트와인을 생산한다.

수확량은 40hl/ha, 발효 후 알코올은 12% 이상, 잔여 당분 18g/l~45g/l를 갖는다.

(4) 쏘테른(Sauterne) & 바르삭(Barsarc)

보르도시의 남동쪽으로 40km, 가론강 우안에 위치하는 곳으로 화이트 스위트 와인의 세계적 명산지이다. 그라브에 둘러싸여져 있는 이곳은 쏘테른, 바르삭 마을을 중심으로 5개 마을로 구성되어 있다.

① 쏘테른(Sauterne)

가을이 되면 따뜻한 가론강과 차가운 시롱강이 만나 발생 한 아침 안개가 포도밭을 뒤덮는다. 이 아침안개가 오후의 따뜻한 햇살과 상호작용을 거쳐 포도알의 귀부환경을 조성하여 보트리티스 시네레아균의 발생을 촉진한다. 과즙은 황금색의 잼 같은 형태로 농축되고 당도와 아로마가 높은 귀부와인이 탄생하게 된다. 포도의 선별 및 양조에 손이 많이 드는 작업으로 생산량은 아주 적다.

② 바르삭(Barsac)

쏘떼른과 동일한 생산기준을 따르고 있는 귀부와인의 명산지이다. 깊은 토양의 토질이 쏘떼른의 4개 마을과 상이하여 독자의 A.O.C를 갖게 되었다. 일반적으로 이곳의 귀부와인은 쏘떼른보다 감미가 조금 억제되어 있다. 이 지방 등급체계에서 총 27개 샤또 중에서1등급 2샤또, 2등급 8샤또가 선정되었다.

③ 세롱(Cérons)

세롱의 명칭은 이 곳을 지나는 시롱 강으로부터 유래되었다.

이곳에서 생산되는 와인은 발효 전 과즙의 천연당도가 212g/l로 쏘떼른이나 바르삭의 221g/l보다 조금 낮다. 따라서 세롱의 와인은 조금 감미가 억제되어 있는 특징이 있다. 쏘떼른, 바르삭 같은 깊은 농도의 감미와인(Sweet wine)을 뱅 리꾀르(Vin Liquoreux)라고 하고 중감미의 와인(Semi sweet)을 뱅 무왈레(Vin Moelleux)라고 한다.

### 1855년 Cru Classes des Sauterne & Barsac

1855년 메독지구의 보르도 레드 와인과 함께 지정된 소떼른& 바르삭 등급체계로 총 27개의 샤또를 선정 특등급1샤또, 1등급 11샤또, 2등급 15샤또를 선정하였다.
크뤼 클라세의 포도밭은 소떼른 & 바르삭 전체 포도밭의 45%를 차지하고 있다.

Premier cru supérieur: Château D'Yquem/sauternes
Premier cru:
Château Climens/barsac
Château Clos Haut-Peyraguey/sauternes
Château Coutet/ barsac
Château Guiraud/ sauternes
Château Lafaurie-Peyraguey/sauternes
Château Rabaud-Promis/sauternes
Château Rayne Vigneau/sauternes
Château Rieussec, sauternes
Château Sigalas-Rabaud/sauternes
Château Suduiraut/sauternes
Château La Tour Blanche/sauternes
Second cru:
Château D´Arche/sauternes
Château Broustet/barsac
Château Caillou/barsac
Château Doisy Däne/barsac
Château Doisy Dubroca/barsac
Château Doisy Védrines/barsac
Château Filhot/sauternes
Château Lamothe/sauternes
Château Lamothe Guignard/sauternes
Château De Myrat/sauternes
Château De Malle/sauternes
Château Nairac/ barsac

### (5) 앙트르 두 메르(Entre-Deux-Mers)

도르도뉴 강과 가론강 사이에 걸쳐진 삼각형 지대를 앙트르 두 메르라고 부른다 프랑스어로는 "두 개의 바다 사이"란 의미를 가지고 있다.

쏘비뇽 블랑을 중심으로 한 드라이 화이트 와인이 인정되어 있는 곳으로 이곳의 특산물인 생굴과 좋은 마리아주를 연출한다.

① **프르미에 꼬뜨 드 보르도**: 레드와인과 화이트는 뱅 리꾀르(Vin Liquoreux)를 생산한다.

② **까디악**(Cadillac): 스위트 와인 산지-뱅 리꾀르(Vin Liquoreux)

③ 루피악(Loupiac): 스위트 와인 산지－뱅 리꾀르(Vin Liquoreux)

④ 상트 크로아 뒤몽(Sainte-Croix-du-Mont): 스위트 와인－산지 뱅 리꾀르(Vin Liquoreux)

⑤ 꼬뜨 드 보르도 생마께르: 세미 스위트 와인 산지－뱅 무왈레(Vin Moelleux)

### (6) 보르도 A.O.C

보르도 전역에서 생산할 수 있는 A.O.C로 Bordeaux, Bordeaux Superieur, Bordeaux Rosé, Supérieur, Rose, Bordeaux Clairet, Boreaux Sec, Bordeaux Mousseux, Crémant de Bordeaux 가 있다.

## 3 브르고뉴(Bourgogne)

행정구역상 브르고뉴는 디종에서 리용까지를 말하지만 브르고뉴 와인산지는 북쪽의 샤블리에서 남쪽의 보졸레까지를 말한다.

주요 포도품종은 화이트는 샤르도네, 레드는 피노 누아이다.

크게 샤블리(Chablis), 꼬뜨 도르(Cote d'or), 꼬뜨 드 뉘(Cote de Nuit), 꼬뜨 드 본(Cote de Beaune), 꼬뜨 샬로네즈(Cote Chalonnaise), 마꼬네(Maconnais), 보졸레(Beaujolais) 다섯구역으로 구분한다. 그러나 일반적인 브르고뉴 와인은 보졸레를 제외한 피노누아 와인 산지를 말한다. 때문에 상황에 따라서는 브르고뉴 산지를 보졸레 지방을 제외하고 정의하는 경우도 있다.

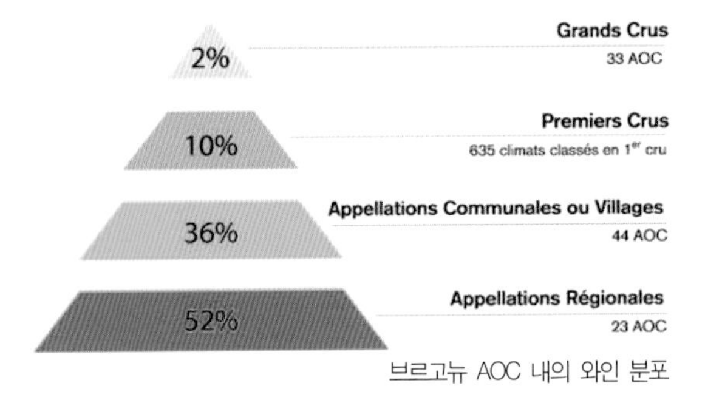

브르고뉴 AOC 내의 와인 분포

브르고뉴는 십자군 전쟁기간 교회에 포도밭 기증 쇄도로 번성하였으나 프랑스 대혁명 때 교회소유의 포도밭의 분할 매각과 나폴레옹의 장자 상속법의 영향으로 소규모 소유의 특징을 갖게 되었다.

브르고뉴 와인은 대부분 AOC 이상의 고급 와인이며 브르고뉴 A.O.C내의 등급 체계는 다음과 같다.

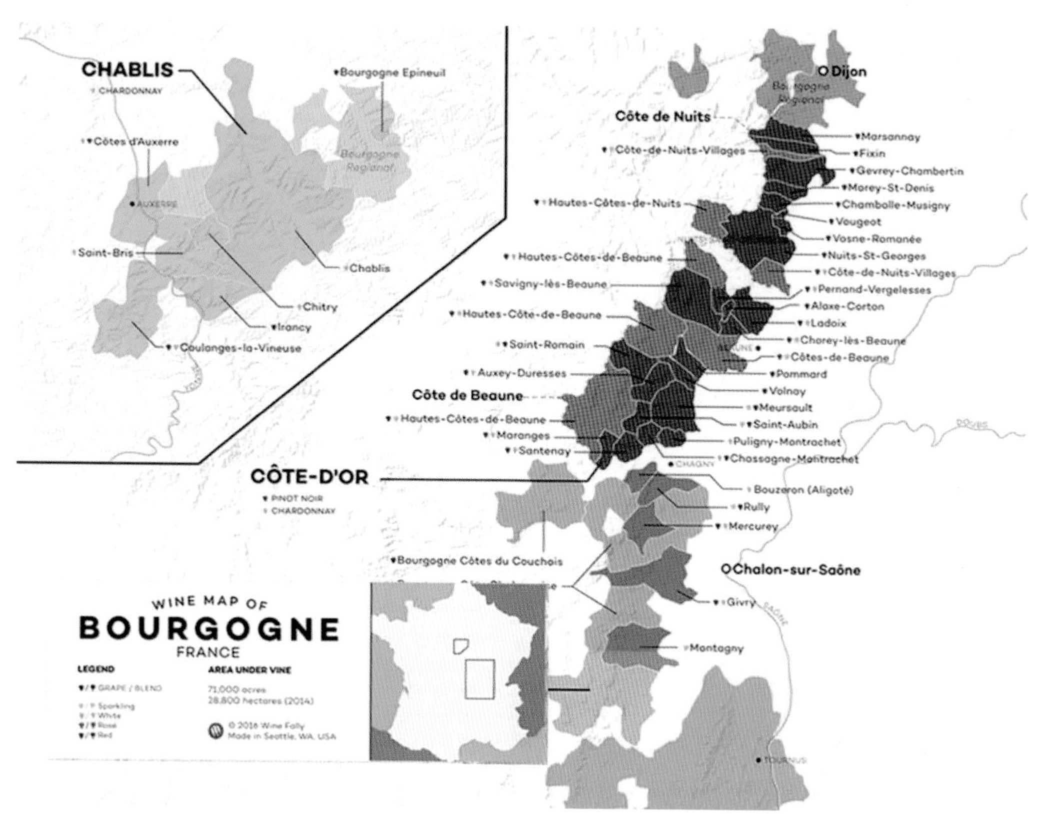


출처: http://winefplly.com

## 1) 샤블리(Chablis)

세계 최고 드라이 화이트 와인의 명산지 중 하나인 샤블리 마을은 브르고뉴 지방의 최북단에 있는 욘(Yonne)에 위치하고 있다. 이 곳은 파리에서 180km, 디종에서 160km의 거리로 두 도시의 중앙지점이다.

일찍이 중세시대부터 평가가 높았으며 스랭(Serin) 강을 이용, 파리까지 운반하는 물류 이동의 이점도 가지고 있었다.

얼음 코팅 작업

전반적으로 대륙성기후로 브르고뉴 지방에서 가장 추운 지역으로 포도가 익어가는 과정에서 4~5월의 늦은 서리는 일상적으로 피해를 준다. 이것을 막기 위해 석유 스토부나 차가운 공기를 따뜻한 공기로 섞어주는 대형 선풍기, 미리 물을 뿌린 후 표면을 코팅시켜 포도나무가 얼지 않게 막는 스프링쿨러 작업 등을 활용하고 있다.

이곳의 대표적인 토양은 키메르지앙(Kimmeridgia)으로 과거 깊은 바다였던 시대의 조개류, 특히 굴 등의 어패류의 화석을 함유하고 있다. 이 토양에서 재배된 포도로 만든 와인은 미네랄성분이 풍부한 점이 특징이다.

브르고뉴 지방의 화이트 와인의 대부분은 샤르도네 품종으로 만들어지는데 프랑스 샤르도네 포도밭의 1/3은 샤블리에 있다.

샤블리 마을의 포도밭은 계곡에 있는 샤블리 마을 언덕의 경사면에 위치하고 최상부의 그랑크뤼(특급밭)의 뒤편에 소나무 숲의 뒤로 햇볕이 잘 들지 않는 평지에 쁘띠 샤블리의 포도밭이 위치하고 있다.

샤블리의 이름을 표기하는 화이트 와인은 상위 등급 순서부터 그랑크뤼(특급밭), 프리미에르 크뤼(1급밭), 샤블리, 쁘띠 샤블리의 4개의 A.O.C 와인이 만들어진다.

샤블리의 키메르지앙 토양

### (1) 쁘띠 샤블리(Petit Chablis)

등급으로만 말하자면 샤블리에서 최하급이라 말할 수 있지만 실제로는 품질과 가격의 발란스가 훌륭하여 가볍게 즐길 수 있는 화이트 와인으로 현지 대중들에게 인기가 높다. 끌리마(포도밭)의 명칭을 에티켓에 표시할 수도 있다.

### (2) 샤블리(Chablis)

샤블리에서 재배 면적이 가장 넓은 A.O.C이다.

표토층에는 굴 등의 조개류의 화석이 많이 섞여 있어 미네랄성분이 다량 함유되어 있기 때문에 예로부터 샤블리는 굴 음식과의 궁합이 좋다는 평판이 있다.

이곳의 포도밭은 12세기경 카톨릭 그리스도 교의 시토파의 폰티니(Pontigny) 수도원에 의해 개척되어 중세 시대 때부터 높은 평가를 받아 영국, 플랑드르(현재의 네델란드, 벨기엘) 등지에 수출되었다.

현대에 이르러서는 1955년 550ha에 불과했던 포도밭 면적이 2007년 4,845ha로 크게 증가하였다.

### (3) 샤블리 프리미에 크뤼(Chablis Premier Cru)

A.O.C샤블리 중에서 특히 품질과 개성을 인정받은 리우 디(Lieu-dit: 작은 구획 포도밭)를 프리미에 크뤼 1등급 포도밭으로 지정하였다. 실제 개수는 79개이지만 실제로는 40개의 리우 디 명칭을 사용하고 있다.

잘 알려지지 않은 리우 디 보다는 잘 알려진 리우 디를 사용하는 편이 마케팅에 유리하기 때문이다.

주요 샤블리 프리미에 크뤼는 다음과 같다.

바이용(Vaillons), 몽맹(Montmains), 보로와(Beauroy), 보그로(Vosgros), 꼬뜨 드 리셰(Côte-de-Léche), 보르갸르(Beauregards), 보쿠팽(Vaucoupin) 등이 있다.

### (4) 샤블리 그랑크뤼(Chablis Grand Cru)

샤블리 그랑 크뤼는 샤블리 마을의 동북쪽 바로 위에 위치하고 스랭 강 좌안의 높이 200m 이상의 경사면에 위치하고 있다.

샤블리 그랑 크뤼의 와인 그 들의 끌리마(Climat) 명을 병기할 수 있도록 인정되어 있다.

끌리마는 프랑스어에서는 통상 "기후, 풍토"를 의미하지만 와인용어에서는 "특정의 구획"을 가리킨다,

샤블리 전역 4000ha의 포도밭 중에서 특급밭은 98ha뿐이다.

부그로(Bourgros), 프레즈(Preuses), 보데지르(Vaudesir), 그루누이(Grenouilles), 발뮈르(Valmur), 블랑쇼(blanchet), 레 끌로(Les clos) 총 7개이다. 그 외에 무똔느(Moutonne)는 예외적으로 특급밭 표기가 가능하다.

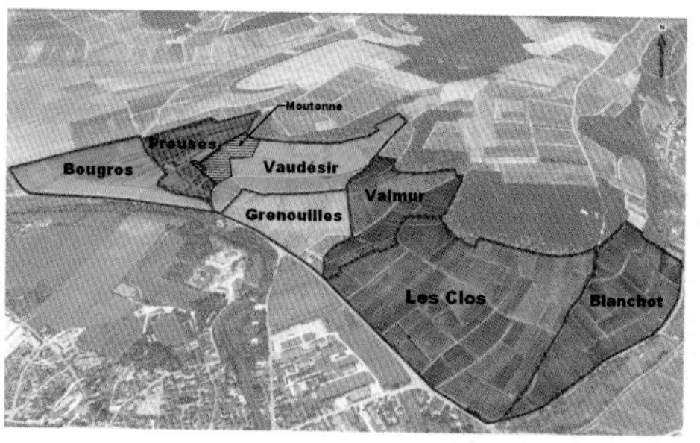

샤블리 그랑크뤼 포도밭

## 2) 꼬뜨 도르(Cote D'or)

### (1) 꼬뜨 드 뉘(Cote de Nuit)

브르고뉴 지방의 디종시 부터 본시의 북쪽까지를 "꼬뜨 드 뉘"라고 부른다. 레드 와인이 주류로 브르고뉴 와인의 발전에 기여한 그리스도교의 시토파의 총본부가 있으며 이곳에서 1925년부터 아베이드 시토(Abbaye de Citeaux)란 이름의 우유로 만든 치즈가 수도사의 손으로 만들어지고 있다.

#### ① 마르샤네(Marsannay)

브르고뉴 지방의 중심지 디종시의 남쪽에 이어진 마을로 레드, 로제, 화이트 모두 A.O.C 와인을 생산할 수 있는 곳은 브르고뉴 지방에서 이곳 마르사네 밖에 없으며 그 중에서 특히 로제가 유명하다.

#### ② 픽생(Fixin)

꼬뜨 드 뉘의 최북단에 위치하고 있는 작은 마을이다. 나폴레옹이 특히 사랑했던 샹베르땅에 가까워서인지 이 마을에는 나폴레옹 박물관이 있으며 박물관 바로 옆에 끌로 나폴레옹Clos Napoleon)이라는 프리미에 크뤼 포도밭이 있다.

#### ③ 지브리 샹베르땡(Gevrey Chambertin)

유명한 "그랑 크뤼 가도"의 제일 북쪽에 위치하는 지브리 샹베르땡 마을은 브르고뉴에서 가장 많은 9개의 그랑 크뤼 포도밭이 있는 마을로 600년경부터 와인이 제조된 역사 깊은 마을이다. 그랑 크뤼의 면적은 전체 433ha중에 1/5의 큰 면적을 차지하고 있다.

그중 가장 대표적인 포도밭은 샹베르땡과 샹베르땡 끌로 드 베즈를 들 수 있다.

샹베르땡이란 호칭은 13세기경 "베르땅"이라는 농부가 소유하고 있던 밭 이름 샹(Chmap)에서 유래한다고 전해진다. 나폴레옹이 사랑한 와인으로서 특히 유명하다.

㉠ 샹베르땡 끌로 드 베즈

7세기 교회의 베즈 수도회에 의해 개척된 브르고뉴에서 가장 오래된 포도밭이다. 이 밭에서 생산되는 와인은 "샹베르땅"으로 명칭 사용이 허락되어있다.

단 "샹베르땅" 밭에서 만들어진 와인은 "샹베르땅 끌로 드 베즈"의 명칭 사용은 금지되어 있다.

㉡ 샤펠 샹베르땡

12세기부터 프랑스혁명까지 마을의 예배당이 있었던 장소이기에 이렇게 불리고 있다. 또 모레이 생 드니 마을에 북쪽에 접하고 있는 높이 250m의 포도밭에는 샤름 샹베르땡과 마죠와이에르 샹베르땡이 있다

이 둘은 일반적으로 샤름으로 표시하는 경우가 많다.

그랑 크뤼중 가장 북쪽에 위치하고 있는 루쇼뜨 샹베르땡과 마지 샹베르땡이 있으며 그리오뜨 샹베르땡은 그랑크뤼 중에서 가장 일조량이 좋은 그랑 크뤼이고 라트리시에르 샹베르땡은 가장 남쪽에 위치하고 있다.

④ **모레이 생 드니**(Morey Saint Denis)

인구 700명의 모레이 생 드니 마을은 북으로는 지브리 샹베르땅 마을, 남으로는 샹볼 뮈지니 마을에 접하고 있다.

이 마을의 그랑 크뤼는 총 5개로 끌로 드 라 로슈(Clos de la Roche), 끌로 생 드니(Clos Saint Denis), 끌로 데 람브레이(Clos des Lambrey), 끌도 드 따르(Clos de Tar) 있으며 샹볼 뮈지니에 함께 걸쳐 있는 본 마르(Bonnes Mares)가 있다.

⑤ **샹볼 뮈지니**(Chambolle Musigny)

이웃하고 있는 모레이 생 드니와 지브리 샹베르땡은 석회암과 점토의 혼합토양이지만 샹볼뮈지니 마을은 거의 석회암으로 밭의 위치도 그들보다 높은 곳에 위치하고 있다.

2개의 그랑크뤼 본마르(Bonnes Mares), 뮈지니(Musigny)와 24개의 프리미에 크뤼를 갖고 있으며 프리미에 크뤼 중 가장 유명한 포도밭은 “연인들”이라는 뜻을 가진 레 자무레즈(Les Amoureuses)이다.

㉠ 본마르(Bonnes Mares)

샹볼 뮈지니 마을의 2개의 그랑크뤼 포도밭 중 하나인 본 마르 포도밭은 샹볼뮈지니 뿐만 아니라 북쪽에 접하고 있는 모레이 상드니에도 걸쳐 있다. 모레 상 드니마을의 그랑크뤼인 끌로 드 타르(Clos de Tart)와 같은 경사면에 위치하고 있다.

토양은 모레이 상드니와 비슷한 점토분이 다량 포함하고 있다. 마르(Mares)라고 하는 의미는 프랑스의 고대어로 “재배하다”라는 의미의 “Marer”에서 유래되었다. 본마르(Bonnes Mares)는 “좋은 밭”이라는 뜻으로 중세시대부터 이 이름으로 알려졌다.

㉡ 뮈지니(Musigny)

A.O.C 뮤지니는 샹볼 뮈지니 마을의 남쪽. 즉 부죠마을, 플라제 에세죠 마을쪽의 A.O.C 에세죠 밭 근처에 있다. 높이 260~300m의 경사면에 위치하고 있는 포도밭의 토양은 이 마을의 또 다른 그랑 크뤼인 본 마르보다 석회질 함량이 높다.

레드와 화이트 2종류의 그랑 크뤼를 생산한다. 그 중 피노 누아의 레드 와인이 주류를 이루지만 아주 적은 양의 샤르도네 화이트 와인은 그 희소성 때문에 환상의 와인이라 불린다.

꼬뜨 드 뉘의 유일한 화이트 그랑 크뤼인 뮈지니의 포도밭은 0.66ha로 가장 작은 그랑 크뤼이며 조르주 드 보귀에(Gerge de Vogue) 가문에서 단독 소유하는 모노폴(mono pole)이다.

⑥ 끌로 드 부죠(Clos de Vougeot)

서쪽으로 3~4도의 경사를 가진 완만한 경사면에 포도밭이 위치하고 있다.

현재 약 50ha 면적의 포도밭을 80명 이상의 소유자에 의해 분할 소유되고 있다.

이 때문에 브르고뉴 그랑 크뤼 중에서 가장 품질 편차가 크다는 평가를 받고 있다.

따스뜨 뱅 기사단Chevaliers du Tastevin)

이 밭 최상부에는 유명한 샤또 드 끌로 드 부죠가 위치하고 있는데 원래 시토 수도회의 고객 연회장으로 건설되었다가 현재는 콩프레리 데 슈발리에 뒤 따스뜨뱅(Confreries des Chevaliers du Tastevin)이라는 와인기사단의 본부가 되었다.

브르고뉴 와인의 품질을 지키고 영광을 드높이는 것을 목적으로 하는 이 기사단은 1934년 발족하여 세계적으로 10,000명 이상의 회원을 구성하고 있으며 매해 여러 행사를 개최하고 있다.

㉠ 끌로 드 라 로슈(Clos de la Roche)

끌로 드 라 로슈는 모레이 생 드니의 그랑 크뤼 중에서 가장 넓은 면적을 차지하고 있으며 토양은 커다란 돌이 많이 섞여있기 때문에 프랑스어로 암석을 의미하는 라 로슈(la Roche)란 명칭이 붙게 되었다.

끌로(Clos)는 브르고뉴 지방에서 흔히 볼 수있는 밭과 밭 사이의 경계를 나누는 "석벽" 돌 울타리를 의미한다. 우리나라에서는 제주도에서 흔히 볼 수 있는 풍경이다.

㉡ 끄로 데 람브레이(Clos des Lambrey)

끌로 데 람브레이는 같은 그랑 크뤼인 "끌로 생 드니" 와 "끌로 드 따르"의 사이에 있는 높이 250~320m 경사면에 위치하며 밭의 대부분을 도멘 데 람브레이(Domaine des Lambrey)에서 소유하며 밭의 아주 작은 일부의 포도밭을 "Domaine Taupenot Merme"가 소유하고 있다.

㉢ 끄로 드 따르(Clos de Tart)

1141년 시토파의 수도사들에 의 해 개척된 이래 3번 밖에 소유자가 바뀌지 않은 흔치 않은 포도밭이다. 현재는 모멍생(Mommessin) 가문이 모노폴(Mono pole) 형태로 단독 소유하고 있다. 끌로 드 따르의 석벽은 수세기전의 것으로 그 중에 있는 15세기 건조물과 함께 방문객들에게 깊은 인상을 주고 있다.

⑦ 본 로마네(Vosne Romanee)

본 로마네 마을은 레드 와인의 최고봉이라고 칭송 받는 로마네 꽁띠(Romanee Conti)를 비롯하여 라 로마네(La Romanee), 로마네 생 비방(Romanee SaintVivant), 리쉬부르(Richebourg), 라 타셰(LaTache), 라 그랑 뤼(La Grande Rue) 총 8개의 그랑 크뤼 포도 밭이 위치하고 있다.

㉠ 에세죠, 그랑 에세죠(Echezeaux, Grands Echezeaux)

본 로마네 마을에 접해있는 프라제 에세죠 마을의 유명한 그랑 크뤼로 에세죠 밭은 그랑 에세죠의 서쪽와 남쪽의 작고 낮은 경사면에 있으며 84명의 생산자에 의해 분할 소유하고 있다.

㉡ 로마네 꽁띠(Romanee Conti)

밭의 기원은 로마시대로 거슬러 올라간다. 10세기 초반 이래 그리스도교의 수도원에 의해 관리되어왔다. 18세기 프랑스 국왕 루의 15세의 애첩 퐁파두르 부인과 왕의 종친 형제인 꽁띠 공의 쟁탈전 끝에 최종적으로 꽁띠공의 소유가 되어 그 이후 로마인(Romanee)에 꽁띠(Conti)가 붙게 되었다. 현재 도멘 드 라 로마네 꽁띠(Domaine de la Romanee Conti)의 단독 소유 모노폴이다.

로마네 꽁띠

ⓒ 로마네 생 비방(Romanee Saint Vivant)

로마네 생 비방 대수도원의 이름이 붙여진 포도밭으로 대수도원으로 향하는 작은 길에 이어져 있다.

ⓡ 라 로마네(La Romanee)

꽁떼 리제 벨레르(Comete Liger Belair) 가문의 도멘 샤또 드 본 로마네(Domaine Chateau de Vosne Romanee)의 단독 소유 모노폴로 그동안 병입, 숙성, 양조에서 판매까지 르루아, 부샤드 페레& 필등 여러 도멘에 의탁해 오다가 2006년부터 소유주인 꽁떼 리제 벨레르 가문에서 직접 관리하고 있다.

ⓜ 라 타슈(La Tache)는 도멘 드 라 로마네 꽁띠의 모노폴이다.

ⓑ 라 그랑 뤼(La Grand Rue)는 프랑슈아 라마르슈(Francois Lamarche)의 단독 모노폴이다.

ⓢ 도멘 드 라 로마네 꽁띠는 리쉬부르(Richebourg)에서 가장 넓은 면적의 포도밭을 소유하고 있다.

⑧ 뉘생 조르주(Nuits Saint Georges)

보통 이 마을 이름의 뉘(Nuit)를 프랑스어 "밤"으로 해석하여 "생 조르주의 밤"이라고 잘못 해석하는 경우가 있는데 이 "Nuit"는 호두나무를 뜻하는 오래된 말이다.

이 마을은 꼬뜨 드 뉘에서 가장 넓은 마을로 그랑 크뤼는 없지만 41개의 가장 많은 프리미에 크뤼를 갖고 있다.

⑨ 그 외의 꼬뜨 드 뉘 A.O.C(Cote de Nuit의 A.O.C)

브르고뉴 오뜨 꼬뜨 드 뉘(Bourgogne Hauts Cote de Nuits) 앞에서 언급한 유명 마을 A.O.C가 아니지만 요즘 한국시장에서 수입되기 시작한 A.O.C이다. 오뜨(Haut)는 높다는 뜻으로 꼬뜨 드 뉘에서 지형상으로 높은 위치에 있다는 뜻을 나타낸다.

꼬뜨 드 뉘에서 바로 서쪽에 위치하는 300~400m의 고지부분에 밭이 위치하고 있다. 이전에는 브르고뉴 알리고떼의 생산이 많았던 지역이었지만 현재는 피노 누아로 로제와 레드 와인을 샤르도네와 피노 블랑, 피노 그리로 화이트 와인을 생산하고 있다.

### (2) 꼬뜨 드 본(Cote de Beaune)

#### ① 뻬르난 베르쥴레스(Pernand Vergelesses)

알록스 꼬르똥(Aloxe Corton), 라도와(Ladoix)마을과 함께 A.O.C 꼬르똥(Corton)과 A.O.C 꼬르똥 샤를 마뉴(Corton Charlemagne)의 그랑크뤼를 생산하는 마을로 8개의 프리미에 크뤼가 있다.

#### ② 알록스 꼬르똥(Aloxe Corton)

브르고뉴 지방의 유명한 명주가 집중되어 있는 꼬뜨 도르 중 남반부의 꼬뜨 드 본이 시작되는 지점에 있는 알록스 꼬르똥 마을은 A.O.C 꼬르똥(Corton)과 A.O.C 꼬르똥 샤를 마뉴(Corton Charlemagne)의 그랑크뤼를 생산하는 곳으로 명성이 높은 인구 200명의 작은 마을이다. 이 마을과 이웃하는 2개의 마을에 걸쳐있는 특급 밭의 면적은 브르고뉴 지방 최대 면적으로 꼬뜨 드 본에서 유일하게 화이트, 레드 그랑 크뤼를 모두 갖고 있다. 특급 밭은 완만한 곡선을 그리며 꼬르똥 언덕의 높은 곳에 있으며 그 주위를 둘러싼 프리미에 크뤼의 13개 끌리마가 이어지고 마을명의 포도밭은 보다 낮은 경사면에 위치하고 있다.

#### ③ 사비니 레 본(Savigny Les Beaune)

북쪽의 꼬르똥 언덕쪽 포도밭은 자갈질, 남족 본쪽의 포도밭은 석회점토질로 구성되어 있어서 밭(끌리마: Climat)에 따라 토양 성질이 아주 많이 다르다. 레드와 화이트 와인을 생산하여 프리미에 크뤼는 22개가 있다.

#### ④ 쇼레이 레 본(Chorey Les Beaune)

레드와 화이트 모두 생산하지만 레드의 생산량이 90%를 차지한다

#### ⑤ 본(Beaune)

브르고뉴 지방을 대표하는 꼬뜨 도르(황금의 언덕)의 중심에 있는 본마을은 와인의 가도라고 불리는 인구 2만 명의 마을이다.

시의 근교에는 와인 관련 공장, 창고가 많으며 시내에도 네고시앙 사무소나 와인샵, 와인바가 늘어서 있는 와인의 마을이다.

### 꼬르똥(Corton)언덕과 샤를마뉴(Charlemagne) 대제

꼬르똥 언덕(Corton)

브르고뉴 "꼬뜨 드본"에서 가장 북단에 위치하는 뻬르난 베르쥴레스마을, 라도와 세리니마을, 알록스 꼬르똥 마을. 이 세 마을에 걸쳐있는 그랑크뤼 포도밭이다. 그랑크뤼는 모두 꼬르똥 언덕의 남서향의 사면의 고지대에 집중되어 있다. 높이 280~330m 위치로 브르고뉴 그랑 크뤼로는 가장 높은 곳에 위치하고 있다. 이 세 마을은 화이트 와인 그랑크뤼인 A.O.C 꼬르똥 샤를마뉴의 포도밭도 공유하고 있다.

브르고뉴에서 화이트와 레드 그랑 크뤼를 생산하는 것은 이 꼬르똥(Corton) 밖에 없으며 꼬뜨 드 본에서 유일하게 그랑 크뤼를 생산하는 포도밭이다.

생산량은 레드가 압도적으로 많으며 레드 와인에 한해서 Corton 명칭 뒤에 레마레쇼드(Les Marechaude), 르 끌로 뒤 로아(Le Clos du Roi) 등 포도밭의 이름을 표기하는 것이 허가되어있다.

샤를마뉴 대제

샤를마뉴는 800년 서로마제국의 황제로서 중세에서 유럽 전체를 지배했던 영웅의 이름이다. 독일에서는 칼 대제라고 부른다.

이 포도밭은 포도재배와 와인생산을 장려한 대제가 775년 로마 교회에 기부하고 그 후 1789년 프랑스 혁명까지 교회의 소유였던 유서 깊은 포도밭이다.

A.O.C 샤를마뉴는 법적으로는 존재하지만 현재 실제로는 사용되고 있진 않다.

꼬르똥 샤를마뉴는 화이트 와인 그랑크뤼로 생산하고 있는데 이는 대제의 자랑하는 풍성한 턱수염을 붉은 와인으로 적시기 않기 위해 백포도 품종만 재배시켰다는 전설이 남아 있다.

A.O.C 꼬르똥 과 A.O.C 꼬르똥 샤를 마뉴의 그랑크뤼를 생산하는 곳 외에 11개의 프리미에 크뤼가 있다.

라도아 또는 라도아 세르니Ladoix or Ladoix Serrigny는 꼬뜨 드 본의 북쪽 출발점인 마을로 레드 와 화이트를 생산한다.

시가지에는 중세의 마을 풍광이 남아 있는데 그중에서도 브르고뉴 대공국의 필립 아르디 시대의 재무장관 니콜라 롤랑이 가난한 이들을 구제하기 위해 사재를 털어 설립한 요양원 호스피스 드 본(Hospice de Beaune)은 반드시 둘러볼 명소이다.

- 오스피스 드 본(Hospices de Beaune)

  대법관이었던 '니콜라 로랭(Nicolas Rolin)' 재상과 그의 부인 '기곤느 드 살랭(Guigone de Salins)'에 의해 가난한 사람들을 위한 빈민 구제병원으로 1443년 건립된다.

  15세기부터 기증받은 포도밭이 60ha(18만평)가 넘고, 꼬르똥(Corton), 에쉐조(Echezeaux), 샹베르땡(Chambertin), 몽라쉐(Montrachet), 뫼르소(Meursault) 등 브르고뉴 유명 와인들이 포함되어 있는데, 1794년부터 11월 셋째 주 주말에 경매를 통한 판매대금은 오로지 빈민구제 병원유지에 사용하는 전통을 갖고 있다.

  중부유럽에서 시작된 것으로 추정되는 울긋불긋한 지붕 지붕의 독특한 문양과 붉은색, 갈색, 노란색, 초록색 유약을 바른 기와 지붕의 건물 안에 들어가면 당시 병원 모습이 그대로 간직되어 있는데, 병실, 수술도구, 식당, 예배당 등 다양한 볼거리를 제공하고 있다.

오스피스드 본과 경매 와인

⑥ **뽀마르**(Pommard)

레드 와인만 생산하는 마을로 그랑 크뤼는 없지만 24개의 프리미에 크뤼가 있다.
중세 시대부터 명성이 높았으며 "본 와인의 꽃"이라 칭송받았다.
루이 15세 프랑스 국왕, 레미제라블의 빅토르 위고가 사랑한 와인으로 알려져 있다.
대표적인 프리미에르 크뤼로는 레 뤼지엥(Les Rugiens), 레 제뻐노(Les Epenots)가 있다.

⑦ **볼레이**(Volnay)

볼네이 마을은 레드 와인만 생산하며 그랑 크뤼 포도밭은 없지만 프리미에 크뤼가 30개 있다. 밭의 대부분은 볼네이 마을에 있지만 프리미에 크뤼 상뜨노(Santenots)의 28ha는 인접하고 있는 뫼르쏘 마을에 속한다.

때문에 쌍뜨노(Santeno)에서 생산되는 레드는 그대로 A.O.C 볼네이로 판매하지만 화이트인 경우에는 A.O.C 뫼르소로 판매된다. 이것은 뫼르소에는 레드 와인을 생산할 수 없기 때문이며 볼네이에서는 화이트, 브르고뉴 레드 와인 중에서도 여성적 와인이라는 평가가 많으며 최근 주목받고 있는 마을이다.

⑧ **몽뗄리에**(Monthelie)

볼네이 마을 바로 남쪽에 위치하고 뫼르쏘 마을 서쪽에서 남동향의 경사면에 높이가 높은 언덕지대로 포도밭이 위치하고 있다. 레드, 화이트 모두 생산하며 15개의 프리미에 크뤼가 있다.

⑨ **생 로만**(Saint Romain)

레드, 화이트 모두 생산하며 그랑 크뤼도 프리미에 크뤼도 없는 마을이지만 오크 통 제작업자가 많은 마을이다.

⑩ **오제이 뒤레스**(Auxey Duresses)

오제 뒤레세 마을은 꼬뜨 드 본의 중심지에 있는 본 시의 남서쪽 약 8km에 위치하는 인구 350명의 마을이다. 드라이 화이트 와인으로 유명한 뫼르쏘 마을에서 서쪽의 높은 언덕 쪽으로 들어가는 곳에 위치하는 오뜨 꼬뜨 지구에 접하고 있다.

레드, 화이트를 생산하는데 화이트의 포도밭은 뫼르쏘 마을쪽 경사면에 레드의 포도밭은 몽텔리에 마을쪽에 있다

⑪ **뫼르쏘**(Meursault)

"브르고뉴 화이트 와인의 도시"라고 불리는 마을로서 그랑 크뤼는 없지만 21개의 프리미에 크뤼가 있으며 그 중에서 레 페리에르(Les Perrieres), 레 샴(Les Charmes) 등 세계적으로 명성 높은 밭이 있다.

⑫ 블라니(Blany)

화이트 와인으로 유명한 뫼르쏘 마을과 뿔리니 몽라셰 마을에 걸쳐있는 곳으로 행정 구역으로서 블라니 마을은 존재하지 않는다.

A.O.C 블라니는 레드 와인만 인정되어 있으며 레드와인과 같은 포도밭에서 만들어지는 화이트 와인은 뫼르쏘 마을에 걸쳐있는 밭은 A.O.C 뫼르쏘, 뿔리니 몽라셰 마을에 걸쳐있는 마을은 A.O.C 뿔리니 몽라셰로 판매된다.

블라니의 레드와인은 브르고뉴산 A.O.P 치즈인 에뿌아스(Epoisses)처럼 농후한 치즈나 야생멧돼지, 산토끼 같은 가금류 요리와 궁합이 좋다.

⑬ 생 또뱅(Saint Aubin)

화이트 와인으로 유명한 뿔리니 몽라셰 마을과 샤샤뉴 몽라셰 마을의 바로 서쪽에 위치한 작은 마을로 화이트 레드 모두 생산하고 있으며 그중 화이트 와인의 평가가 높다. 프리미에 크뤼 20개가 있다.

⑭ 뿔리니 몽라셰(Puligny Montrachet)

포도밭은 마을의 서쪽에 이어져있는 블라니의 언덕의 동향의 완만한 경사면에 위치하고 있으며 4개의 화이트 와인 그랑크뤼가 있다. 샤샤뉴 몽라셰마을과 공동으로 몽라셰(Montrachet), 바따르 몽라셰(Batard Montrchet)를 공동 생산하고 있으며 그외 그랑 크뤼로는 슈발리에 몽라셰(Chevalier Montrachet), 비엥비뉴 바따르 몽라셰(Bienvenus Batard Montrachet)가 있다.

㉠ 몽라셰(Montrachet)

"세계 최고봉의 화이트 와인", "화이트 와인의 왕자" 로 칭송받는 와인이다.

몽라셰는 산(Mont), 대머리(Rachet)란 뜻으로 민둥머리 산을 의미한다. 포도나무 이외에는 무엇도 살아남기 힘든 석회질 성분이 많은 토양이기 때문에 이렇게 이름이 지어졌다고 한다.

㉡ 바따르몽라셰(Batard Montrchet)

몽라셰 포도밭의 동쪽 작은 도로를 간격으로 마주보고 있다. 둘다 높이 240~270m로 동남향의 경사면에 위치하고 있어 최상의 조건을 갖고 있다.

㉢ 슈발리에 몽라셰(Chevalier Montrache)

"몽라셰의 기사"란 의미로 뿔리니 몽라셰마을의 그랑크뤼로 몽라셰보다 서쪽에 있고 높이 265~290m의 그랑 크뤼 포도밭 중 가장 높은 곳에 위치하고 있다.

㉣ 비엥비뉴 바따르 몽라셰(Bienvenus Batard Montrachet)

비엥비뉴 바따르 몽라셰도 뿔리니 몽라셰마을에 있으며 몽라셰, 바따르 몽라셰 밭의 동쪽에 위치하고 높이는 240~250m이다.

⑮ **샤샤뉴 몽라셰**(Chassagne Montrachet)

19세기 까지는 레드 밖에 만들지 않았었으나 현재는 레드와 화이트 모두를 생산하며 그 중 화이트의 생산량이 많다.

세계적으로 유명한 화이트 와인으로 그랑크뤼인 A.O.C 몽라셰(Montrachet)와 A.O.C 바타르 몽라셰(Batard Montrchet)는 이 마을과 밭이 걸쳐져 있는 옆 마을 뿔리니 몽라셰 마을에서 공동 생산하고 있다. 그외 그랑 크뤼는 크리오 바타르 몽라셰가(Criots Batard Montrchet)가 있다.

크리오 바따르 몽라셰(Criots Batard Montrchet)는 샤샤뉴 몽라셰마을의 그랑 크뤼로 바따르 몽라셰 밭의 남쪽에 위치하고 있다.

⑯ **상트네이**(Santenay)

레드와 화이트를 생산하며 좋은 물로 유명한 온천지구로서 알려져 있다.

⑰ **마랑쥐**(Marange)

브르고뉴 꼬드 드 본 최남단에 위치하는 와인산지로 레드, 화이트 모두 생산하며 프리미에 크뤼가 7개 있다.

### 3) 꼬뜨 샬로네즈(Cote Chalonnaise)

브르고뉴의 "꼬뜨 도르"를 지나면 남쪽의 낮고 완만한 구릉지가 꼬뜨 샬로네즈이다.

실제로는 A.O.C 브르고뉴로 출하되는 경우가많고 A.O.C 크레망 드 브르고뉴용 포도의 최대 공급지이기도 하다. 주요 A.O.C로는 부즈롱(Bouzeron), 륄리(Rully), 메르뀌레(Mercurey), 지브리(Givry), 몽따니(Matagny)가 있다.

(1) 부즈롱(Bouzeron)

부즈롱은 알리고떼(Aligote) 품종으로 만드는 화이트 와인 중 유일한 마을 A.O.C 산지로 명성이 높다.

1998년 A.O.C로 승격되기 전까지는 1979년 인정된 "A.O.C 브르고뉴 알리고떼 부즈롱"으로 판매되었었다.

알리고떼 품종은 피노누아 와 지금은 존재하지 않는 "구에"라는 품종을 교배시켜 만든 백포도 품종으로서 뜨거운 여름과 추운 겨울을 갖는 부즈롱 마을에서 재배되는 알리고떼는 다른 산지와 비교해서 과피가 얇고 금색의 빛깔을 띄고 있어 도레(Dore)라고 불린다.

### 4) 마꼬네(Maconnais)

피노 누아와 가메이로 로제, 레드와인을, 샤르도네로 화이트 와인을 생산하며 예로부터 가격대비 품질이 높은 마을이다.

주요 A.O.C로는 뿌이 퓌세(Pouilly Fuisse), 뿌이 로셰(Pouilly Loche), 뿌이 뱅젤(Pouilly Vinzelle), 생 베랑(Saint Veran)이 있으며 그중 뿌이 퓌세는(Pouilly Fuisse) 전세계 레스토랑에서 접할 수 있을 정도로 평가가 가장 높다.

### 5) 보졸레(Beaujolais)

브르고뉴 지방 마꼬네의 남쪽에서부터 리용까지 50km의 언덕지대에 위치하고 있는 와인산지로 현재 매년 11월 셋째 주 목요일 자정에 전세계적으로 판매를 개시하는 보졸레 누보(Beaujolais Nouveau)가 가장 유명한 지역이다.

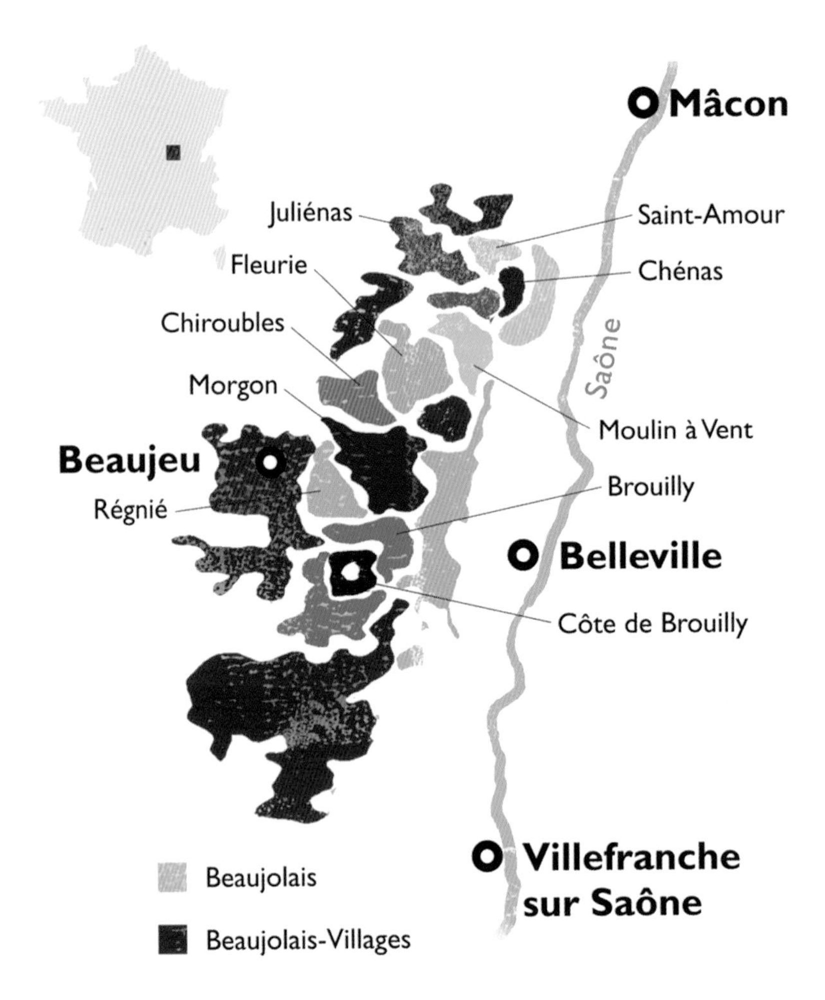


와인이 지역 기간산업의 1위인 곳으로 브르고뉴에서 유일하게 가메이(Gamay)를 중심으로 레드 와인을 생산하는 산지이다. 산미가 적고 푸르티하며 마시기 쉬운 레드 와인을 주로 생산하지만 소량의 화이트와 로제도 생산하고 있다.

지리적으로 북쪽과 남쪽으로 나눌 수 있으며 북부에는 10개의 마을에서 생산하는 장기 숙성 타입의 크뤼 보졸레(Cru Beaujolais)와 과실 풍미가 강한 보졸레 빌라쥐를 생산한다. 남부 넓은 지역에서는 가벼우면서 과일 풍미의 보졸레가 생산된다. 전형적으로 프랑스 전원 풍경과 자연의 보고로서 치즈, 햄, A.O.C로 지정된 샤롤레 비프 등 식재료도 풍부한 곳이다.

보졸레 누보

### (1) 생따므르(Saint Amour)

보졸레 최북단에 위치한 마을로 "성스러운 사랑"이라는 뜻을 의미한다.

### (2) 줄리에나(Julienas)

명칭은 "갈리아 전기"의 현자의 이름에서 유래되었다.

### (3) 셰나(Chenas)

보졸레 크뤼중 가장 생산량이 적어 희소성이 있는 크뤼이다. 마을의 명칭은 과거 이 땅이 오크 나무(Chene) 숲으로 덥혀있었다는 전설에서 유래한다.

### (4) 물랭 아 방(Moulin a Vent)

보졸레 지방 와인은 신선하고 푸루티한 풍미의 가볍게 마시는 타입의 와인이 대부분이지만 이 와인은 장기 숙성에 적합한 와인으로 숙성을 거치면서 부케가 증가해 스파이시 함과 트러플 향까지 갖게 된다. 이러한 숙성 능력 때문에 새로운 오크 통에서 숙성시키는 경우도 있다.

### (5) 플뢰리(Fleurie)

북쪽의 물랭아방, 남쪽에 쉬르블에 접하고 있는 크뤼다. 보졸에 크뤼 중 가장 여성스러운 와인이라는 평가 있어 "크뤼 보졸레의 여왕"이라고 표현하기도 한다.

### (6) 쉬르블(Chiroubles)

크뤼 중 가장 높은 언덕의 경사면(400m)에 위치하고 있다.
인접한 플뢰리와 함께 여성적이라는 평가를 받고 있다.

### (7) 모르공(Morgon)

면적은 1,108ha로 크뤼 중에서는 A.O.C 브루이 다음으로 넓은 면적을 갖고 있다. 프랑스에서 내추럴 와인 움직임이 가장 먼저 시작된 곳이다.

### (8) 레니에(Regnie)

10개의 Cru중 가장 최근인 1988년 A.O.C 승인되었다.

세계 최고의 자선 옥션인 오스피스 드 본이 소유하는 80ha중 56ha가 레니에에서 재배되고 있다.

(9) **브루이**(Brouilly)

보졸레 크뤼 중 가장 남쪽에 위치하며 가장 넓은 생산 면적을 갖고 있다.

꼬뜨 드 브루이를 감싸고 있는 크뤼이다.

(10) **꼬뜨 드 부루이**(Cote de Brouilly)

밭은 높이 약 480m의 "브루이의 언덕"이라는 햇볕이 잘 비치는 경사면에 위치하고 있다. 보졸레 크뤼중 가장 먼저 알려진 크뤼이다.

(11) 그외 A.O.C Bourgogne

① Bourgogne **그랑 오르디네르**(Grand Ordinaire) **또는** Bourgogne **오르디네르**(Ordinaire)

브르고뉴 지방 전역에서 생산되는 일상소비용 와인. 실제로는 생산자가 적고 가장 유명한 산지는 샤블리이다.

"오르디네르"는 "일상의"라는 의미이며 "그랑"은 "커다란" 또는 "사치스러운"을 의미한다.

이 호칭은 브르고뉴 지방에서 일찍이 오래전 안식일인 일요일에 마시는 와인을 "그랑 오디네르", 일요일 이외의 일상적으로 마시는 와인을 "오디네르"라고 불러온 것에서 유래한다.

현재는 "브르고뉴 그랑 오디네르" 호칭은 거의 사용되지 않는다.

로제, 레드는 가메이, 피노 누아, 세자르, 뚜르쏘로 만들고 화이트는 샤도네이, 알리고떼, 뮈쓰까떼(물 롱 드 브르고뉴), 싸씨로 만든다.

다른 브르고뉴 와인과 달리 보기 힘든 토착 품종을 사용하는 경우가 많다.

② **브르고뉴 빠스 뚜 그랑**(Bourgogne Passe Tout Grains)

브르고뉴에서 레드는 피노누아, 화이트는 샤르도네 품종. 이렇게 단일 품종으로 만들어지는 것이 대부분이지만 예외적인 예중 하나가 A.O.C 브르고뉴 빠스 뚜 그랑이다.

보졸레의 중 품종인 가메이와 피노누아를 브렌딩해서 레드와 로제를 생산한다. 브렌딩에 최소1/3의 피노누아를 원칙으로 한다.

생산량의 대부분인 2/3가 꼬뜨 샬로네즈에서 생산되며 남은 1/3이 꼬뜨 도르와 욘 에서 생산된다.

이외에 가메이와 피노누아를 브렌딩하는 레드 와인 예로서는 A.O.C 마꽁, A.O.C 브르고뉴 그랑 오르디네르등이 있다.

③ **브르고뉴 알리고떼**(Bourgogne Aligote)

브르고뉴 지방의 화이트 와인은 샤르도네 품종으로 만들어지는 것이 대부분이지만 이 와인은 알리고떼 품종을 사용하여 브르고뉴 알리고떼 라고 불린다.

알리고떼 품종은 샤르도네 보다 포도송이, 포도알이 보다 크며 포도알의 개수도 많은 품종이다.

A.O.C로 인정된 생산지는 브르고뉴 전역이지만 꼬뜨 샬로네즈(Cote Chalonnaise)가 가장 유명한 생산지이다.

가격이 적당하여 카페나 비스트로(Bistro)에서 인기있는 알리고테는 프랑스의 식전주를 대표하는 "키르"에 사용하는 화이트 와인으로 유명하다. 제2차 세계대전 직후 디종의 시장이었던 키르(Kir)가 고안한 와인 칵테일로 차가운 알리고테 와인에 디종의 명산물인 카시스 리큐르를 섞은 식전주로 고안했다. 이후 이 키르는 프랑스에서 가장 대중적인 아프리티프(식전주)로서 보급되었다.

또한 카시스를 A.O.C 크레망 드 브르고뉴 같은 발포성 와인을 섞은 것은 키르 임페리얼(Kir imperial)이라고 부른다.

④ **크레망 드 브르고뉴**(Cremant de Bourgogne)

브르고뉴 지방의 발포성 와인으로 화이트, 로제가 있다.

샴페인과 간은 병내 2차 발효방식인 전통방식으로 만들어진다.

산지는 브르고뉴 지방 전역에서 만들어지며 기후나 지질이 샹파뉴지방과 비슷한 꼬뜨 샬로네즈의 뤼이(Rully) 마을의 것이 특히 유명하다.

비발포성 와인용 포도보다 일찍 수확한 포도를 사용하여 병내 2차 발효 후 9개월 이상의 숙성을 거쳐 20°C에서 3.5기압 이상이 되도록 만든다. 코르크에 "Cremant de Bourgogne" 라고 표기해야 한다.

⑤ **브르고뉴 무쓰**(Bourgogne Mousseux)

브르고뉴 무스는 프랑스에서 보기 드문 레드 발포성 와인으로 크레망 드 브르고뉴와 동일 방식으로 만들어진다.

## 4 상파뉴(Champagne)

이 지방에서는 17세기 후반까지는 화이트, 로제, 레드의 비발포성 와인만 만들었지만, 현재는 화이트, 로제의 발포성 와인을 주로 만들고 있다.

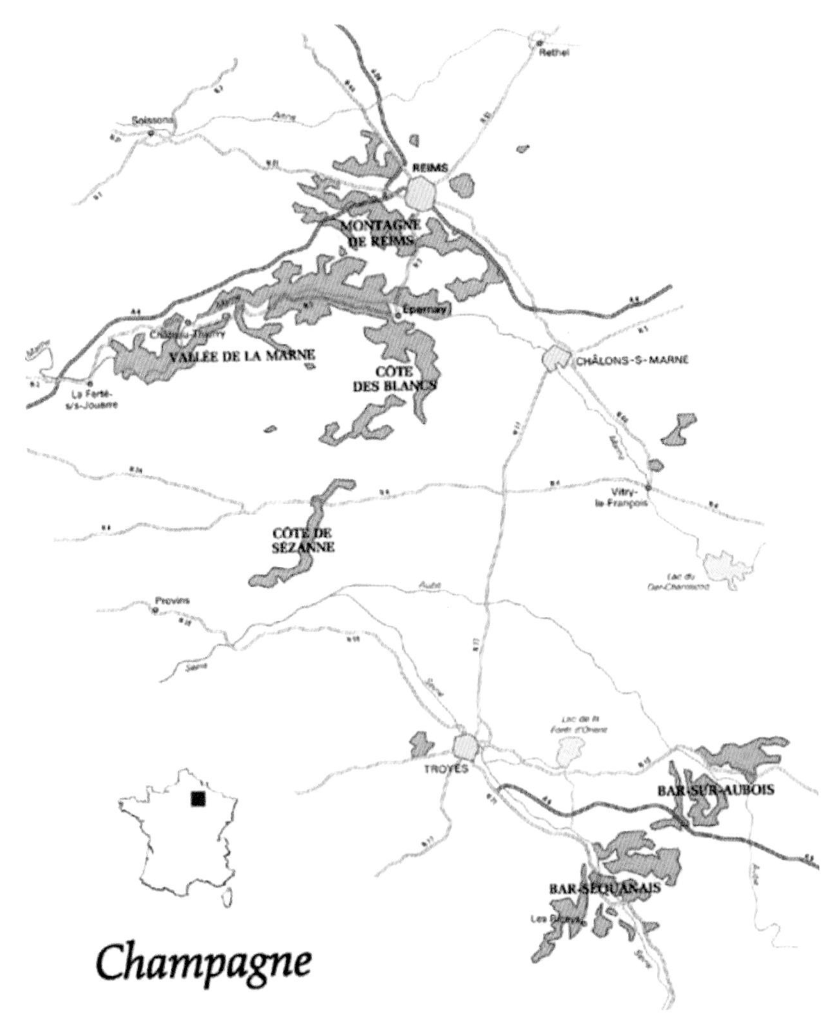

와인에 기포만 있다고 해서 샴페인이 되는 것은 아니다. 샴페인이라고 이름 붙일 수 있는 것은 프랑스 북동부의 샹파뉴(Champagne)지방에서 밭이나 포도 품종, 제조법에 있어서 일정의 기준을 만족시켜 생산된 발포성 와인이어야만 샴페인(Champagne)라고 이름 붙일 수 있다.

샹파뉴(Champagne)는 프랑스에서 발포성 와인인 샹파뉴(Champagn)를 생산하는 지역 샹파뉴(Champagne)를 뜻한다. 즉 와인이름 과 지역 이름이 동일하며 샴페인(Champagne)은 샹파뉴의 영어식 표현이다.

프랑스 샹파뉴 지방은 샹파뉴에서 만드는 스파클링 와인만이 '샴페인'이라고 대대적인 교육과 홍보 그리고 법적 조치를 통해 알렸지만 아직도 많은 이들이 "스파클링 와인=샴페인"라는 인식을 가지고 있다. 샴페인의 법적 보호 장치는 1891년 마드리드 협정을 통해 정해졌으며 유럽 연방 및 다른 국가들에게 조치가 취해졌다. 그리고 1차대전 이후 베르사이유 조약을 통해 다시 한번 확인되었다.

따라서 샴페인이라는 용어의 사용이 제재된 상황에서 여러 나라의 스파클링 와인 업체들은 각기 다른 용어들을 사용하게 되었는데 열거하자면 스페인의 카바(Cava), 이태리의 스푸만떼(Spumante: 단 이태리 Asti 마을의 스파클링 와인은 DOCG Asti라 불림), 남 아프리카의 캡클라식(Cap Classic), 독일의 젝트(Sekt), 프랑스 브르고뉴(Burgundy), 알자스(Alsace) 등 프랑스 전역에서 전통방식으로 제조할 경우 크레망(Cremant) 등의 용어를 사용하고 있다. 이런 정확한 명칭들 말고도 샴페인과 구별을 위해 간단히 스파클링 와인이라고도 한다.

"샴페인이라면 무조건 다른 스파클링 와인보다 우수하다."라고는 말할 수는 없으나, 최고의 샴페인은 섬세함과 풍부함 및 신선한 생기가 부드러운 자극성과 조화를 이룬다.

다른 어떤 스파클링 와인도 갖지 못한 특성이다.

또한, 샴페인(Champagne)란 명칭은 높은 부가가치를 갖는 브랜드로서 주류 업계뿐만 아니라 화장품, 향수 등 지금까지 다수의 명칭 도용사건이 발생한 것으로도 그 이름의 품격을 엿볼 수 있다.

이 지방의 주요 도시는 랭스(Reims)와 에페르네(Epernay)이다.

### 1) 역사

샹파뉴의 중심이 되는 랭스(Reims)는 로마 시대부터 중요한 도시로서 샴페인이 왕의 와인이 된 배경에는 거의 모든 프랑스 국왕의 대관식이 거행되던 랭스 대성당과 관계가 있다. 이 대성당은 '성당의 세기'라 일컫는 13세기에 지어졌는데 이 시기에 성당이 80여 개나 건설되었기 때문이다.

496년 프랑크 왕국 클로비스 1세의 세례식 장소였음을 상징적으로 나타내며 클로비스의 세례식 부터 카톨릭이 프랑스의 국교가 되었고 이후 프랑스 왕가의 대관식이 이어지게 되었다.

그 중에서도 샤를 7세의 대관식(1429년)은 잔다르크가 입회한 것으로 알려져 있으며 그 무대인 랭스의 대성당은 13세기 고딕 건축의 걸작으로 세계문화 유산에 등재되어 있다.

프랑스 와인은 특히 역사와 정치 경제 문화까지 연결되어 있는 경우가 많기 때문에 두루 알아두는 편이 이해하기 좋다.

### 2) 떼루아

파리의 북동 약 145km, 포도재배의 북방한계선인 49~50°에 위치하고 있다. 연평균 기온은 약 10.5°이고 프랑스의 와인 산지로서는 가장 혹독한 대륙성 기후의 영향을 받는다. 샹파뉴 마을은 북풍과 겨울 고기압의 영향을 받아 추운 지방이다.

강우량은 650~750mm이고, 연간 규칙적으로 내린다. 4월 말이나 5월 초순에 포도의 눈이 나온 후 서리의 위험에 직면하게 된다. 게다가 여름은 짧고 뜨겁지도 않다. 그래서 이곳에서는 서리에 의한 피해를 막기 위한 스토브가 포도밭에 있는 모습이 익숙한 풍경이다.

밭은 랭스와 에페르네 마을의 근처의 일조량이 가장 좋은 언덕사면에 위치하고 있으며 두터운 백악질 석회암질이 랭스 마을까지 지방전체에 펼쳐져 있다. 지하에는 수세기에 걸쳐서 굴착된 250km에 이르는 와인 저장고가 있다.

포도밭이 구릉지대에 위치하기 때문에 최대한의 햇볕도 얻을 수 있으며 백악층의 토양은 포도밭에 없어서는 안 될 조건으로 배수가 좋고 미네랄이 풍부하며 흰색토양으로 태양광을 반사하고 대지를 따뜻하게 유지하여 포도의 성숙을 촉진시킨다.

샹파뉴지방은 마른(Marne), 오브(Aube), 센 엔 마른(Saine et Marn), 오뜨 마른(Haute-Marne) 4개의 구역으로 구분되며 그 대부분은 마른으로 전체의 80%의 면적에 달한다.

샹파뉴의 생산지구에는 몽따뉴 드 랭스, 발레 드라 마른과 그 지류, 꼬뜨 데 블랑이 있다.

### 3) 샴페인의 발전 과정

샴페인은 전 세계 특권층이 마시는 와인으로 자리 잡으면서 제조 방식과 특징에 중대한 변화를 겪었다. 과거 샹파뉴 지방만의 특별한 제조 방식은 와인을 병에 넣고 발효시킨 뒤 그대로 소비자에게 전달하는 것이었다. 그런데 이 방식에는 두 가지 문제점이 있었다.

돔 페리뇽

첫번째 문제점은 샴페인이 발효 과정에서 생기는 탄산가스의 압력 때문에 병이 폭발하는 경우가 종종 있었다. 오늘날 생산되는 샴페인은 기압이 6이다. 즉 병 내부의 압력이 외부의 여섯배에 달한다는 의미이다. 이문제는 "샴페인의 아버지"라고 불리는 오빌레의 수도사 돔 페리뇽이 강화된 유리병 사용을 통해 해결되게 된다. 이외에도 그의 업적으로는 포도 품종의 블렌딩, 레드 와인 품종으로 화이트 와인 제조, 코르크 사용 등을 들 수 있다.

뵈브 끌리꼬 퐁사르댕

두번째 문제점은 발효 과정에서 생기는 앙금(효모의 잔해)의 처리 방법이었다. 19세기 초반에는 앙금를 걸러낸 다음 다시 마개를 닫았지만 이렇게 하면 기포가 너무 많이 빠져나갔다. 그러다 1810년 대의 어느 해에 지금은 뵈브 클리코라고 알려진 젊은 미망인 니콜 바르브 크리코 퐁샤르댕(Nicole-Barbe Clicquot-Ponsardin)이 운영하던 샴페인 양조장에서 리들링(르뮈아쥬: Remuage) 기법을 만들어 냈다. 리들링(Riddling)이란 A형 선반에 구멍을 내어 샴페인을 거꾸로 꼽고 발효 기간 동안 천천히 움직이면서 병내에서 발효를 마치고 죽은 이스트 균을 병목 근처로 모으는 방식을 말한다.

이렇게 해서 모인 찌꺼기는 마개를 열면 압력으로 인해 밖으로 튀어나오는데 걸러 낼 때보다. 마개를 훨씬 빨리 닫을 수 있기 때문에 빠져나가는 기포의 양이 줄어 들었다.

병목에 모인 죽은 이스트

뿌삐뜨르(PuPitre)

뵈브 클리코는 몇 년 동안 이 기법을 비밀에 부쳤지만 1820년대에는 다른 샴페인 양조장에서도 똑같은 기술을 사용하게 된다.

기포를 보존하는 방법과 압력에 견디는 유리병의 발명으로 샴페인 산업은 급속한 성장기에 접어들었다.

### 4) 샴페인(Champagne)의 제조 공정

① 수확(방당쥬: Vendange): 통상 9월~10월에 걸쳐서 수확한다.

② 압착(프레스라쥬: Pressurage): 포도가 터지지 않도록 운반 후 통의 깊이가 얕고 넓은 압착기에서 포도송이 채 부드럽게 누른다. 4,000kg에서 2550l를 얻은 후 중지한다. 최초 추출한 2050l를 뀌베(Cuvee), 이후 압착해서 얻은 500l를 라 따이유(la Taille)라고 부른다.

알콜 발효

③ 알콜 발효(Fermentation alcoolique): 포도 생산 구역, 포도 품종, 포도 나무 수령 등 보다 상세히 나누어 선별하여 오크통이나 탱크에서 일차 발효를 시킨다.

블렌딩(아상블라쥬)

④ 블렌딩(아상블라쥬: Assemblage): 일차 발효에서 얻은 와인을 마을, 품종별로 테이스팅을 하고 블렌딩 조합을 한다. 논 빈티지의 경우 수년전에 양조한 뱅 드 리저브(Vin de Reserve)도 사용하면서 각 브랜드 메

이커에 맞게 맛을 조합한다.

⑤ 병입(띠라쥬: Tirage): 조합된 와인에 리 꿰르 드 따라쥬라고 불리는 효모와 당분을 첨가하여 병입하고 금속마개로 막아 까브에서 숙성한다.

⑥ 병내 2차 발효(Deuxieme Fermentation): 병 속에서 효모가 당분을 분해하고 알코올과 탄산가스를 만들어 낸다. 이 과정을 통해 화이트 와인에서 발포성 와인으로 변화하게 된다.

⑦ 병내 숙성(비에리 스멍 쉬 르리: Vieillissement Sur lie): 병내의 효모가 자기 분해를 통해 시간과 함께 특유의 풍미를 형성한다. 논 빈티지 샴페인은 병입 후 최저 15개월, 빈티지 샴페인은 최저 3년간 병속에서 숙성시킨다.

병내 숙성

⑧ 리들링(르뮈아쥬: Remuage): 뿌삐뜨르(Pupitre)라고 부르는 판넬에 병입구를 아래를 향하게 꽂아서 정렬한다. 5~6주간에 걸쳐 매일 병을 조금씩(1/8씩 회전) 돌리는 르뮈아쥬(Remuage) 과정을 거쳐 병 측면에 고인 앙금을 병입구에 모이게 한다.

현재는 거의 모든 샴페인 하우스가 자동 시스템을 사용하고 있다.

뿌삐뜨르

르뮈아쥬

⑨ 앙금 제거(데고르주멍: Degorgement): 병입구를 -20°C의 염화 칼슘 수용액에 담궈 모인 앙금을 얼린다. 마개를 제거하면 앙금이 병속의 압력에 의해 외부로 날아가게 된다.

⑩ 보주(도자주: Dosage): 액체의 양이 적어진 병에 나온 만큼의 리큐르(샴페인의 원료가 된 와인에 당분을 더한 것)을 첨가한다. 이 단계에서 Doux~Brut 등의 당분량 타입이 결정된다.

⑪ 코르크 밀봉(부샤쥬: Boucharge): 코르크를 꼽고, 철사로 고정한다.

⑫ 라벨 부착(아빌라쥬: Habilage): 에티켓(라벨)을 붙인다. 샴페인 제조의 최종 공정에 해당한다.

데고르 주멍

코르크 밀봉, 라벨 부착

샴페인 대표 브랜드

## 5) 샹파뉴의 라벨

- 샴페인 하우스
- 와인 브랜드
- 품질 구분
- 당도
- 회사 업무 형태
- 용량
- 알코올

### (1) 당분 함유표기

- Brut Nature 3g/liter 이내,

- Extra Brut 0~6g/liter 당도 0~0.6%
- Brut 15g/liter 이내 당도 1.5%
- Extra Sec 12~20g/liter 당도 1.2~2%
- Sec 17~33g/liter 당도 1.7~3.5%
- Demi Sec 33~50g/liter 당도 3.3~5%
- Doux 50g/liter 이상 당도 5% 이상

### (2) 샴페인의 타입

샴페인은 크게는 전체 3/4을 차지하는 여러 해의 와인을 섞어서 만든 논 빈티지 샴페인Non Vintage Champagne: 프랑스에서는 빈티지가 하나가 아닌 여러 해를 섞었기 때문에 멀티 빈티지Multi Vinatage Chamapgne이라고도 부른다.)과 좋은 수확해의 포도로만 만든 빈티지 샴페인(Vintage Champagne) 둘로 나눌 수 있다.

양조와 품종으로 나눈다면 화이트 품종인 샤르도네(Chardonnay)만으로 만든 블랑 드 블랑(Blanc de Blanc), Pinot Noir, Pinot Meunier 레드 와인 품종으로만 만든 블랑 드 누아(Blanc de Noirs), 브렌딩 시점에서 레드 와인을 첨가해서 만드는 방법과 레드 와인 품종을 로제 와인 만드는 방식으로 만드는 2가지 방법의 로제 샴페인(Rose Champagne)으로 나눌 수 있으며 품질로 나눈다면 각 샴페인 생산 회사들이 만드는 샴페인과 각 회사들의 최고급 샴페인인 꿔베 프레스티지(Cuvee Prestige)로 나눌 수 있다.

### (3) 샴페인 메종(하우스)의 업무 형태

샴페인 지방에는 무려 100개가 넘는 샴페인 하우스들이 있다고 한다. 이들 생산자들의 업무 형태를 레이블에 새겨져 있는 이니셜을 통해 구분할 수 있다.

- NM(Negociant manipulant): 네고시앙, 포도를 구매해서 만든다.
- CM(Cooperative de manipulation): 멤버로 지정된 협동조합의 형태로 하나의 브랜드 샴페인을 생산한다.
- RM(Recoltant manipulant): 직접 재배한 포도로 샴페인을 만든다. 95% 이상 자신의 포도로 양조해야 하며 5% 포도구입은 허용된다.
- SR(Societe de recoltants): 조합이 아닌 일종의 연합(Union)이나 단체 형태로 정보를 공유

하거나 생산한다.

- RC(Recoltant cooperateur): 조합의 형태로 양조하고 각자의 브랜드로 생산하는 샴페인이다.
- MA(Marque auxiliaire): 생산자나 재배자와는 관계가 없는 주문자 요청 브랜드를 만든다.
- ND(Negociant distributeur): 샴페인을 생산하지 않고 샴페인을 판매하는 상인을 말한다.

## 6) 비 발포성 와인(Still wine) 산지

### (1) 꼬또 샹뻐누아(Coteaux Champenois)

발포성 와인인 샹파뉴가 만들어지기 전부터 이 곳은 이미 포도밭이 있었고 주로 레드 와인을 양조하고 있었다.

현재는 샹파뉴와 같은 생산구역, 품종, 떼루아에서 레드 와인을 주로 생산하고 화이트와 소량의 로제가 만들고 있다. 1978년부터 모든 와인은 생산지에서 병입 되게 되었다.

비발포성 와인인 꼬또 샹뻐누아는 라벨에 산지 꼬뮌명 기재가 허가된 마을이 있으며 주요 꼬뮌은 랭스시의 남쪽에 있다.

레드는 부지(Bouzy), 아이(Ay), 실르리(Sillery), 뀌미에르(Cumieres), 베르테스(Vertus)에 화이트는 쉬이(Chouilly), 메닐 쉬르 오제(Le Mesnil-sur Oger)가 있다. 이중에서 유명한 것은 에페르네 북동 20km에 있는 부지(Bouzy)이다.

이 외에 이지방의 특산품으로 포도 착즙 후 남은 부산물인 껍질 등으로 만든 브랜디인 마르 드 샹파뉴(Eaux de vie de Marc de Chapagne)도 유명하다.

### (2) 로제 데 리세(Rose des Riceys)

샹파뉴 지방 남부의 꼬뜨 데 바르는 브르고뉴 지방과 경계를 이루는 오브에 속한다. 뜨로아(Troyes) 시에서 남동 약 40km 지점의 레 리세를 중심으로 작고 좁은 지구가 비발포성 로제 와인 AOC 로제 데 리세(Rose des Ricey)의 산지이다.

로제 데 리세

베르사유 궁전 건설 시절 이 지역 출신 노동자가 루이 14세에 소개했다고 전해지는데 그 영향으로 레 리세는 18~19세기 당시 오브 내에서 두번째의 인구를 자랑했다.

## 5 꼬뜨 뒤 론(Côtes du Rhône)

프랑스 남동부의 비엔느에서 아비뇽까지 남북 200km에 이르는 론 강변에 위치한 산지이다. 화이트, 로제, 레드, 발포성 와인, 천연 감미 와인과 다양한 와인을 생산하고 있다. 론강 유역은 천혜의 자연 혜택을 받고 있으며 관광지로도 인기가 높다.

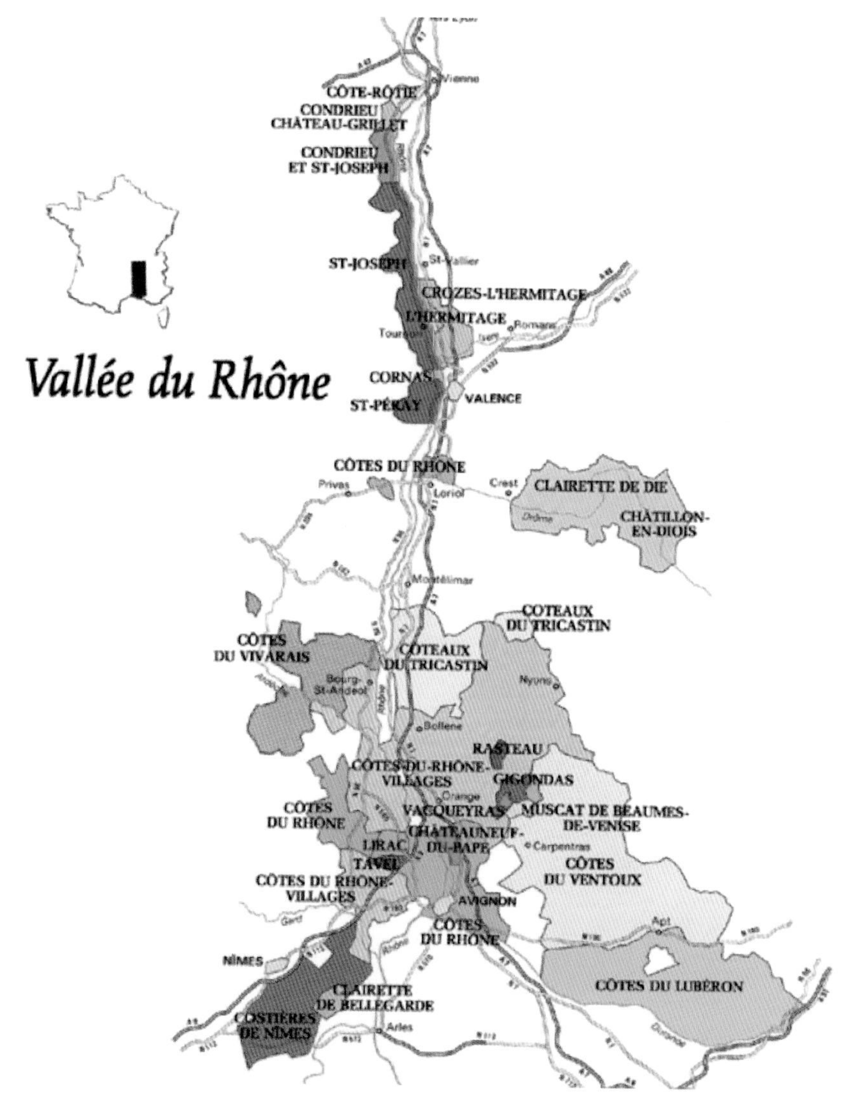


론강 유역에 최초로 포도나무를 심은 것은 마르세이유를 건설한 고대 그리스인으로 이미 기원전 4세기 경부터 현재의 AOC 꼬뜨 로띠 나 AOC 에르미따쥐 부근에서 포도재

배가 이루어졌다. 기원전 125년경에 이 땅에 들어온 고대 로마인에 의해 와인 제조가 비약적으로 발전하였고 본국 로마에서 인기가 높아졌다. 당시 와인 수출에는 암포라(Amphora)라고 하는 항아리가 사용되었는데 그 공방 유적이 몇 곳 발굴되어 있다.

12세기에는 템플 기사단이 포도나무를 심었고 14세기에는 아비뇽의 로마 교황청이 이 곳의 와인 생산을 장려했다.

북부와 남부에서는 기후나 토양의 차이 등에서 특성이 다른 와인이 만들어진다. 북부는 더운 여름, 추운 겨울의 대륙성 기후이고 산미와 탄닌이 강한 맛의 균형이 좋은 와인을 생산한다.

남부는 여름은 덥지만 겨울은 미스트랄(Mistral)에 의해 서리가 없는 지중해성 기후로 농축미가 있으면서 알코올 성분이 높은 와인을 만든다. 트러플, 치츠, 올리브 오일, 메론 등의 식재료의 명산지로 유명하다.

AOC 꼬뜨 뒤 론(Côtes du Rhone)은 론강 따라 남북으로 200km 정도 이어진 론 지방 전체에 적용되는 지방 A.O.C이다.

론 지방은 북부(Septentrional)과 남부(Meridional)으로 크게 나누어진다.

북부와 남부의 전체 171개 마을이 있지만 밭의 대부분은 실제 대부분은 몽뗄리마(Montelimar)시부터 론강 하구의 123개 마을에 집중되어 있다.

AOC 꼬뜨 뒤 론 빌라쥐(côtes du Rhone Villages)는 AOC Côtes du Rhone Villages와 AOC Côtes du Rhone Villages+Commune(18)을 붙일 수 있는 2가지 AOC가 존재한다.

AOC Côtes du Rhone Villages는 AOC Cote du Rhone보다 품질이 좋다. 생산 구역은 아르데슈에서부터 남쪽 4개의 구역의 95마을에 있다.

그 중에서도 18꼬뮌은 좋은 떼루아로 인해 우수한 생산되기 때문에 개별의 꼬뮌 명을 같이 기재하는 것이 정부명으로 인정되었다.

이 18개 꼬뮌은 캐랑(Caranne), 슈스 크랑(chusclan), 로당(Laudon), 마시프 뒤쇼(Massif d'Uchaux), 쁠랑 드 디유(Plan de Dieu), 쀠메라스(Puymeras), 라스또(Rasteau), 로애(Roaix), 로슈귀드(Rochegude), 로세레 비뉴(Rousset-les-Vignes), 세귀렛(Seguret), 시나르규(Signargues) 생 제르베(Saint Gervais), 생 모리스(Saint Maurice), 생 판타레옹 레 비뉴(Saint-Pantaléon les vignes), 발레아스(Valreas), 비장(Visan), 사브레(Sablet)이다.

### 1) 북부 론 와인 산지

#### (1) 꼬뜨 로띠(Côte Rotie)

꼬뜨 로띠

리용(Lyon)에서 남으로 약 40km 지점에 있는 론강의 마을 비엔느(Viennes)의 바로 남쪽에 위치한 AOC로 론 지방 북부 최고봉 레드 와인의 명산지이다.

꼬뜨 로띠는 "불타는 언덕"을 의미하는데 이 이름대로 밭은 태양이 내리쬐는 급 경사면에 자리하고 있다.

242ha의 재배지 중에서 특히 우수한 토양을 가지는 유명한 것은 엉퓌(Ampuis)마을 배후에 이어진 언덕이다.

언덕은 작은 개천과 경계를 두고 꼬뜨 브론드(côte Blonde)와 꼬뜨 브륀(côte Brune)라고 불리는 2개의 구획이 있다.

오래전 이 지방 영주였던 모지롱(Mauguron) 공작에게 2명의 딸이 있었는데 한쪽 언덕을 금발 머리(Blonde)의 딸에게 다른 한쪽 언덕을 갈색머리(Brune)의 딸에게 주었다고 하는 이야기에서 유래한다고 한다. 실제 이 두 곳의 땅의 색깔이 갈색과 금색이기도 하다.

과거 이 지방 와인은 갈로 로마 시대(기원전 121~기원전 5세기)에 큰 영화를 누렸다.

당시에는 비엔느 와인으로 불렸으며 본국인 로마의 고위층 사이에서 인기가 높았다.

다시 AOC 꼬뜨 로띠로서 두각을 나타내기 시작한 것은 1970년대 부터이다.

그때까진 카페나 바의 카운터에서 마시는 일상적 와인이란 이미지가 강했었다. 그러나 젊은 양조가의 정렬과 노력에 의해 론 지방을 대표하는 레드 와인으로 성장하여 최고급 보르도나 브르고뉴의 명품 와인과 필적하는 세계 명산지로 칭송받고 있다.

포도 품종은 레드 와인 품종인 시라 90%~100%에 화이트 와인 품종 비오니에가 10%이내로 브렌딩이 허가되어 있다.

#### (2) 꽁드리유(Condrieu)

향기로운 꽃 과 같은 화이트 와인을 생상한는 꽁드리유는 북으로는 레드 와인의 명산지 꼬뜨 로띠가 있고 남으로는 AOC 생 죠셉의 밭과 일부 겹쳐져 있다.

재배되는 품종은 100% 비오니에 품종으로 "론의 아름다운 꽃"라고 불리는 향기롭고 기품있는 화이트 와인이 만들어진다.

(3) 샤또 그리예(Chateau Grillet)

AOC 꽁드리유(Condrieu) 포도밭에 둘러 싸인 불과 4ha의 샤또 그리예는 프랑스에서 가장 작은 아펠라시옹 중 하나이면서 론 지방에서 유일하게 샤또 이름이 AOC 명칭이자 와인 이름인 전통적인 명산지이다.

샤또 드 베르농

1836년부터 네이예 가세(Neyret)가가 단독 소유(Monopole)해왔으나 2011년 보르도 뽀이약(Pauillac) 지역의 샤또 라뚜르(Chateau Latour)와 브르고뉴 지역의 도멘 되제니(Domaine d'Eugenie)와 같은 와이너리를 소유하고 있는 프랑스의 대그룹 아르테미스(Artemis) 사의 주인인 프랑수아 삐노(Francois Pinault) 회장이 인수하였다.

샤또 그리예

샤도 그리예는 "불타는 성"을 의미하고 이 밭은 "불타는 언덕"을 의미하는 AOC 꼬뜨 로띠와 동일하게 급 경사면에 위치하고 있다.

"론의 몽라셰"라고 칭송받으며 적은 면적에다가 품종인 비오니에 종이 재배에 까다롭고 수확량도 적은 이유로 년간 생산량은 1만병도 못 미치는 희소가치가 높은 환상이 와인이다.

(4) 생 죠셉(Saint Joseph)

론 지방 북부의 화이트, 레드 와인 산지로현재의 생 죠셉이란 이름은 18세기에 뚜르농 쉬르 론(Tournon sur Rhone) 마을의 예수회수도원이 작은 언덕에 부여한 성인의 이름에서 유래한다. 즉 이 AOC명칭은 꼬뮌(Commune) 명칭이 아니라 뚜르농 쉬르 론 마을에 있는 언덕의 이름에서 유래되었다.

AOC 생죠셉은 토양이 다양성을 고려해서 몇 개의 구획 포도밭 리디(Lieux-dits)으로 분류되고 각각에 그 명칭이 붙어 있다. 따라서 라벨에 밭 이름이 표기가 되어 있는 것이 많다.

이러한 구획명의 표기는 론 북부 지방의 AOC에서 자주 보이는 형태이다.

### (5) 꼬로나스(Cornas)

레드 와인만을 생산하는 생산면적 100ha의 AOC 꼬르나스는 북으로 AOC 생죠셉, 남으로 AOC 생 페레에 사이에 위치하고 있다.

켈트어로 "불타는 대지"를 의미하는 꼬로나스의 밭은 꼬뜨 로띠, 샤또 그리예의 의미와 동일 선상으로 태양이 이글이글 내리쬐는 언덕의 급경사면에 계단형으로 위치하고 있다.

재배되는 포도품종은 시라 100%로 꼬로나스 와인의 특징은 시라 품종 특유의 강한 맛을 유화시키기 위해 비오니에, 마르산느, 루산느 등의 화이트 포도 품종과의 블랜딩이 정책적으로 인정 되어있지 않다.

이 때문에 좀더 야성미가 넘치는 탄닌의 강한 색조의 짙은 와인이 생산되고 론에서 가장 농후한 레드라고 평가되는 면이 있다.

### (6) 에르미따쥐(Hermitage)

에르미따쥐는 론 강 좌안에 위치하고 AOC 생 죠셉의 반대편에 있다. 꼬뜨 로띠와 견주는 론 지방 북부를 대표하는 명산지로 태양이 내리 쬐는 남향의 언덕 경사면에 위치한 포도밭은 토양이 복잡한 이유로 몇 개의 리우디(Lieu-Dit)로 구분되어 있다. 각각의 포도밭에는 르 메알(Le Meal), 레 그레프(Les Greffieux) 등 명칭이 붙는다.

양조자 중에서는 특별히 우수한 토양의 밭의 포도로 만든 와인임을 나타내기 위해 라벨에 함께 구획 명을 기재하는 경우도 있다.

에르미따쥐
(이 기갈)

시라 품종 85% 이상 사용하는 농후하고 강한 레드 와인의 평가가 높지만 마르산느(Marsanne)와 루산느(Roussanne)를 사용한 부드럽고 순한 화이트 와인을 생산하고 짚 위에서 건조한 포도로 만드는 진귀한 뱅 드 빠이유(Vin de Paille) 스위트 화이트 와인도 생산되고 있다.

이 곳에 처음 포도 나무를 식재한 것은 기원전 4세기경으로. AOC 명칭은 프랑스어로 "은둔자의 집"을 의미하는 에르미따쥐(Ermitage)에서 유래되었다고 전해진다.

13세기 십자군원정에서 돌아온 가스빠르 드 슈테람베르그(gaspard de Sterimberg)라고 하는 기사가 이 언덕에서 은둔 생활을 하면서 토지를 계간하고 포도를 재배했다는 일화가 남아있다.

은둔자를 의미하는 "레르미따(L'Ermite)"라고 하는 구획은 특별한 토양으로 명성이 높다.

### (7) 크로즈 에르미따쥐(Crozes Hermitage)

발랑스(Valence)에서 북쪽 20km, 론 강 우안에 위치하는 크로즈 에르미따쥐 마을과 땡 레르미따쥐(Tain-l'Hermitage)마을 주위의 11개 마을에 걸쳐서 화이트, 레드 와인을 생산한다.

생산 면적은 약 1,467ha로 북부 론 지방에서 가장 넓은 면적을 가지고 있다.

밭은 론 북부를 대표하는 레드 와인의 하나인 AOC 에르미따쥐 밭이 이어지는 작고 높은 언덕의 완만한 경사지에 위치한다.

토양은 에르미따쥐보다 기름지져서 부드럽고 푸르티한 레드와인과 상쾌하고 꽃향기가 나는 화이트 와인을 생산한다.

레드와인의 생산량이 압도적으로 많고 론 지방의 와인 중에서 가성비가 높은 와인으로 인기가 높다. 〈Crozes-Ermitage, Crozez-l'Hermitage, Crozes-l'Ermitage〉라고 표기하는 경우도 있다.

### (8) 생 페레(Saint-Peray)

론 지방 북부의 발랑스(Valence)의 서쪽에 위치하는 약 65ha의 작은 산지로 마르산느 품종과 루산느 품종을 사용한 화이트 발포성 와인과 비 발포성 와인을 생산하는 산지이다.

쌩 페레 마을의 화이트 와인은 이미 15세기때부터 명성이 높았고 앙리 4세 등의 프랑스 국왕들에게 사랑받았다.

### (9) 꼬또 드 디(Coteaux de Die)

디 산지는 론강 동쪽의 웅대한 베르코르(Vercors) 산맥의 드롬강 계곡의 구릉지대에 위치하고 있다. 5개의 AOC 화이트 와인이 만들어지는데 그 중 가장 오래된 것은 발포성 와인인 끌레렛뜨 드 디이다.

1세기경 이 땅에 살던 갈리아 인이 와인이 든 항아리를 겨울 동안 추운 강에 방치해 두었다가 봄이 되어 열었더니 미세한 거품이 올라오는 달고 아름다운 와인이 만들어졌다는 설화가 남아 있다.

현재의 끌레렛뜨 제조법 2가지이다.

끌레렛뜨 드 디 메토드 디와즈는 메토드 앙세스트랄레(Méthode dioise ancestrale) 방식으로 만들며 뮈스까 75% 이상과 끌레렛뜨 품종을 사용한다.

과즙이 발효가 완전히 끝나지 않은 도중에 병입 해서 포도에 함유된 당분만으로 약 12°의 저온 환경에서 4개월 이상 병내에서 자연 발효시키는 방법으로 만들어진다. 단 한 번의 발효과정을 통해서 얻어진 기포로 만들어진 선조 전래 방식의 최초의 스파클링 와인 스타일이다.

끌레렛뜨 품종만으로 샹파뉴와 동일한 방식으로 리꿰르 드 띠라쥬(효모, 당분을)를 첨가하여 병내 2차 발효 방식으로 만들고 9개월 이상 숙성시키는 것은 끌레렛뜨 드 디 라고 부른다.

다른 방식의 스파클링 와인으로 1993년 AOC를 취득한 크레망 드 디는 병내 2차 발효 방식으로 만들어지는 스파클링 와인으로 끌레렛뜨 종(55% 이상) 이외에 뮈스까, 알리고떼 종을 보조 품종으로 사용하는 것이 허가되어 있고 12개월 이상 숙성시킨다.

AOC 꼬또 드 디(Coteaux de Die)는 스파클링 와인인 AOC 끌레렛뜨 드 디 와 같은 생산 구역이다. 끌레렛뜨 100%를 사용한 화이트 와인으로 생산량은 적다.

#### (10) 샤띠옹 엉 디우아(Chatillon en Diois)

AOC 끌레렛뜨 드 디 와 생산지구가 일부 겹쳐 있으며 영할 때 마시는 타입의 푸르티한 화이트, 로제, 레드 와인을 생산하고 있다.

특이 사항으로 알리고떼 품종과 샤르도네 품종으로 화이트 와인을 생산한다.

### 2) 남부 론 와인 산지

#### (1) 꼬뜨 뒤 비바레(Cotes du Vivarais)

AOC 꼬또 뒤 트리까스탱(Coteaux du Tricastin)과 함께 론 남부(Meridional)의 북부에 위치하고 있다.

20세기에 들어서 수십년간 남불 와인이나, 알제리 와인을 블렌딩한 저가의 지방와인을 생산하였으나 1960년대 변혁을 시작하여 그르나슈, 시라, 무르베드르 품종을 심기 시작했다.

### (2) 꼬또 뒤 트리까스탱(Coteaux du Tricastin)

프랑스 최고의 식재료 블랙 트러플의 명산지이다.

"검은 다이아몬드"라고 불려지는 블랙 트러플은 드롬(Drome)과 남으로 이어지는 보클르즈에서 프랑스 트러플의 약 80%가 채취된다.

화이트, 로제, 레드 와인과 함께 햇 와인인 프리뫼르(Primeur)를 생산한다.

### (3) 꼬뜨 드 루베롱(Cotes de Luberon)

프로방스에서 론강으로 흘러들어 오는 뒤란스(Durance) 강과 그 지류 카라봉(Calavon)강의 사이에 위치한 론 지방남부 중에서도 가장 동쪽에 위치한 산지

쁘띠 루베롱(petit Luberon) 산맥의 계곡사이에 포도밭이 위치하고 있다.

### (4) 리락(Lirac)

론강 우안에 위치하는 갸르(Gard)의 4개의 마을에 걸쳐있는 작은 산지로 바로 남쪽에는 로제 와인의 명산지 따벨, 강을 건너 동쪽에는 론 남부를 대표하는 레드 와인이 생산되는 샤또네프 뒤 파프가 위치하고 있다.

화이트, 로제, 레드 와인이 생산되고 레드 와 로제는 전통적인 그르나슈가 중심이고 화이트는 그르나슈 블랑, 부르블렝, 끌레렛뜨 종과 전형적인 남부 론 품종을 사용한다.

### (5) 따벨(Tavel)

론강 남부 우안에 위치하는 따벨은 예부터 로제 와인만 생산되는 개성적인 산지이다.

세니에 법으로 만들어지는 따벨 로제는 오렌지 빛이 감도는 신선한 로즈 색을 갖고 깔끔한 맛이 특징이다. 1936년 최초의 AOC를 획득한 로제 와인으로 "로제의 왕족"으로 불린다.

### (6) 샤또 네프 뒤 파프(Chateauneuf-du -pape)

론강 좌안의 비옥한 평양지에 넓게 위치한 산지이다.

"교황의 새로운 별장"을 의미하는 마을이름은 아비뇽에 로마교황청이 있었던 14세기에 2대째 교황이었던 요하네스 22세가 여름별장을 이 마을에 건설한 것에 유래한다.

지금은 폐허만 남아있지만 교황이 장려한 포도재배는 현대에도 이어져 명실공히 론 남부 최고 레드와인 명산지로 군림하고 있다.

이곳의 포도밭은 열을 저장 포도의 성숙을 도와주는 크고 매끈매끈한 둥근 돌 갈레(galet)가 지표에 노출되어 있다. 이 돌이 열을 저장 포도의 성숙을 도와주는 역할을 해준다. 샤또 네프 뒤 파프는 그르나슈, 쌩쏘, 무르베드르, 시라 종을 중심으로 최대 15종의 포도품종이 블렌딩을 사용할 수 있다.

화이트 와인의 수요도 늘어나고 있다. 화이트, 레드 모두 풀보디 스타일에 알코올 함유량이 높다.

교황을 상징하는 3중 왕관 아래 2개의 열쇠가 교차하는 문장이 병에 들어있는 경우가 많고 레드뿐만 아니라 부드러운 향이 강한 화이트 와인의 인기도 높아지고 있다.

샤또 네프 뒤 빠쁘는 현대의 원산지 호칭제도법의 기초가 발의된 와인 역사상 중요한 산지이기도 하다.

19세기 말 필록세라의 피해 후 와인의 품질악화 위조 와인의 유통을 한탄한 Chateau Fortia의 Pierre Le Roy 남작이 1923년 이 지방 와인 생산자와 협동 조합을 결성 와인생산 지구, 포도 품종의 제한, 재배법을 정하는 규정의 제정을 제창한 것이 시작이었다

이 활동은 곧 각지로 퍼져나가 1935년 프랑스 전국에 이르는 공적인 제도로 발전했다.

le Roy남작은 그 후 INAO(institut national de l'origine et de la qualite=원산지 품질 관리 전국 기관)의 회장으로 근무, 프랑스 와인 품질의 유지 및 향상에 노력했다.

### (7) 지공다스(Gigondas)

론강 좌측에 위치하고 고대 로마시대의 흔적이 남은 오랑쥬(Orange) 마을의 동쪽에 위치한다. 인구 700명의 작은 지공다스 마을은 와인 일색으로 중심의 광장에는 까브와 레스토랑이 늘어 서 있다.

그르나슈 종을 주 품종으로 한 농후하고 골격이 있는 레드 와 소량의 로제가 생산되고 있는데 특히 레드 와인의 품질향상이 눈부시고 우수한 도멘의 와인은 샤또네프 뒤 파프와 견줄만한 론 지방남부를 대표하는 레드 와인으로 성장했다.

### (8) 바케라스(Vacqueyras)

지공다스의 바로 남쪽 아래에 위치하고 있다. 지공다스의 와인만큼 풍부하진 못하지만 적당한 가격에 남부 론의 허브와 향신료 향을 즐길 수 있다. 주요 품종은 그르나슈, 시라, 무르베드르, 쌩소이다.

지공다스는 그르나슈를 위주로 만드는 반면 바케라스는 시라 비중이 훨씬 높은 편이다.

(9) 뱅소브르(Vinsobres)

비교적 최근인 2006년 신규 AOC로 그르나슈, 시라, 그르나슈로 만드는 레드 와인을 생산한다.

(10) 라스또(Rasteau)

뱅 뒤 나뛰렐(VDN) 레드, 로제, 화이트 산지로 유명하다. 레드와 로제는 그르나슈 누아로, 화이트는 그르나슈 블랑으로 만든다.

(11) 뮈스까 드 봄므 드 브니즈(Muscat de Beaume de Venise)

뮈스까 품종으로 뱅 뒤 나뛰렐(VDN)을 생산하며 그르나슈와 시라를 중심으로한 드라이 레드 와인 봄므 드 브니즈(Beaume de Venise)도 생산하고 있다.

론 밸리 산지 별 와인

## 6 발 드 루아르(val de Loire)

### 1) 개요

루아르 지방은 쟈르댕 드 라 프랑스(Jardin de la France: 프랑스의 정원)라고 불리는 관광지로 그 아름다운 경관은 세계 유산으로 등재되었다.

예전 이 지역의 지역 와인(Vin de pay)의 명칭이 루아르의 정원(Vin de Pay du Jardin de la Liore)였다는 점에서도 잘 알수있다. 현재는 뱅 드 뻬이 뒤 루아르(Vin de pay du Loire)로 명칭이 변경되었다.

프랑스에서 가장 긴 루아르 강은 전체 길이 1,000km에 이르고 중앙 산맥으로 수원지로 발원해서 고성이 곳곳에 서있는 강가를 흘러 끝으로 대서양으로 이어지는 큰강이다. 생산지역은 뻬이 낭떼(Pay Natais), 앙쥬 & 쏘뮈르(Saumur), 뚜렌느(Touraine), 중앙 프랑스(Centre de la France)의 4 지역으로 구분된다.

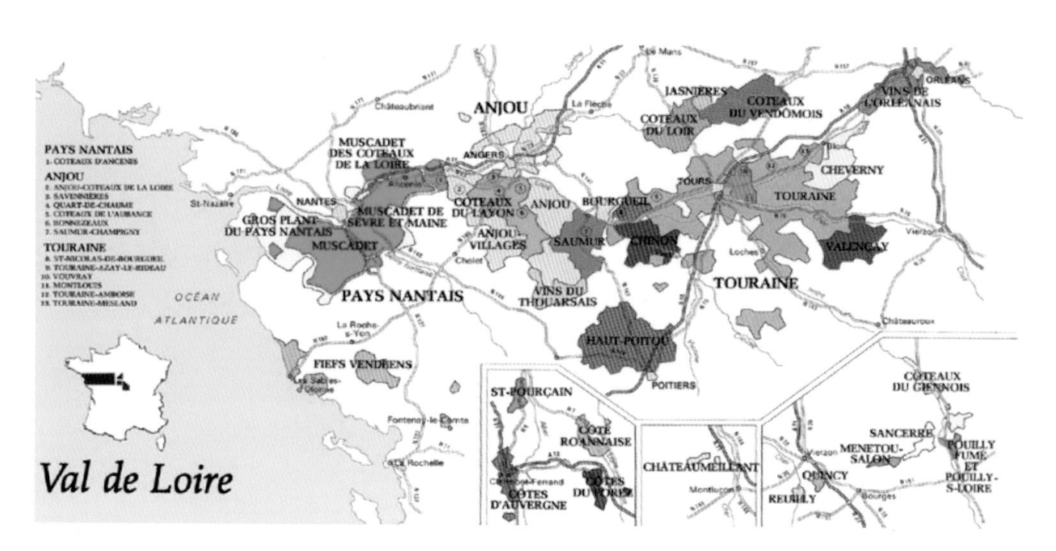


이곳에서는 White(Dry, Semi Sweet, Sweet), Rose, Red, Vin Mousse(발포성 와인) 등 다양하고 우수한 와인이 생산된다.

A.O.C의 수는 60개 이상에 달하고 지방별로는 3위를 자랑한다.

루아르 강의 어류나 대서양의 어패류 등 수자원은 물론, 과일, 가축을 기르는데 적합한 온난한 기후의 혜택을 받고 있다. 산양의 우유로 만드는 맛있는 쉐브르 치즈(Chevre Chesse)가 유명하다.

백년 전쟁의 시발점이 된 곳으로 우선 그 배경과 전개 사항을 이해해 볼 필요가 있다.

### 백년전쟁

백년 전쟁(百年戰爭)은 영국과 프랑스의 전쟁으로 프랑스를 전장으로 하여 여러 차례 휴전과 전쟁을 되풀이하면서, 1337년부터 1453년까지 116년 동안 계속되었다. 명분은 프랑스 왕위 계승 문제였고, 실제 원인은 영토 문제였다.

윌리엄 1세(William I of England, 프랑스어: Guillaume de Normandie, 1028년 9월 9일~1087년) 또는 정복왕 윌리엄(William the Conqueror) 또는 사자왕 윌리엄(William the Bastard)은 노르만 왕조의 시조이자 잉글랜드의 국왕이다. 1035년 노르망디 공작이 된 그는 노르망디 공국을 서 프랑크 왕국과 대등할 정도로 발전시켰다. 1066년 도버해협을 건너 잉글랜드 침략을 개시하여 점령함에 따라 잉글랜드의 왕조는 노르만 왕조가 되었다

영국은 1066년 노르만 왕조의 성립 이후 프랑스 내부에 영토를 소유하였기 때문에 양국 사이에는 오랫동안 분쟁이 계속되었다. 13세기에 이르러서는 영국 왕의 프랑스 내 영토가 프랑스 왕보다 더 많은 지경이었다. 그러나 중세 봉건제도 하에서 영국 왕은 영국의

왕이면서 동시에 프랑스 왕의 신하라는 이중 지위를 갖고 있었다.
상황이 이렇게 된 것은 중세 봉건 제도의 특징 상, 결혼을 하게 되면 여자가 남자에게 자신의 봉토를 결혼 지참금으로 넘겼기 때문이었다. 노르만 왕조 성립 이후 영국 왕은 역시 애초 프랑스 왕의 봉신이었던 노르망디 공국의 영주였고, 노르만 왕조의 뒤를 이은 플랜태저넷 왕가(1154~1399년) 역시 본래 프랑스의 앙주 백작이었다. 플랜태저넷 왕조는 영국 왕으로서 노르망디도 당연히 계승하게 되었고, 이렇게 되자 프랑스 내에서 영국 왕의 입김은 프랑스 왕보다 더욱 셌지만, 법률 상으로는 영국 왕은 프랑스 왕의 신하였다. 1328년 프랑스 카페 왕조의 샤를 4세가 남자 후계자 없이 사망하자, 그의 4촌 형제인 발루아 왕가의 필리프 6세(재위: 1328~1350년)가 왕위에 올랐다. 그러나 여자가 직접 왕위 계승이 불가능하다 하더라도 만일 그녀의 아들에게 계승시킬 수 있다면 영국 왕 에드워드 2세의 왕비 이사벨라(마지막 카페 왕조의 국왕이었던 샤를 4세의 누이)의 아들인 에드워드 3세(재위: 1327~1377년)가 왕위 계승자가 된다는 주장도 성립되었다. 이것을 핑계로 삼아 영국왕 에드워드 3세는 프랑스 왕위를 자신이 계승해야 한다고 주장하여, 양국 간에 심각한 대립을 빚게 되었다.
영토 문제와 왕위계승권 문제로 인한 두 왕가의 갈등은 대화로 풀 수 있는 상황이 아니었다. 이렇게 해서 결국 116년 간의 기나긴 전쟁의 서막이 오르게 되었다.

## 2) 주요산지

### (1) 빼이 낭떼(Pay Natais)

낭떼는 루아르 지방의 최대의 도시로 로마제국 시대부터 교통의 요지였던 곳이다. 17~19세기에는 유럽과 아프리카 아메리카를 연결하는 삼각 교역의 거점으로서 영화를 누린 무역항이었다.

#### ① 주요 와인

AOC Muscadet, AOC Muscadet -Sevre- et Maine, AOC Muscadet -Sevre- et Maine Sur lie, AOC Muscade Sur lie 등이 있다.

#### ② 품종

White는 Muscadet, Gros Plant 등이 있고, Red는 Gamay, Cabernet Franc 등이 있다. 뮈스까떼(Muscadet)는 지명이 아닌 포도 품종명으로 메론(Melon)을 닮은 잎을 갖고 있다.

17세기 전반에 도입된 품종으로 물롱 드 브르고뉴(Melon de Bourgogne) 불리는 품종으로 원산지인 브르고뉴(Bourgogne)에서는 사라졌는데 이곳 낭떼(Nantes) 지구에서는 뮈스까떼라는 명칭으로 정착하게 되었다. 뮈스까떼의 산지는 루아르 강 하구의 약 50km 상류에 있는 낭떼(Nantes)시를 남쪽으로 이어져 있다.

③ 특징

이 지역 라벨에서 종종 보이는 뮈스까떼 쉬르 리(Muscadet Sur lie)라는 명칭은 전통적인 양조법에 관련된 사항을 가리킨다. 전통적으로 발효 도중부터 그 후 수개월 간 앙금을 거르지 않고 와인과 함께 놓아둔다.

그 때문에 Muscade Sur lie의 Sur는 “위에” lie는 “앙금”을 뜻하여 쉬르 리(Sur Lie)는 “앙금 위에서”를 뜻하게 된다.

이 와인은 수확후의 봄에 발효 오크통 또는 탱크에서 직접 병입 되어지는데 여과시키는 경우도 있지만 통상은 대부분 도멘(Domaine)에서 여과 없이 병입된다.

이 방법에는 2가지의 효과가 있다.

첫째, 우선 앙금을 거르지 않았기 때문에 산화를 예방하고 발효에서 얻어진 탄산가스의 손실을 피할수 있기 때문에 미감에 신선함과 발랄함을 남길 수 있다.

둘째, 발효를 마친 효모로 만들어진 앙금으로부터 나오는 복잡한 아로마가 숙성 기간 중 와인의 향을 발달시켜 준다.

(2) 앙쥬(Anjou) & 쏘뮈르(Saumur)

■ 앙쥬(Anjou)

9세기에 백작령이 된 앙쥬의 영주로 널리 알려진 인물은 제프리 백으로 그의 아들 앙리는 영국 플랜테저넷(Plantagenet) 왕조(1154~1399)의 시조 앙리 2세가 된다.

한편 후에 이 땅을 차지한 프랑스 카펜 왕조의 루이 9세는 자신의 동생을 앙쥬 백작으로(1246년) 새로운 앙쥬 가문를 창시한다. 앙제시에는 이 당시 건축된 성벽이 지금도 남아 있다.

① 주요 와인

AOC Anjou, AOC Cabernet d'Anjou, AOC Coteaux du Layon, AOC Bonnezeaux, AOC

Quarts de Chaume, AOC Savennieres 등이 있다.

품종은 White는 Chenin Blanc, Sauvignon Blanc, Chardonnay 등이 있고 Red는 Cabernet Franc, Cabernet Sauvignon, Gamay, Cot 등이 있다.

② 특징

일반적으로 루아르의 4대 로제 와인(Rose wine)으로 까베르네 당주(Cabernet d'Anjou), 로제 당주(Rose Anjou), 로제 드 루아르(Rose de Loire), 까베르네 드 소뮈르(Cabernet de Saumur)를 지칭한다. Rose d'Anjou는 그롤로(Grolleau) 품종을 사용한 Sweet Rose Wine 생산하고 Cabernet d'Anjou는 Cabernet Sauvignon, Cabernet Franc 품종을 사용한 Semi Sweet에서 Sweet wine까지 생산한다.

앙쥬 쏘뮈르 최고의 와인은 화이트 슈냉 블랑으로 만들며 드라이 와인부터 스위트 와인까지 만들 수 있다. 포도밭을 보호하는 계곡 사이에서는 보트리티스 씨네레아가 자주 발생하기 때문에 대부분은 어느 정도의 잔당을 갖고 있다.

이 현상은 특히 레이용 강에서 자주 일어나는 현상으로 앙제의 서쪽에서 남쪽으로 루아르 강으로 흘러오기 때문에 이곳에서는 스위트 와인 꼬또 뒤 레이용(Coteaux du Layon)이 만들어진다. 이 스타일은 슈냉 블랑의 산미에 독일의 스위트 와인보다 알코올성분이 높다.

그 중에서도 가장 좋은 조건을 갖추고 있는 지역은 까르 드 숌므(Quarts de Chaume), 본느죠(Bonnezeaux), 두곳으로 각각 독자의 AOC를 갖는 위대한 스위트 와인으로 인정받고 있다. 이렇게 루아르의 3대 귀부 와인으로 꼬또 뒤 레이용(Coteaux du Layon), 까르 드, 숌므(Quarts de Chaume), 본느죠(Bonnezeaux)를 지칭한다

비오디나미 농법 &니콜라 졸리

사브니에르는 앙주 쏘뮈르에서 가장 훌륭한 드라이 와인을 생산하는 곳으로 세계에서 가장 뛰어난 드라이 슈냉 블랑 와인 산지이다. 포도밭들은 남향의 가파른 비탈 위에 위치하고 있으며 이들 포도밭의 포도 생산량은 루아르에서 가장 적은 축에 속한다.

사브니에르에서 가장 훌륭한 화이트 와인은 니콜라 졸리의 끌로 드 라 꿀레 드 세랑(Clos de la Coulee de Serrant)이다. 모노 폴에서 만드는 끌로 드 라 꿀레 드 세랑은 간단히 꿀레 드 세랑으로도 불린다. 이 포도밭은 소유하는 졸리는 바이오다이나믹(비오디나미: Biodynamie) 농법에 따라 포도를 재배한다.

쿨레 드 세랑은 17에이커 밖에 안되지만 포도밭 자체의 고유 원산지 명칭을 표기할 만큼 특별하다. 프랑스에서 이렇게 포도원 하나가 자체 AOC를 갖는 사례는 이곳과 함께 브르고뉴 지방의 로마네 꽁띠, 꼬뜨 뒤 론 지방의 샤또 그리예 이렇게 3곳에 불과하다.

■ 쏘뮈르

① 주요 와인

AOC Saumur, AOC Saumur Champigny, AOC Cabernet de Saumur 루아르(Loire), 뚜에(Thpuet), 디브(Dive) 이 3개의 하천이 흐르는 쏘뮈르시는 "앙쥬 지방의 진주"라고 불리는 아름다운 도시이다. 앙제시에서 루아르 강을 40km 거슬러 오른 곳에 있는 지리적 이점으로 12세기부터 현재까지 루아르 와인 거래의 거점으로 번영해 왔다.

이곳의 대표적인 로제 와인인 까베르네 쏘뮈르(Cabernet de Saumur)는 잔당 10g/liter 이하의 Rose wine으로 약간의 단맛이 느껴진다. 쏘뮈르 포도재배지는 앙쥬의 동부와 경계를 이루고 있어 앙쥬와 동일한 품종이 재배되고 있다.

이곳의 화이트 와인은 드라이 화이트 와인은 물론 좋은 해에는 스위트 와인까지 만들 수 있다. 최상의 레드 와인은 카베르네 프랑종으로 만드는 쏘뮈르 쌍피니(Saumur Champigny)이다.

강 양쪽은 구멍이 많은 석회암질 토양인 투포(Tufa)로 형성된 가파른 경사면으로 이루어져 있으며 곳곳을 파서 만든 와인 저장고가 자리잡고 있다.

### (3) 뚜렌느(Touraine)

① 주요 와인

AOC Touraine(Red, White), AOC Chinon, AOC Bourgueil, AOC Saint-Nicolas-de-Bourgueil,

AOC Vouvray, AOC Montlouis, AOC Cheverny가 있다.

② 품종

White는 Chenin Blanc, Sauvignon Blanc, Chardonnay 등이 있고 Red는 Cabernet Franc, Gamay, Groslot(grolleau), Cabernet Sauvignon, Pineau d'aunis 등이 있다.

③ 특징

뚜렌느의 중심 도시 뚜르(Tours)는 와인의 역사를 말하는데 있어서 중요한 장소이다.

뚜르의 대주교인 생 마틴(Saint Martin 316~397년)이 수도원을 짓고 포도재배를 시작한 장소가 이곳이기 때문이다.

대서양 기후의 영향은 루아르 지방에서 중요한 요소이지만 이곳에서 뚜르는 바다로부터 약 200km 떨어져 있기 때문에 큰 영향을 받지 않는다.

뚜렌느 지방은 크게 2곳으로 나뉜다. 하나는 쏘뮈르에 이르는 남부지구로 시농(Chinon), 브르게이(Bourgueil)의 레드와인 생산지이다. 또 하나는 동부지구로 부부레(Vouvray)의 화이트 와인 생산지이다.

뚜렌느는 여러 작은 지구 전체를 지칭하는 명칭으로 주로 까베르네 프랑과 가메이 종으로 만들어지는 레드와인과 쏘비뇽 블랑과 슈냉 블랑 종을 주로 만들어지는 드라이한 화이트 와인이 만들어진다.

이곳 와인에서는 쏘비뇽 드 뚜렌느(Sauvignon de Tourine) 나 가메이 드 뚜렌느(gamay de Touraine) 등 포도 품종이 지명과 같이 라벨에 명시되는 경우가 자주 있다.

루아르에서 가장 중요한 레드 와인은 시농으로 시농의 대부분은 레드와인으로 소량의 로제와 화이트가 생산된다. 레드는 이곳에서 브르똥(Breton)이라 불리는 까베르네 프랑(Cabernet Sauvignon) 품종으로 만들어지고 로제는 대개 까베르네 프랑, 까베르네 쏘비뇽, 가메이 품종으로 만들어진다.

시농의 북쪽에는 브르게이(Brougueil)와 생 니콜라 브르게이(Saint Nicolas de Brougueil)라는 생산 구역이 있다. 이들은 나무가 무성한 평지에 있어서 북풍으로부터 보호 받는다.

위 3곳 중 가장 빨리 숙성되는 것은 시농으로 브르게이는 수년간 숙성이 필요하다.

■ 부브레(Vouvray)

몇세기 동안 부브레에서 생산되는 와인의 대부분은 네델란드가 루아르의 스위트 와인을 선호했기 때문에 배로 네델란드로 수출해 왔다.

부브레에서는 드라이 와인부터 스위트 와인(불어-Moelleux)까지 여러가지 와인을 만들어 왔는데 스위트 와인은 귀부의 영향을 받은 슈냉 블랑으로 좋은 해에만 생산된다.

뚜르(Tour)시의 북쪽, 뚜렌느에서 떨어진 곳에 로아르(Loir)라고 하는 강이 흐르는 곳에 2개의 자스니에르(Jasnieres)와 AOC 꼬또 뒤 로아르(coteaux du Loir)가 있다.

또 루아르 강을 거슬러 올라가면 슈베르니(Cheverny)라고 불리는 지구에서 쏘비뇽 블랑으로 만드는 화이트 와인과 가메이 종으로 만드는 레드와 로제 와인이 생산된다.

이곳의 꾸르 슈베르니(Cour Cheverny)라는 AOC에서는 로모랑땅(Romorantin)이라는 특이한 품종으로 만드는 화이트 와인이 생산되고 있다.

### (4) 중앙 프랑스(Centre de la France)

루아르 산지의 동쪽 끝 부분 지역으로 중앙 프랑스(Centre de la France)라고 부른다. 생산량은 4개의 구역 중에서 가장 적다. 최고의 와인은 상세르(Sancerre)와 뿌이 퓌메(Pouilly-Fume)이며 대개 루아르 강을 사이로 거의 서로 마주보는 마을 주위에서 만들어진다.

기후는 대륙성 기후로 여름은 덥고 겨울은 추워 대서양에 가까운 지구보다 서리의 피해 위험성이 높다.

#### ① 주요 와인

AOC Sancerre, AOC Pouilly-Fume, AOC Menetou-Salon, AOC Quincy, AOC Reuilly가 있다.

#### ② 품종

White는 Sauvignon Blanc, Chasselas 등이 있고 Red는 Pinot Noir가 있다.

#### ③ 특징

상세르의 토양은 바다의 화석을 풍부하게 포함한 석회질로 배수가 좋다.

상세르는 주로 쏘비뇽 블랑 종으로 만들고 600liter 오크 통에서 천천히 숙성시키는 드라이 화이트 와인이다. 일반적인 특성으로 특징적인 풀 향이 있어서 이 향을 싫어하는 사람들은 “고양이 오줌”향으로 표현하기도 한다. 산미가 강하고, 일반적으로 장기 숙성에는 적합하지 않다.

그 외 약 20%의 비율로 피노 누아 품종으로 만드는 레드와 로제가 있는데 이 품종은 루아르의 다른 곳에서는 재배하지 않는다. 이곳은 브르고뉴 나 샹파뉴 지방과 가깝기 때문에 잘 재배하고 있다.

단 상세르의 피노 누아는 브르고뉴 지방의 피노 누아보다 밝고 가벼운 스타일이다.

뿌이 퓌메(Pouilly-Fume)는 루아르 강의 반대편으로 상세르와 거의 비슷하지만 부싯돌을 포함하는 토양에서 만들어진다.

같은 생산구역에서 뿌이 퓌메(Pouilly-Fume)는 쏘비뇽 블랑 품종으로 뿌이 쉬르 루아르(Pouilly sur loire)는 샤슬라(Chasselas) 품종으로 화이트 와인을 만든다.

## 7 알자스(Alsace)

### 1) 개요

약 2500년전 당시 알자스 평야가 서쪽에 보쥬 산맥을 동쪽에 슈발츠발트(Schwarzwald: 검은 숲)을 남기고 함몰하여 정중앙에 라인강이 만들어졌다.

중세 시대 풍의 알자스 거리

그 결과 알자스 포도원이 자리하는 보쥬 산맥의 동쪽 경사면은 지각 활동과 퇴적 작용에 의하여 복합적인 토양을 갖게 되었다.

이것이 알자스 지방이 다채로운 와인을 생산하는 하나의 중요한 요소이다.

알자스 와인은 역사적으로 프랑스 와 독일 두나라의 국경 지방의 상황을 반영한다.

이곳의 국경은 2가지로 달라지곤 했는데 라인 강을 기준으로 나뉘거나 서쪽 25km 지점에서 강과 평행을 이루며 이어지는 보쥬(Voges)산맥을 따라 정해지곤 했다.

역사적으로는 라인강이 정치적 국경일 때가 많았지만 기후, 문화, 언어적 차이를 만드는 것은 보주 산맥이었다.

1648년 베스트할렌 조약으로 신성 로마제국으로부터 프랑스 영토가 된 알자스 지방은 독일, 프랑스 간의 요충지에 위치함으로 로렌 지방과 함께 때때로 분쟁 지대가 되어 왔다. 이전에 라인강과 그 지류를 이용하는 하천 교역의 거점이 빠르게 형성되고 꼴마르, 뮐르즈 등 다수의 자유도시가 영화로웠던 때도 있었다.

특히 독일어로 "가도의 마을"이라는 뜻의 스트라스브르그는 중세 3대 도시중 하나로 불렸다. 활판 인쇄의 구텐베르그, 신학자 칼뱅, 스트라스브르그 대학에서 법학을 배운 괴테 등, 이 땅에 머물렀던 문학인이 많고 현재는 EU등 국제 기관이 위치하고 있는 한편 옛 시가지가 세계문화 유산으로 등재되어 관광지로도 알려져 있다.

푸드르(Fudre)

일반적으로 프랑스의 와인 라벨에 와인생산지의 명칭을 붙이지만 알자스 지방에서는 포도 품종의 이름을 라벨에 명시한다. 이와 함께 날씬하게 쭉 뻗은 와인병을 사용하는데 이 와인병을 "푸르트 달자스(Flute d'Alsace)"라고 부른다. 1972년 생산지 병입이 정부 명령으로 정해지면서 AOC 알자스(Alsace)가 탄생하였다.

### 2) 양조방법 특징

푸드르 와 주석산염

이곳의 화이트 와인은 일반적인 화이트 와인이 스테인레스 스틸이나 작은 오크통 바리끄(Barrique)에서 숙성시키는 것과는 달리 푸드르(Fudre)라는 크고 오래된 나무 오크 통에서 보관한다.

일반적으로 보르도나 브르고뉴에서는 오크통을 3년 정도 사용하면 오크통의 수명이 다 되어졌다고 판단하고 오히려 와인 변질을 우려하여 더는 사용하지 않는 경우가 많다.

죽석산염 결정

그러나, 알자스 에서의 푸드르는 와인 숙성보다는 보관의 개념으로 쓰인다는 쪽이 정확하다고 말할 수 있다. 통의 안은 오랜 기간 사용으로 인해 내부에 두꺼운 주석산염으로 덮여 있고 이로 인해 통에 의한 변질의 우려 없이 와인을 보관할 수 있다.

### 3) 떼루아(Terroir)

알자스의 포도밭은 보쥬 산맥에서 라인 평야에 이르는 구릉성 산지에 위치하고 있다.

토양은 프랑스 어느 곳보다 복합성을 갖는 토양이며 이 토양이 와인에 다채로움을 주는 큰 역할을 하고 있다.

기후적인 요소로는 연평균 기온 섭씨 10°, 강수량 년간 600~700mm로 적고 연평균 30mm의 강우량은 보쥬 산맥 정상의 2,500mm 이상과 비교해서 알자스 포도밭이 바다의 영향을 받지 않는다는 것을 가리킨다. 동서간의 극심한 강우량의 차이는 프랑스의 다른 지역에서는 찾아볼 수 없는 특별한 기후이다.

### 4) 포도 품종과 와인

화이트 와인에는 Pinot Gris, Sylvaner, Chasselas, Chardonnay, Muscat, Riesling, Gewurztraminer 있고 로제와 레드 와인에는 Pinot Noir가 있다.

#### (1) 노블 품종(Noble Grapes)

① 리슬링(Riesling)

15세기 라인 지방에서 건너온 품종이지만 알자스의 리슬링은 독일이나 세계 여러 나라의 리슬링과는 구분이 되는 품종으로 인식된다.

알자스의 리슬링은 만생종으로 와인의 바디와 아로마는 알자스의 복합적인 토양이 갖는 여러가지 떼루아의 뉘앙스를 그대로 반영한다.

드라이하며 섬세하고 기품있는 와인으로 상쾌한 과실향이 살아있는 산미가 좋은 와인을 만들며 아주 탁월한 장기숙성 능력을 갖는 품종이다.

② 게브르츠트라미네르(Gewurztraminer)

알자스에 있어서 특징을 최대한 표현하는 품종으로 트라미네르 또는 사바냉 로즈 와 동종 계열의 향기가 강한 품종이다. 빨리 익는 조생종으로 와인은 골격이 있으며 입에 머금으면 부드러운 인상을 갖게 되며 과실, 장미, 스파이스(독어–향신료) 등 아로마가 풍부하게 난다. 알자스를 대표하는 와인으로 장기숙성이 가능하다.

③ **뮈스까**(Muscat)

알자스에서 뮈스까는 가장 오래된 포도 품종으로 1510년 문헌에도 등장한다. 과피는 때때로 장미빛을 띄며 두 가지 종류의 뮈스까가 있다. 뮈스까 아 쁘띠 그랑 품종은 지중해 연안에서 재배되는 것과 동일하지만 지중해와는 달리 알자스에서는 늦게 숙성한다.

이때문에 상당히 빨리 성숙하는 뮈스까 오또넬품종으로 자주 대용되기도 한다. 이 두 종류의 뮈스까를 브렌딩해서 가볍고 드라이한 아로마틱한 독특한 품미를 지니게 되며 알자스에서 애프리티프 와인로 애용된다.

④ **피노 그리**(Pinot Gris)

프랑스 어로 그리(Gris) 회색을 뜻하며 피노 그리는 피노 누아에서 파생된 화이트 와인 품종이다.

이태리에서는 피노 그리지오(Pinot Grigoi)라고 불린다. 알자스의 피노 그리 와인은 이태리 피노 그리지오의 강한 산미와는 달리 스위트한 모과, 복수아 등의 핵과일의 풍성한 향을 담고 있으며 종종 오프드아이 행태의 약간의 단맛을 남기기도 한다. 향이 풍부하고 미감이 기름지며 산미와 알코올의 균형이 뛰어나 육류와 매칭할 수 있는 힘 있는 와인이다.

(2) 기타 품종

① **피노블랑 & 오세루아**(Pinot Blanc & Auxerrois)

이 두 품종 모두 만생종이며 동일 계통의 품종이며 이중 오세루아는 로렌 지방에서 유래되었다.

재배가 쉽고 진흙토양을 좋아하며 만들어진 와인은 실바네르 보다 골격이 있고 좋은 산이 있으며 향이 풍부하다.

② **실바네르**(Syvaner)

이 품종으로 만들어지는 와인은 가볍고 프레쉬하고 프루티한 타입이다.

③ 샤슬라(Chasselas)

18세기 오 랭 현에서 발견된 품종으로 이 하얀 또는 장미빛의 과피를 갖는 이 포도는 조생종인 실바네르에 비교하면 기름지고 따뜻하고 수분을 머금는 토양을 좋아하기 때문에 생산량은 불안정하다. 중성적이고 신선한 와인을 생산하며 크레망 달자스 또는 에델즈비케르 등의 브렌딩 용으로 사용되는 경우가 많다.

④ 샤르도네(Chardonnay)

만생종으로 브르고뉴 지방의 유명한 포도품종으로 알자스에서는 크레망으로만 사용이 허가 되어있다. 와인은 우아하고 균형이 잡혀있으며 아로마가 풍성하다. 석회암질 토양을 좋아한다.

⑤ 피노 누아(Pinot Noir)

이 브르고뉴의 고귀한 품종은 알자스의 중세 시대에 많이 재배되었다. 석회질 토양에서 최고적의 조건을 갖는 품종이지만 알자스에서는 화강암 질의 거친 자갈 토양에서도 좋은 와인을 생산한다. 체리의 향기를 내며 좋은 발란스를 갖는 로제, 전통적인 레드 와인은 알자스다움을 충분히 표현한다는 평가를 받고 있다.

### 5) 특수한 와인

#### (1) 에델즈비케르(Edelazwick)

"고귀한 브렌딩" 와인을 의미하는 이 와인은 여러 구획의 포도를 섞어서 수확하거나 또는 품종이 다른 복수의 와인을 브랜딩한 옛날 방식의 명칭이다. AOC 알자스에 사용되는 각 포도품종의 배합의 규정이 없다. 생산자에 따라 조화로운 와인을 만드는데 대부분 이 지역의 빈스텁(Winstub: 선술집)에서 애용된다.

#### (2) 정띠(Genti)

알자스의 고귀한 포도품종. 리슬링, 피노 그리, 게브르츠트라미네르, 뮈스까 중 한가지 또는 복수 품종을 최소 50%이상 사용 브렌딩해서 만든 와인이다.

#### (3) 방당주 따르디브(Vendanges Tardives) & 셀렉시옹 드 그랑 노블(Selection de Grains Nobles)

이 두가지 표현은 게브르츠 트라미네르, 피노 그리, 리슬링, 뮈스까, 알자스의 노블 품종인 4종의 품종에 한하여 완숙한 과일을 손 수확해서 만든 와인에 부여된다.

방당주 따르디브는 포도 송이가 포도나무에서 건조될 정도의 시기에 늦 수확하고 발효시켜 스위트한 와인을 만들고, 셀렉시옹 드 그랑 노블은 포도알에 보트리티스 시네레아 균의 영향을 받은 후 수확하여 높은 천연 농축 당분을 갖는 과즙을 형성 최상의 스위트 와인을 생산하게 된다.

### 6) A.O.C 체계

이곳의 등급 체계는 AOC 알자스(Alsace), AOC 알자스 그랑 크뤼(Alsace Grand Cru), AOC 크레망달자스(Cremant d'Alsace) 3가지로 나눈다.

#### (1) AOC 알자스(AOC Alsace)

AOC Alsace는 화이트 품종 중 샤르도네를 제외한 7종이 사용 가능하다. 방당쥬 따르디브, 셀렉시옹 드 그랑 노블도 AOC 알자스로 생산된다.

#### (2) AOC 알자스 그랑 크뤼(AOC Alasce Grand Cru)

일반적으로 알자스 와인은 와인의 품종에 의해 알려졌다고 한다.

그렇지만 알자스에는 긴 시간에 결쳐 평가되어온 위대한 와인을 생산하는 위대한 떼루아를 갖는 51개의 "리디(Lieux-dits)"라는 포도밭이 있어 AOC 알자스 그랑크뤼라는 별도의 AOC를 갖는다.

알자스 그랑 크뤼는 이 51개의 리디에서 4개의 고급 품종 리슬링, 피노 그리, 게브르츠 트라미네르, 뮈스까로 만든 와인이다.

#### (3) AOC 크레망 달자스(AOC Cremant d'Alsace)

로제, 화이트 크레망을 생산한다. 로제는 피노누아 100%로 만들고 화이트는 오세루아, 샤르도네,피노 블랑, 피노 그리, 피노 누아, 리슬링 품종으로 만든다.

## 8 프로방스(Provence)

### 1) 개요

니스까지 포함하는 프로방스 지방은 연중 태양의 햇살이 쏟아지는 온난한 기후의 땅으로 관광객 및 해안 리조트로 인기가 높다.

프랑스에서 가장 오래된 와인 생산지로 2600년 전 마르세이유를 건설한 포카이아(현대의 터기인근)에 그리스인이 포도나무를 처음 심은 후 로마인들이 프랑스 내에서 처음 포도재배를 시작 한 곳이다.

풍부한 일조량과 배수가 좋은 석회질의 토양이 포도재배에 최적의 환경을 이루고 있으며 론 강, 지중해연안에서 바다를 향해 부는 강렬한 북풍 "미스트랄"은 공기 중 습기를 날려주어 포도를 건강하게 보호해준다.

생생하고 화려한 향기를 지닌 로제 와인도 아주 유명하고 근래에는 화이트와 레드 와인의 평가도 높아지고 있다.

재배 면적은 2만5000hl, 년간 생산량은 100만hl, 특히 로제의 생산으로 유명해서 전체의 70%가 로제 와인이다. 이어서 레드 와인이 25%, 화이트 와인이 5%를 구성하고 있다.

와인 이외에 라벤다, 올리브 오일, 야채, 신선한 허브, 어패류 등이 풍부해 지중해 요리인 부야베스는 세계적으로 유명하다. 세잔, 고흐, 마티스, 파카소등 수 많은 예술가들에게 사랑은 땅이기도 하다.

### 2) 품종

White는 Clairette, Ugni Blanc, Semilion, Grenache Blanc, Marsanne, Rolle가 있고 Red에는 Grenache Noir, Cinsault, Mourvedre, Carignan, Syrah, Tibouren가 있다

### 3) 주요산지

모든 AOC에서 화이트, 로제, 레드 와인을 생산한다. AOC Cassis, AOC Palette, AOC Bellet, AOC Cotes de Provence, AOC Coteaux d'aix Provence, AOC Les Beaux de Provence, AOC Coteaux Varois가 있다.

#### (1) 프로방스 대표 AOC

AOC 방돌(Bandol) 프로방스 지방은 특유의 동풍과 "미스트랄"로 불리는 강한 북서풍으로부터 보호되는 안전한 항구이기 때문에 와인 수출항으로 번영했다.

항구의 번영은 19세기 말까지 이어졌고 많은 상선에서 방돌의 "B"가 새겨진 오크 통을 나르는 광경이 보였다고 한다.

와인 상업의 번영은 오크 통제조업의 발전을 가져왔고 1850년경에는 100여개의 통 제조업자가 존재했다.

미식가로도 잘 알려진 루이 15세에게도 사랑받아 궁중의 식탁을 장식하기도 하였으며 화이트, 로제, 레드 와인을 생산하며 그중 로제 와인이 가장 유명하다.

로제와인은 직접압착법(Pressurage)으로 만들어지고 엷은 들장미, 고급 연어 빛 핑크 색이 특징적인 색이다. 고블렛(Goblet) 재배 방식으로 재배된 무르베드르 품종으로 장기 숙성이 가능하다.

## 9 꼬르스(Corse)

나폴레옹의 출생지로 아름다운 꼬르시카(꼬르스)는 프랑스와 이탈리아의 사이에 위치하는 지중해에서 4번째로 큰 섬이다. 2,710m의 친트 산을 중심으로 섬의 평균은 해발 586m로 항구는 아름다운 자연환경으로 세계자연유산에 등재되었다.

섬의 해안 계곡에 있는 포도밭은 관목지대를 개척하여 만들어졌다. 온난한 섬이지만 밤에는 서늘하다. 밤의 해풍이 낮 동안 받은 태양의 열기를 부드럽게 식혀주고 산미가 있으면서 발란스가 좋은 와인을 만들어 준다. 화이트, 로제, 레드, 천연감미 와인이 만들어지지만 그 중 대부분은 레드 와인이다.

기원전 6세기부터 그리스(현재의 터키 부근)의 포카이아 인에 의해 와인이 만들어졌다.

1769년 제노바 조약에 의해 프랑스령이 되었지만 지금도 독자성을 강하게 갖고 있고 프랑스 본토에는 없는 포도 품종으로 와인을 만든다.

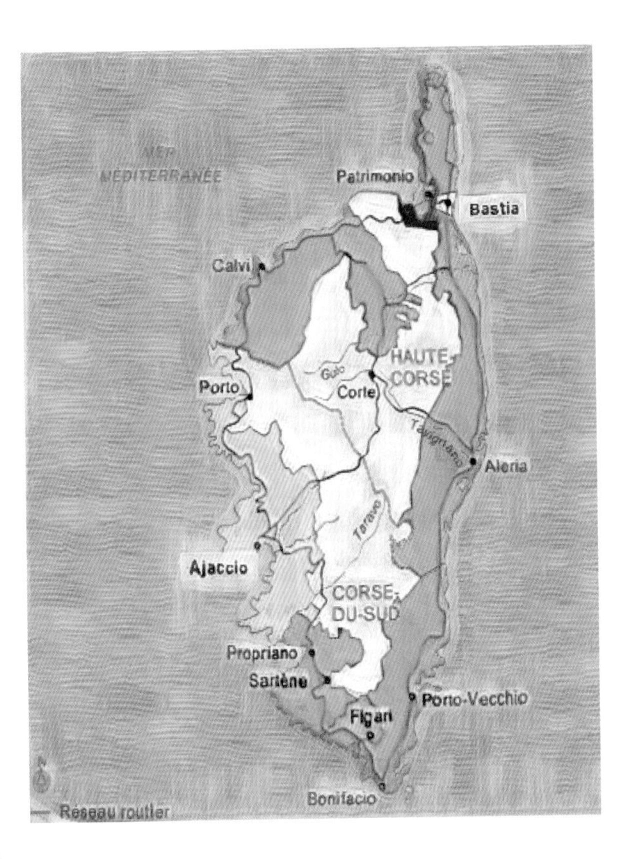


## 10 쥐라(Jura)

브르고뉴 지방의 동쪽, 스위스의 국경에 가까운 쥐라 산맥의 기슭에 위치한 지역으로 쥐라란 켈트어로 산림을 의미하고 지질시대의 쥐라기의 어원이기도 하다. 포도밭은 쥐라 고원에서 평야로 내려오는 해발 250~500m의 일조가 좋은 언덕의 사면에 위치하고 있다. 화이트, 로제, 레드, 발포성 와인을 생산하지만 이 지방 특유의 뱅죤(Vin Jaune: yellow wine: 옐로우 와인)과 뱅 드 빠이유(Vin de Paille: Straw wine: 짚 와인)가 유명하다

쥐라 지방은 과거 14~15세기에 걸쳐서 프랑스 왕조를 위협할 정도로 지금의 벨기엘이나 네델란드를 지배하던 브르고뉴 공국의 백작(꽁떼 Comte)으로서 번영했던 역사가 있어 지금도 프랑슈 꽁떼(Franche-Comté)지방으로 불리고 있다.

세균학의 연구자로서 저온 살균법을 고안하고 와인 발효의 근대화에 공헌한 파스퇴르는 쥐라 지방의 수도 아르부아에서 자라났다.

### 1) 뱅죤(Vin Jaune: yellow wine: 옐로우 와인)

샤또 샬롱

사바냥(Savagnan) 포도 품종으로 만든 화이트 와인으로 오크 통에서 숙성시키는 동안 와인 표면에 생긴 특유의 곰팡이를 통한 풍미를 얻는 와인으로 쉐리와 비슷한 특유의 산화 풍미를 갖는 와인이 만들어진다. 최저 숙성기간은 6년이며 620ml의 클라브랭(Clavelin)이라는 병을 사용한다. 알콜이 높으며 최고의 뱅죤은 100년 이상의 숙성력을 갖고 있다.

가장 유명한 뱅죤의 A.O.C는 샤또 샬롱이다.

### 2) 뱅 드 빠이유(Vin de Paille: Straw wine: 짚 와인)

뱅 드 빠이유

늦 수확한 샤르도네, 뿔사르를 사용해서 최저 2개월간 짚 위에서 건조시켜 당분을 농축시킨다. 1년이상 발효한 뒤 통에서 숙성 후 375ml의 뽀(Pots)나 325ml의 드미 클라블랭(Demi Clavelin)병으로 판매한다. 최소 10~15년 병 숙성 후 본연의 모습을 보여주고 최고의 빈티지일 경우 100년의 시간을 견딜 수 있는 장기 숙성력을 갖는다.

## 11 사부아(Savoie)

웅대한 알프스 산맥이 아름다운 산림, 호수로 자연이 풍요로운 지방이다. 스위스, 이탈리아와 국경을 접하고 유럽 최고봉의 몽블랑(4,810m)을 감싸고 있어 프랑스 알프스 산맥으로 등산이나 스키를 즐기는 사람들이 세계각지에서 찾아온다.

화이트, 로제, 레드, 발포성 와인이 생산되지만, 생산량의 대부분은 신선한 화이트 와인이다. 햇빛을 가장 잘 받을 수 있도록 하기 위하여 포도밭은 남동이나 남동향으로 되어 있다. 토양은 점토 석회질이다.

역사적으로는 1032년 신성 로마 제국에 병합되어 긴 기간 사보이아 공국(후 이탈리아 왕조)의 영토로서 번창했기에 이탈이아와의 연관성이 깊고, 1860년 프랑스에 병합되었다. 우유로부터 보존성이 높은 치즈 세미 하드 타입 치즈(Semi-Hard Type Cheese)와 하드 타입 치즈(Hard Type Cheese)의 명산지로서도 알려져 있다. 전통적인 치즈 요리로서는 라끄레뜨(Raclette)가 유명하다.

## 12 남부 프랑스(Sud-France)

### 1) 랑그독(Langudec)

기원전 6세기부터 포도재배를 시작된 와인산지로 론강의 하구부터 지중해 연안에 이어져있다. 더운 지중해성 기후로 포도재배에 적합한 곳이다.

프랑스 최대의 포도재배면적을 차지하는 광대한 산지이고 AOC 와인 외에도 많은 수의 지역 와인(Vin de Pay)을 생산하고 있다.

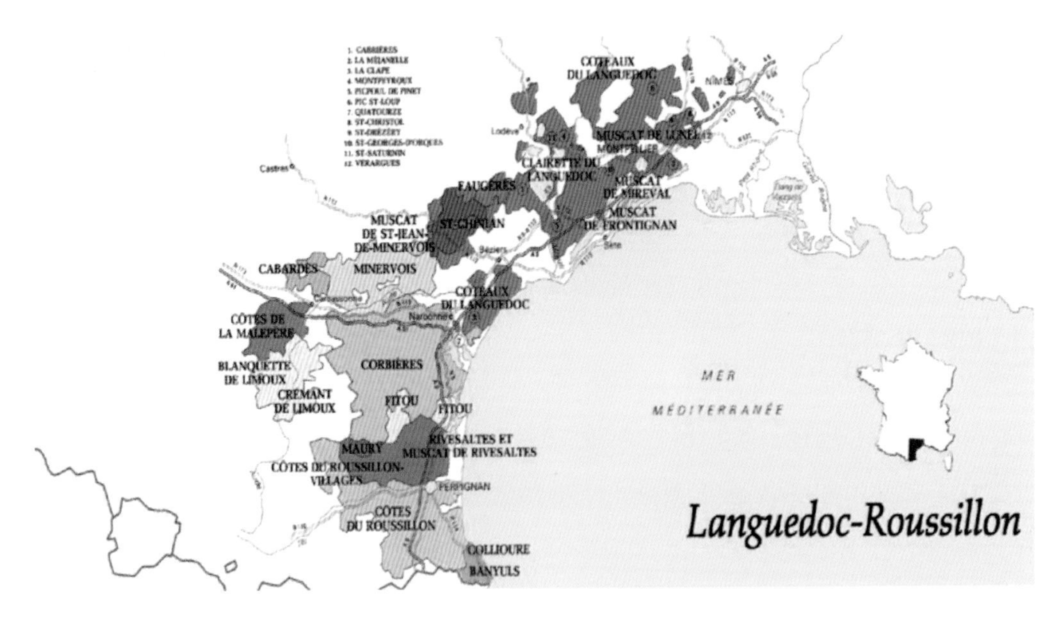


와인의 풍미에서 특유의 갸리끄(석회질의 황무지에 자생하는 식물) 풍미가 느껴지는 것이 특징이다. 오랫동안 대량 벌크 와인 생산지로 1980년경부터 품질 와인로의 변혁이 시작되

어 근래에는 가격대비 품질이 높은 와인산지 주목받고 있다.

화이트, 로제, 레드, 발포성 와인, 천연 감미 와인(VDN: Vin de Naturel), 리퀘르와인(VdL: Vin de Liqueur)을 생산하고 있다.

### 2) 주요 와인

AOC Blanqutte de Limoux, AOC Blanqutte de Limoux Ancestrale, AOC Cremant de Limoux 가 있다.

#### (1) AOC 리무(Limoux)

전해오는 이야기에 따르면 1531년 리무 마을에 가까운 세인트 힐라리(Saint Hilaire) 수도원의 까브(Cave)에서 코르크로 막아 놓은 병의 와인이 발효해 기포가 생긴 것을 베네딕트 파의 수도사가 우연히 발견했다고 한다 이 방식을 선조전래 방법(Methode Ancestrale)이라 부른다.

샹파뉴의 아버지라고 불리는 같은 베넥딕트파의 돔페리뇽 수도사의 전설보다도 1세기나 먼저 발견했기 때문에 세계에서 가장 오래된 역사의 발포성 와인으로 불린다

발포성 와인은 여러가지로 부리는데 상파뉴의 샴페인처럼 랑그독 지방에서는 전통적로 브랑께트(Blanqutte)라고 불린다.

리무의 AOC 발포성 와인은 3종류가 있는데 그 중에서도 선조전래 방법(Methode Ancestrale)으로 만들어지는 브랑께트 메토드 앙세스트랄레가 독특하다. 모작(Mauzac) 품종 100% 사용되고 포도가 본래 갖는 당분과 기온의 변화의 힘만으로 자연 발효가 병속에서 일어나 탄산을 함유하는 방식이다.

리무에는 이러한 스파클링 와인뿐만 아니라 레드, 화이트 모두 AOC로 인정되어 있는데 화이트는 1981년에 레드는 2004년에 AOC로 승격되었다.

현대의 이 지방은 프랑스 내에서 가장 등급, 규정의 변화의 폭이 큰 곳으로 가장 창의적인 지방이라 말할 수 있다.

요즘 놀라울 정도로 발전을 이루고 있는 이 지방은 AOC 제도의 규제 범위에서 벗어났다고 말할 수 있는 곳으로 등급은 지역 와인(Vin de Pay) 이면서도 양질의 와인을 만들려는 새로운 물결이 발생하고 있다.

남반구의 오스트레일리아 양조가를 비롯 많은 와인 양조자의 방문과 외국의 투자가 병행되어 과거의 저렴한 와인에서 지금은 고품질 와인을 생산하고 있다.

레드 품종으로 까베르네 쏘비뇽, 메를로, 시라, 무르베드르 품종 그리고 화이트 품종으로 샤르도네, 쏘비뇽 블랑, 비오니에 품종들과 새로운 양조 기술 도입으로 프랑스에서 가장 흥미로운 와인 생산지가 되었다.

과거 소량이라도 까베르네 쏘비뇽, 멜롯을 브렌딩 했다는 이유로 AOC로 인정받지 못한 경우도 많았지만 현재는 규제 완화와 더불어 AOC 규정이 변경되어 AOC로 승격, 신설되는 경우가 다수 있으며 그 예로 리무(Linoux), 포제르(Faugeres), 까바르드(Cabardes), 말페레(Malepere) 등을 들 수 있다.

라벨에 품종명을 표시하는 와인이 자주 보여지는데 이것은 프랑스에서는 기존에 존재하지 않았던 일로서 국제 지향적인 프랑스 와인의 새로운 스타일을 표시한다.

### 3) 루시용(Roussillon)

랑그독 지방에 이웃하는 루시용 지방은 포도밭이 이어진 좁은 계곡과 천혜의 혜택을 받은 곳이다. 스페인과 국경을 접하고 피레네 산맥의 고지와 지중해에 둘러싸여 있다.

피레네 오리엔탈에 속하고 프랑스 본토에서도 가장 남쪽에 위치하며 랑그독 지방과 같은 지중해성 기후의 영향을 받는다. 태양의 혜택을 충분이 받은 포도로 만든 화이트, 로제, 레드 와인을 생산하고 천연 감미와인(Vin de Naturel), VDL(Vine de Liqueur)의 명산지로서도 잘 알려져 있다.

중세시대 이 지방은 바르셀로나를 거점으로 발전한 아란곤 까딸루냐 연합왕국의 영지였던 이유로 스페인 까딸루니야(Catalua) 지방과의 연관이 깊다. 이곳 사람들은 까딸루냐어로 말하고 이곳을 북 까딸루냐라고 부른다. 독자의 문화를 지켜 나가고 있다

Languedoc & Roussilon 포도품종은 Red는 Grenache Noir, Carignan, Cinsault, Syrah, Mourvedre White는 Clairette Blanche, Mauzac, Ugni Blanc, Maccabeo, Bourboulenc 등이 있다.

#### (1) 천연감미 와인 & 리꿰르 와인(VDN & VdL: Vin Doux Natural& Vin de Liqueur)

천연감미 와인 & 리꿰르 와인은 레드 품종에는 Grenache Noir, 화이트 품종에는 Greache Blanc, Grenache Gris, Muscat blanc, Maccabeu, Malvoisie가 있다.

① **천연 감미 와인**(VDN: Vin Doux Natural)

뮈따쥐(Mutage)라는 방식으로 발효 도중 알코올을 첨가하여 발효를 중지시켜 감미를 남긴 와인이다. 레드, 화이트, 로제가 있고 최저 알코올 함류량 15%이다.

랑그독의 생산지로는 Frontignan(Vin de Frontignan, Muscat de Frontignan), Muscat de Lunel, Mucat de Mirval, Muscat de St-Jean de Minervois, Clairette du Languedoc이 있다.

루시용의 생산지로는 Banyuls, Banyuls Grand Cru, Grand Roussion, Maury, Rivesaltes, Muscat de Rivesaltes가 있다.

② **리꿰르 와인**(VdL: Vin de Liqueur)

발효전 과즙에 알코올을 첨가하여 만드는 감미 와인이다. 첨가하는 알코올은 지방에 따라 오 드 비, 마르, 꼬냑, 아르마냑이 사용하며 알코올 함량 15~22%이다.

랑그독의 생산지로 Frontignan(Vin de Frontignan, Muscat de Frontignan) 루시용의 생산지로 Clairette du Languedoc가 있다.

그외 지방으로 꼬냑의 Pineau des Charentes, 샹퍄뉴의 Ratafia de Chapagne, 브르고뉴의 Ratafia de Bourgogne, 아르마냑의 Floc de Gascogne, 쥐라의 Macvin de Jura, 지중해 연안 미디의 Carthagene du Midi가 있다.

③ **천연감미 와인 란시오**(VDN Rancio)

고의적으로 산화시킨 VDN이다. 온도가 높은 실내, 선반에 통에 담은 와인을 방치하여 산화를 촉진시키거나 본본느(bonbonnes)라고 불리는 약 30liter의 대형 유리병을 실외에 방치하여 낮과 밤의 기온차로 산화를 촉진시킨다.

루시용지방의 Rancio로는 Banyuls, Banyuls Grand Cru, Grand Roussion, Maury, Rivesaltes, Muscat d e Rivesaltes가 있고 다른 지방의 Rancio 생산지로는 론 지방의 Muscat de Beaumes de Venise, Rasteau, 코르스의 Muscat du Cap Corse가 있다.

## ⑬ 남서부 지방(Sud-Ouest)

보르도의 남쪽에 위치하고 미디라고 불리는 지중해 연안의 서쪽, 그리고 랑드 숲이 대서양의 해풍을 막아주는 남서부 지방은 여러 와인 지역들이 흩어져 있다.

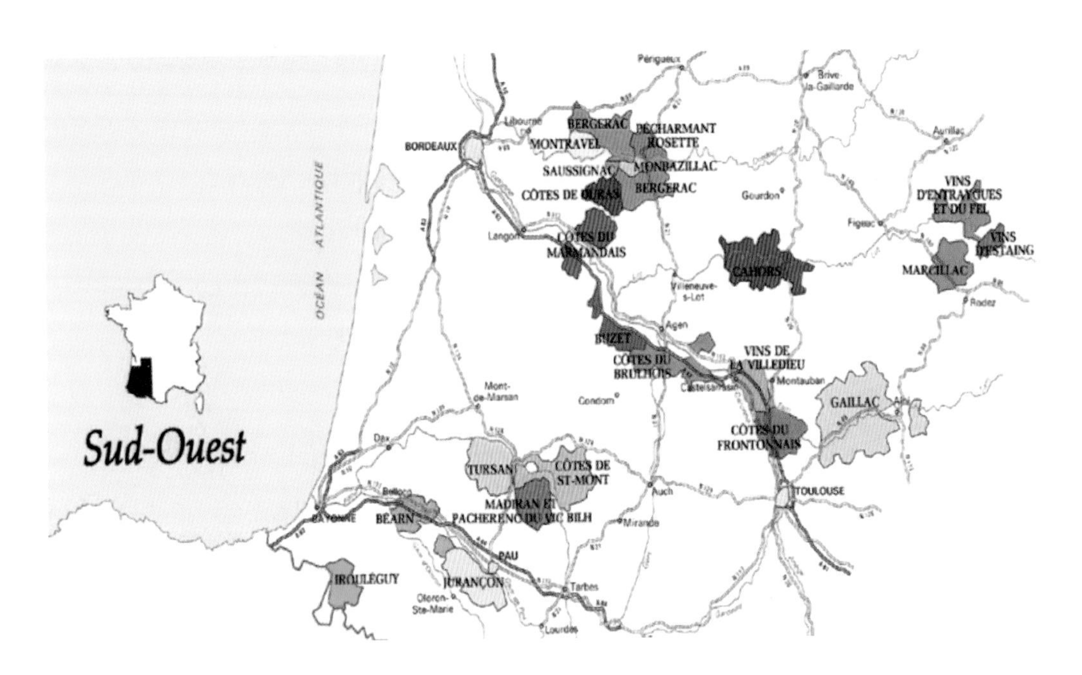


음식에서도 지방색이 강한 지방으로 유명하며 대부부의 지역은 강을 끼고 있다.

과거 이곳 구릉 지대의 와인을 수로를 통해 장거리 운송했는데 보르도 와인 상인들은 자신들의 와인이 다 팔릴 때까지 이곳 와인상인들의 배가 항구에 들어오지 못하게 막기도 했다.

남서부의 와인은 2개의 그룹으로 분류 가능하다. 하나는 보르도 지방의 포도재배지의 연장상에 있는 보르도 와 같은 품종의 포도로 만드는 와인이고 다른 하나는 토착 품종으로 만드는 와인으로 보르도 와인과는 명확히 다른 고유의 개성을 갖는 와인이다. 많은 마을들이 자신만의 고유 AOC를 가지고 있다.

보르도 스타일의 와인 산지로는 AOC Bergerac, AOC Cotes de Duras, AOC Pecharmant, AOC Cotes du Marmandais, AOC Monbazillac, AOC Buzet을 들 수 있다.

도르도뉴 강 과 앙트르 두 메르의 동쪽에 위치한 AOC 베르주락(Bergerac), AOC 뻬샤르망(Pecharmant)에서는 보르도 지방의 포도 품종을 사용한 레드와 로제를 생산한다.

이중에서 최고의 와인은 AOC 뻬샤르망(Percharmant)으로 작은 산지에서 품질 좋은 레드 와인을 생산한다. 또한 스위트 와인으로 몽바지약(Monbazillac)이 유명하다.

몽바지약은 귀부의 영향을 받은 포도로 만들어지며 쏘떼른 만큼 고가가 아니면서 품질이 좋아 가격대비 품질이 좋은 와인이다.

앙트르 뒤 메르의 부근 남쪽지구에는 꼬뜨 드 뒤라 와 꼬뜨 드 마르망데가 있는데 둘 다 보르도 와인과 비슷한 특성을 갖고 있으며 그중 꼬뜨 드 마르망데의 화이트 와인은 높은 평가를 받는 쏘비뇽 블랑으로 만든 화이트 와인과 쏘비뇽 블랑에 모작(Mauzac), 온덕(Ondec) 같은 토착 품종의 블렌딩 와인도 생산한다.

가론강 부근의 뷔제 에서는 보르도 지방스타일의 레드, 로제, 화이트를 생산하여 아르마냑(Armanac)을 만드는 증류용 와인도 생산하고 있다.

남서부 고유의 토착 품종 와인생산지로 AOC Cahors, AOC Fronton, AOC Gaillac, AOC Madiran, AOC 쥐라송(Jurancon), AOC 빠슈렁 뒤 빅 빌(Pacherenc du Vic Bilh)을 들 수 있다. 롯(Lot)강 상류의 까오(Cahors)에서는 일명 “Black wine”이라고 불려지는 검은 색조의 와인이 만들어진다.

이곳에서는 오세루아(Auxerrois)라고 불려지는 말벡(Malbec) 품종을 중심으로 만드는 와인으로 최소 70% 이상의 말벡에 멜롯, 따나(Tannat)를 보조품종으로 브렌딩을 할 수 있다.

와인은 오크 통에서 숙성되고 좋은 까오와인은 색조가 특히 깊고, 풀 바디에 장기 숙성이 가능하다.

뚤루즈 시 북쪽의 프롱뜨(Front)은 주로 네그레뜨(Negrette) 품종을 중심으로 만드는 레드, 로제와인으로 블랙베리 같은 개성 있는 아로마를 갖는 풀 바디 와인을 생산한다.

프랑스에서 가장 오래된 포도재배지 중 하나인 가이약(Gaillac)에서는 토양 대부분인 석회질 토양에서 자란 렁드렐(Len de l'el )품종과 모작(Mauzac) 품종으로 드라이 화이트 와인부터 스위트 화이트 와인까지 생산한다. 보조 품종으로는 세미용, 쏘비뇽 블랑을 사용한다.

과거 한때 스위트 와인으로 유명했으며 요즘은 미디엄 스위트 화이트 와인을 많이 생산하며 스파클링 일 경우에는 약간의 기포를 갖는 스타일인 선조 전래방식으로 만드는 메토드 가이약 꼬아즈(Methode Gaillacoise), 샴페인 방식으로 만든 크레망(Cremant)이 있다.

레드와 로제는 뒤라, 페르, 가메이 품종을 사용한다.

남서부 지방의 다른 AOC에는 보르도 지방의 강 보다는 피레네 산맥과 더 관계가 깊다.

이 지방에서는 이곳에서는 화이트 품종으로 그로 멍상(Gros Manseng), 쁘띠 멍상(Petit Manseng), 꾸르브(Courb), 레드 품종으로는 따나(Tannat), 페르(Fer) 등 토착 품종이 주로 사용된다.

대표적인 화이트 와인으로 빠슈렝드빅빌(Pacherenc du Vic Bih)의 고전적인 벌꿀 풍미의 드라이 화이트 와인과 레드 와인으로는 마디랑(Madiran)이다. 아르마냑(Armagnac)의 남부에 접하고 있고 따나품종은 마디랑의 주요 품종으로 60%까지 허가가 되어있다.

따나 품종은 와인에 강한 탄닌과 깊은 색조를 가져다주고 장기 숙성을 가능하게 해준다. 이외 보조 품종으로 까베르네 쏘비뇽, 까베르네 프랑, 페르(Fer) 품종이 마디랑 와인에 향신료적인 역할을 하고 있다.

샤또 몽투스

이곳의 화이트 품종 그로멍상(Gros Manseng), 쁘띠 멍상(Petit Manseng), 꾸르브(Courb)으로 좋은해에 스위트 와인을 생산하는 쥐라송(Jurancon)이 있다. 늦수확 포도, 또는 귀부의 영향을 받은 포도로부터 스파이시한 스위트 화이트 와인을 만들고 요즘은 드라이 화이트 와인도 많이 생산되고 있는데 이런 경우에는 쥐라송 섹(Jurancon Sec)이라고 라벨에 표시된다. 이 와인도 마찬가지로 특유의 스파이시한 풍미가 있다.

마지막으로 스페인과 국경 지대인 피레네 산악지대에 위치한 이룰레기(Irouleguy)가 있다. 바스크 지방에 위치한 이룰레기는 따나(Tannat) 품종을 주요 품종으로 한 레드 와인과 토착 품종으로 만드는 화이트 와인을 생산한다.

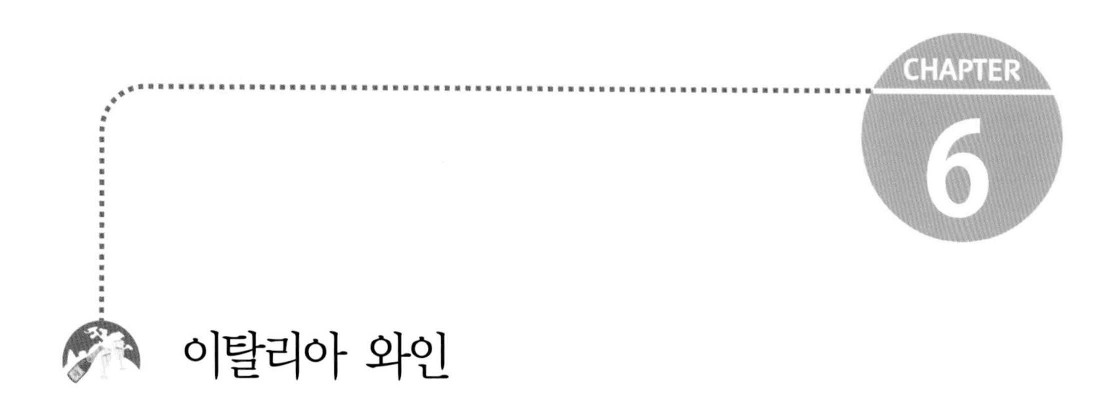


# 이탈리아 와인

## 1 지역 개관

이탈리아의 포도밭 면적은 835,000ha로 세계 3위의 규모에 해당한다. 와인생산량은 52,070,000hl로 프랑스와 수위를 다툴 정도로 세계 1~2위 생산량이다. 포도재배를 하는 와인생산자는 100만명 정도이다. 1인당 와인소비량은 2005년 기준으로 48.1L로 세계 2위[1] (손진호, 2007: 2)로 나타나고 있다.

세계 최대의 와인 생산국가로 전 국토가 와인을 생산하는 지역으로 특징을 갖고 있다. 로마시대로부터 전체 유럽에 와인생산과 기술을 전파하였다. 1960년대 이후 발전하였으며 1980년대 세계적으로 알려지기 시작하였다. 특히 1990년대 미국시장의 소비가 늘어나면서 이탈리아의 와인수출이 본격적으로 늘어나기 시작하였다.

화인트 생산량이 51.7%이며 세계 생산량의 20.7%[2]를 차지하고 있다(마이클 슈스터, 2007;234).

1) 이탈리아는 와인의 내수가 많은 나라이다. 전통적으로 국내의 소비가 많아 소비량도 세계의 수위권에 위치한다.
2) 2007년 기준으로 보면 프랑스가 20.6%(마이클 슈스터, 2007;225)로 나타나 세계 최고의 생산을 나타내고 있다.

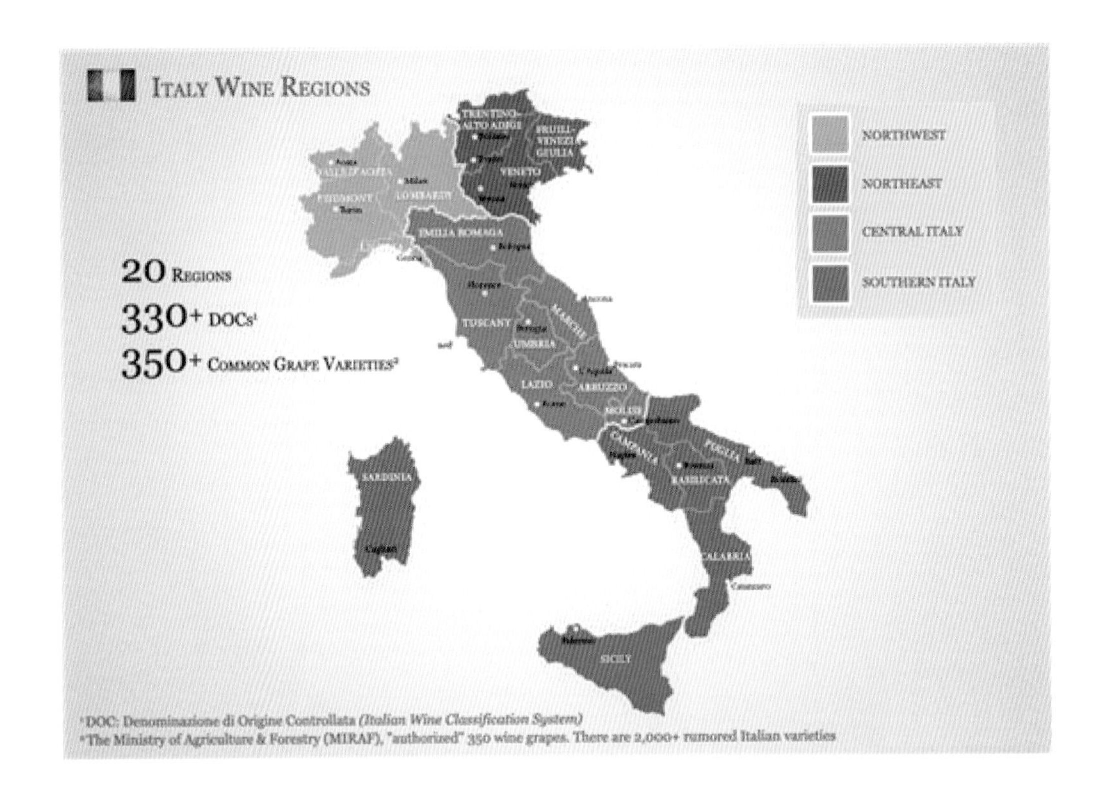


## ② 이탈리아 와인의 특징

### 1) 지중해의 보고

이탈리아 와인은 전역에서 와인이 생산된다. 이탈리에 전역에서 생산되는 만큼 천혜의 와인생산국가이며 와인생산지이다.

### 2) 기후적 특성

가. 이탈리아는 지중해에 위치한 관광의 보고인 국가이다. 지중해 기후[3]의 환경이 따사로운 햇빛과 일조량으로 포도재배에 가장 적합한 조건을 갖추고 있어서 오랜 시간 동

---

3) 이탈리아의 기후는 사계절이 분명하다. 내륙지방은 기온차가 크다. 이탈리아 기후는 최저 8도, 최고 20도로 온도차가 크지 않다. 그리고 강수량도 연평균 700-800mm로 포도재배에 적합한 수치를 나타낸다.

안 와인을 재배하는 곳으로 자리매김해 오고 있다. 주요산지인 피에몬테의 경우에도 내륙에 속해있어서 일교차가 큰 환경이 포도재배에 좋은 조건을 제시하고 있다고 하겠다.

나. 중부지방과 남부지역은 지중해성 해양기후, 동쪽은 아드리안 해안의 온대기후, 북쪽의 내륙지방은 차가운 겨울과 무더운 여름기후를 나타내고 있다. 이탈리아는 사계절이 분명하다.

이탈리아는 매년 기후적으로 큰 차이가 없어서 프랑스처럼 빈티지(Vintage: 수확연도의 작황상황)의 영향은 상대적으로 없다고 할 수 있다.

### 3) 주요 지형형태인 구릉

이탈리아는 구릉[4]이 포도밭의 주요 지형형태이다. 이탈리아의 고품질 와인은 피에몬테와 토스카나의 구릉지대에서 생산된다. 끼안띠(Chianti)의 포도주와 브루넬로 디 몬탈치노(Brunello di Montalcino) 등의 산지인 토스카나주는 구릉의 비율이 66.5%에 달하며 움브리아주의 경우에는 70% 이상인 사실이 지형적인 요소(이탈리아 통계청; 이탈리아 농산물시장 정보연구소, 2001)의 특징이라고 할 수 있다. 포도재배의 최적지인 구릉지대가 널리 분포되어 있는 이틸리아의 지형은 포도재배에 적합한 곳임을 보여주고 있다.

### 4) 이탈리아의 테루아

산악이 많은 알프스 일대의 북부 지방의 대륙성 기후지대, 바다에 인접한 북부동서 지역과 중남부 지방의 지중해성 기후지대인 이탈리아는 80%를 차지하는 국토의 산맥과 언덕으로 구성되어 있다. 그리고 미세기후 형성이 일어나는 지형조건을 갖추고 있다.

북부지역은 겨울에는 춥고 여름에는 뜨거운 대륙성 산악기후이다. 남부지역은 겨울에는 포근하고 여름에는 더운 전형적인 지중해성 기후를 보인다.

이탈리아의 토양은 화강암, 빙하토, 석회질, 진흙, 모래, 화산토 등 다양한 토양을 형성하고 있다. 프랑스에 비교해서 이탈리아 토양과의 연계성은 크지 않다는게 중론이다.

이탈리아는 전역에 다양한 토양이 형성되어 있다. 북쪽은 알프스 빙하의 영향으로 퇴

---

4) 언덕(colline)을의미한다. 이탈리아의 자연경관은 물결치는 형상을 지니고 있다는 평가이다. 수천년 동안 경작에 의해 옥토로 변화되었다. 구릉은 보통 해발 100~600m지역으로 되어 있는 상황이다.

석토가 나타나고 있다. 남쪽은 에트나화산 지대로 형성되어 있다.

### 5) 지역색이 강함

이탈리아의 지역색은 분명하다. 20여개의 주에서 생산되는 포도품종이 다양하며 지역마다의 특징이 포도재배를 통해 나타나고 있다. 이탈리아가 원래 도시국가였던 상황에서 통일이 되다 보니 포도의 재배성격도 다양하며 각주마다 독특한 형태로 나타나고 있다.

기후적으로도 북부지역은 겨울이 춥고 여름은 뜨거울 정도로 햇빛이 강하다. 대륙성 산악기후에 속한다. 남부지역은 겨울이 포근하고 여름은 덥다. 지중해성기후의 특징을 나타낸다.

### 6) 전통과 혁신의 결합

이탈리아는 전통이 있는 와인생산국가이다. 기존의 산지오베제라는 전통품종이 이탈리아와인의 주역의 역할을 해왔다. 비노 노빌레드 몬테풀치아노, 몬탈치노 같은 전통와인은 산지오베제로 오랜시간 동안 만들어져 왔고 이탈리아의 역사의 산물이다.

한편 이탈리아에서 산지오베제를 중심으로 한 재배에서 세계의 주목을 받게 된 것이 국제적인 품종을 브랜딩[5]하면서 시작되었다는 점이다. 와인의 품질과 역량이 강화된 점에는 기존의 전통적인 품종인 산지오베제를 중심으로 국제화된 품종인 까베르네소비뇽, 메를로, 쉬라 등 품종을 결합함으로서 세계시장에서의 놀라운 평가와 이탈리아 와인에 대한 평가를 달리하게 된 계기를 마련하게 되었다.

### 7) 다양한 품종 생산

이탈리아 와인이 가장 매력적이라는 부분이 바로 개성있는 와인을 만들 수 있는 다양한 품종을 생산하는 나라라는 점일 것이다. 와인이 거의 국토의 전역에서 생산되고 있

---

5) 기존 품종 산지오베제는 토착품종으로 만생종이며 별칭이 중년의 신사라고 할 만큼 원만한 성격을 지녔다. 산도는 대체로 높은편이며 탄닌은 적절하며 미디움바디의 강도를 지닌 품종이다. 사실 이품종은 국제적인 평가에서 크게 대두되지 못하다가 토스카나 지방에서 국제화된 품종인 까베르네소비뇽과 메를로 등을 브랜딩하면서 뛰어난 품질과 역량을 나타내어 세계의 주목을 받게 되었다. 이러한 와인을 수퍼토스칸이라고 불러지게 된 것도 기존의 토스칸 와인이 아닌 놀라운 변화를 주목받게 된 결과이다.

고 재배되는 품종만 2,000종이 넘는다고 한다. 그리고 이탈리아 토착품종만 600종에 달하는 것으로 추산되고 있다.

이탈리아 와인은 이러한 다양성이 매력이고 특징이라고 할 수 있다. 지역마다 다른 특징이 이탈리아의 독특함이라고 하겠다.

### 8) 내수용 소비가 많은 국가

이탈리아는 20개 행정구역에서 와인이 생산되며 4000년 이상의 전통을 지닌 이탈리아 와인은 내수용 포도주 소비가 많은 나라이다. 그래서 국제화된 품종인 까베르네소비뇽, 메를로, 쉬라 등에 대해서는 평가가 후하지 않았다. 이를 반영하는 것이 이탈리아와인의 등급체계이다. 토종품종인 산지오베제 외의 타품종이 브랜딩되면 일반적으로 가장 낮은 등급인 VDT이나 바로 위 등급인 IGT등급을 받을 만큼 보수적인 평가를 내려왔다는 것을 보게 된다. 슈퍼토스칸의 대명사인 싸시카이아[6] 같은 와인도 처음에는 최하위 등급인 VDT(Vino da Tavola)를 받았던 것도 그러한 이유에서이다.

### 9) 일체감과 소속감 주는 역할

이탈리아인에게 와인은 로마시대로부터 로마제국의 일원이라는 정체성을 포도주를 통해 마시며 확인하는 일상이었다는 점에서 와인 시음이 의미하는 바가 크다고 할 수 있다. 포도주는 로마시민들에게 로마제국의 일원으로서 정체성을 확립시켜주는 요소로 작용하였던 것이다. 로마제국이 번성하면서 귀족, 시민, 평민, 노예, 식민지 및 속국의 주민들에 이르기까지 로마라는 제국의 공동체의 일원으로서 일체감과 소속감을 주는 역할을 와인이 했다는 점에서 보다 큰 의의가 있다고 하겠다.

### 10) 종교적 의미

로마에서 기독교가 공인된 후에도 포도주는 술보다는 음식과 생활로서 시민들이 즐기고 예수님의 피로서 종교적인 의미가 부여되었던 것도 사실이다.

6) 이탈리아 와인의 세계적인 주목을 끌게 했던 슈퍼토스칸의 대표주자이다. 카베르네소비뇽을 브랜딩했다는 이유로 최하위 등급을 받았었다. 그러나 지금은 DOC(Denominazione di Origine Controllata)등급을 받고 있다.

### 11) 예술의 주제와 소재

이탈리아인에게 와인은 예술의 주제이며 수많은 예술작품과 문학에 등장하고 있다. 현재에도 와인은 중요한 생활의 필수적 도구로 존재하고 있다.

### 12) 식사의 필수사항

로마시대로부터 와인은 이탈리아인에게 식사에서 필수적인 음식으로 자리잡아 오고 있다. 와인은 즐거운 식사를 빛내게 하는 좋은 음식으로 안식되고 있다. 이탈리아인에게 와인은 주제가 있는 대화의 소재이다.

### 13) 가교의 역할

와인은 그들에게 있어서 낯선 사람들과도 가교의 역할을 하게 하는 도구로서 존재한다. 와인에 관련된 대화는 사람들을 가깝게하도록 도와준다. 와인의 역사와 유래, 예술, 스토리 등은 문화의 집합체로 대화하고 의견을 교환케하며 소통하게 하는 가장 중요한 소재와 매개체로 역할을 하고 있는 것이 이탈리아의 와인문화로 보면 된다.

이탈리아인은 와인에 대한 수준과 깊이는 상당하다. 일반인들도 와인에 대한 박식하고 폭넓은 지식으로 전문가수준의 사람들이 상당히 많은 것이 이탈리아의 현주소이다. 그들은 직접 와인을 재배하고 그들의 전통방식으로 숙성시키고 제조하는 사람들이 많은 상황으로 자체 소비를 위한 이유에서라도 와인에 대한 이해의 폭이 클 수 밖에 없다.

### 14) 음식과의 조화

이탈리아 와인은 현지의 각 지방의 음식과 잘 어울린다. 우리에게도 잘 알려진 피자와 스파게티는 가장 대표적인 음식이다. 이탈리아의 요리의 특징은 재료가 두가지에서 네가지를 넘지 않을 만큼 간단하고 단순하다. 그러나 매우 단백하며 자연적인 맛을 내는 장점을 지닌다. 그래서 자연적인 이탈리아 와인과 매우 조화가 잘된다. 특히 토마토 등 과일의 신선함과 올리브유의 품질이 중요하다. 마늘, 매운 말린 고추 등 음식에 많이 사용해도 한국음식과 비교하면 자극적이지 않은 맛을 내고 있다.

프랑스 음식이 손이 많이 가고 음식소스에도 많은 시간이 걸리는 우아하고 세밀한 요리라면 이탈리아 요리는 간편하고 단순하지만 자연스러운 맛이 특징이다. 준비시간과 조리시간도 상대적으로 적게 드는 편이다.

특히 이탈리아 와인은 산도가 높은 편으로 음식과 잘 연계되는 특성을 지니고 있다고 할 수 있다.

## 3 이탈리아 등급 체계

이탈리아 등급 체계는 1963년에 DOC제도를 만들었다. 프랑스의 AOC제도를 근거로 하였다. 1992년에 재정비하였다.

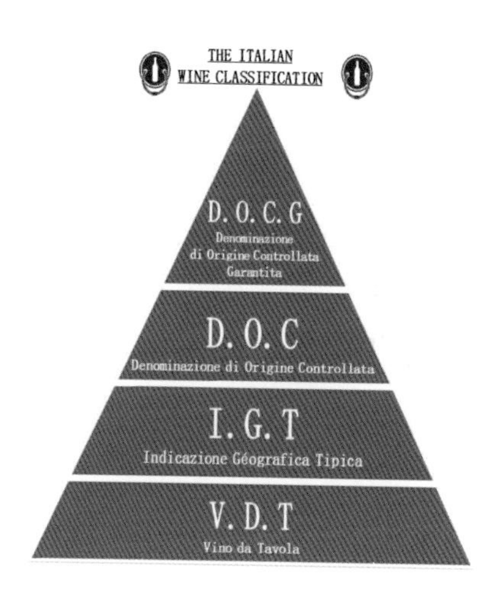


### 1) Vino da Tavola

품질등급의 가장 하위에 있다. 보통 품질의 와인이다. 지역명, 품종, 빈티지는 생략할 수 있다.

### 2) I.G.T

1992년 Goria법으로 신설된 등급체계이다. 이탈리아 전역에 120여개의 IGT(Indicazione Geografica Tipica)[7]가 있다. 이 등급은 해당지역에서 생산된 포도를 85% 이상 사용(손진호, 2007: 5면)하여야 한다.

프랑스와는 달리 이탈리아에서는 이 등급에 해당하는 와인이 더 훌륭할 수 있는데 산지오베제와 국제화된 품종을 브랜딩하거나 국제화된 품종 자체만을 품종으로 사용할 경우 그러하다. 즉 토착품종에 대한 존중함이 있어서 등급결정시 까베르네 소비뇽 등 국제품종은 좋은 등급을 받기 어려운 것이 이탈리아이다.

---

7) Indicazione Geografica Tipica로 포도품종도 표시할 수 있다. 품종사용 규정이 제한이 없어서 생산자들은 와인의 경쟁력을 위해 토착품종인 산지오베제와 국제화된 품종(까베르네 소비뇽, 메를로 등)을 섞어 와인을 만들어 슈퍼 토스칸을 만들게 되었다. 이렇게 만들어진 와인은 IGT등급이 많다.

### 3) DOC

DOC(Denominazione di Origine Controllata)는 제한된 지역에서 생산되는 포도주에 부여된 등급이다. 포도재배지역, 품종, 재배법, 양조법, 병입사항, 최대 소출량 등 모든 것을 규정하고 통제된다. 병입 전, 화학적인 성분 조성검사, 외관 등 물리적 검사, 테이스팅 등 관능심사를 거치게 된다. 2007년 기준 모두 318개의 DOC가 있다. 평판이 뛰어나면 DOCG로 승급이 가능하다(손진호, 2007: 6면).

### 4) DOCG

DOCG(Denominazione di Origine Controllata e Garantita)는 1980년에 처음으로 선정되었다. 4개의 선정 이후 2007년 기준으로 총 35개가 승인된 상황이다. 1980년 7월 Brunello 야 Montalcino, Vino Nobile di Montepulciano, Barolo, 1980년 10월에 Barbaresco, 1987년에는 화이트 와인 Alband di Romagna가 처음으로 승인되었다.

이탈리아 정부가 정통성과 특수함을 보증한다는 의미의 G가 추가되었다. DOC등급에서 최소 5년이상의 명성을 취득해야 한다. 이 등급에는 레드와인은 핑크색, 화이트 와인은 연두색, 스파클링 와인은 살구색 밴드를 붙이게 된다(손진호, 2007: 6면).

생산지역, 품종, 단위 면적당 수확량, 관개시설 등 제한한다. 10년 동안의 생산 기록을 제출해야 한다. 2006년 4월 기준으로 총 33개의 DOCG가 있다. 지역적, 역사적 특정지역에 부여하며 가격 비례하여 등급이 결정되지는 않는다. Asti & Moscato d'Asti(피에몬테), Chianti(토스카나), Chianti Classico(토스카나), Gavi(피에몬테), Ricioto do Soave(베네토), Ghemme (피에몬테), Gattinana(피에몬테), Brachetto d'Aqui(피에몬테) 등이 포함된다. 병목에레드와인은 분황색과 화이트와인은 연두색 띠가 부착되어 있다(은광표, 2009: 3).

## 4 포도품종

이탈리아 포도품종은 대부분 이탈리아 토양의 영향을 받고 재배되는 토착품종이 많은 특징을 보인다.

## 1) 레드와인

### (1) 네비올로[8](Nebbiolo)

이탈리아의 최고의 품종이다. 와인전문가들이 최고의 와인으로 꼽는 품종이다. 피에몬테지방에서 재배된다. 유명한 바롤로, 바르바레스코를 생산하는 품종이다. 안개[9]라는 뜻을 지닌 품종으로 생장력이 강하다. 만생종이며 떼루아가 크게 반영된다. 알코올이 높게 나타나며 드라이 한 강한 스타일의 와인이다. 산도가 높고 타닌이 강하다. 색깔은 상대적으로 엷다. 숙성을 위해서는 시간이 필요하다.

피노누아처럼 서늘한 기후에서 잘 자란다. 재배하기가 쉽지 않은 품종이다.

타닌감, 파워, 구조감이 최고인 품종으로 평가되고 있다.

- **시음노트** 말린 장미, 말린 체리, 말린 붉은 과일향, 자두, 무화과, 제비꽃 향, 오렌지 향, 삼나무, 야생버섯, 흙향 등이 느껴진다. 민트, 유칼립투스, 감초, 초코렛, 바닐라 향이 난다. 담배 그리고 송로버섯향이 느껴진다.

### (2) 바르베라(Barbera)

산도가 기본적으로 있고 야생적인 뉘앙스의 품종이다. 껍질이 두껍고 타닌감이 좋고 색깔이 짙다. 알코올이 높다. 피에몬테 지역에서 주로 생산된다. 가볍다는 중론이 있지만 오크숙성된 경우에는 바디감이 좋고 묵직한 와인이 된다. 피에몬테의 Asti, Alba지역에서 많이 수입되고 있다. 이탈리아 전체의 30%를 차지할 정도로 가장 중요한 품종의 하나이다. 그동안은 최고의 품종이라기 보다는 후보선수 정도로 인식된 것도 사실이다. 현재는 최고의 좋은 품질의 와인을 생산할 만큼의 능력을 지니고 있다.

- **시음노트** 야성적인 향, 각 종 베리향, 높은 알코올 향 등이 느껴진다.

---

8) 네비올로는 이탈리아의 귀족 품종이라고 표현하기도 한다. 찌를 듯한 타닌과 그 타닌이 색소를 그다지 많이 함유하고 있지 않은 얇디얇은 껍질에서 추출한 것이라는 점이 잘 알려져 있다. 타닌성분과 꽤 높은 알코올 도수 때문에 무거운 느낌의 와인이라는 평을 받기도 한다. 안개라는 뜻으로 가을이 되면 안개가 랑게언덕을 담요처럼 자욱하게 덮는다. 안개는 포도나무의 기온을 떨어뜨려 오래 버틸 수 있도록 하여 더욱 복잡한 아로마와 맛이 만들어진다(조셉 바스티아니치, 2009: 157).

9) Nebbia가 안개를 뜻한다.

(3) 산지오베제(Sangiovese)

이탈리아 전역에서 재배되는 대표선수라고 하겠다. 단독으로 생산되거나 타 품종과 브랜딩하여 와인을 생산하기도 한다. 토스카나 지역을 중심으로 중부지역에서 많이 생산된다. 좋은 품종이지만 양조하기가 쉽지 않다는 평가를 받는다. 산지오베제는 15개 정도의 클론을 사용하는 만큼 변종이 많다는 특징을 보인다. 총 45개에 이른다는 평가이다(손진호, 2007: 13면). 산도가 높은 품종으로 시음시 기존 레드와인보다는 온도를 낮춰 시음하는 것이 좋다.

- **시음노트** 바이올렛(제비꽃)향, 산딸기 향, 베리향 등이 느껴진다.

(4) 네로 다볼라(Nero d'Avola)

시칠리아에서 주로 많이 생산되는 품종이다. 진한 색과 견고한 타닌을 지닌 품종이다.

(5) 브라께토(Brachetto)

약발포성의 로제색의 와인이다. 모스카토와 비슷한 느낌이나 당도가 상대적으로 적다. 분위기를 위해 색깔이나 향취가 좋고 와인초보자들에게 부담 없이 인기 있는 당도가 있는 와인이다.

(6) 돌체토(Docetto)

색이 짙고 강하다. 산도는 상대적으로 낮다. 바디감도 꽤 있는 편이다.

## 2) 화이트와인

(1) 코르테제(Cortese)

피에몬테 중남부, 롬바르디아 남서쪽에서 많이 생산된다. 잎은 오각형으로 크고 매끄럽고 밝은 초록색이다. 포도송이는 큰 편이고 포도 알은 잘 떨어지며 황금빛이 도는 노란색의 타원형태이다. 껍질은 두껍다. 과즙이 풍부하고 가벼운 아로마(Aroma)[10]가 느껴

10) 아로마는 특히 화이트 와인에서 맡게 되는 방향, 향기를 말한다. 화이트 와인이 매력적인 것이 아로마가 다양하게 분출되기 때문이다.

진다(허용덕 외, 2009; http://terms.naver.com).

(2) 트레비아노(Trebbiano)

이탈리아에서 가장 널리 재배되는 청포도품종이다. 오르비에토, 소아베 등 드라이 화이트 와인을 주로 만든다. 높은 산도, 중간정도의 알코올, 중성적인 향을 갖는다. 신선하고 상쾌한 맛이 난다. 드라이하며 가벼운 바디감을 갖는다.

(3) 프로세코(Procecco)

베네토지방에서 프로세코라고 불리는 스푸만테, 즉 스파클링 와인이다. 프로세코는 포도품종으로 피노 비앙코, 피노 그리지오, 샤르도네 등을 혼합하기도 한다. 드라이한 느낌의 좋은 스파클링 와인으로 가성비가 좋다. 프로세코 중에서 가장 품질이 좋다고 평가되는 코넬리아노-발도비아데네 프로세코 DOC는 엷은 밑짚 색깔, 온순한 바디 그리고 비길데 없는 과일의 그윽한 아로마가 느껴진다(조정용, 2009; http://terms.naver.com)고 긍정적인 시음평가가 되고 있다.

(4) 베르멘티노(Vermentino)

샤르데냐섬에서 생산되는 이국적인 화이트 품종이다. 이국적인 열대과일향이 난다. 망고, 파인애플 향이 나고 산도는 상대적으로 적은 편이며 뒷맛이 씁슬한 편이라는 평가이다. 화이트 와인으로 미디엄 정도의 바디감도 어느 정도는 갖고 있다.

• **시음노트** 생선회나 튀김 그리고 삼계탕등과 잘 어울린다는 평가를 받고 있다.

이탈리아 리구리아와 샤르데냐에 분포된 화이트와인이다. 초록빛이 도는 빛나는 담황색의 품종이다. 향이 매우 진하고 섬세한 부케를 지니고 있다. 드라이에서 스위트까지 다양한 스타일이다. 샤르데냐에서 생산되는 베르멘티노는 단맛을 지닌다. 적절한 산도와 끝에 느껴지는 쓴맛이 좋다는 평가를 받는다. 서빙은 8-10℃가 좋다. 포도송이가 크고 원추형이다. 포도알갱이는 타원형, 노란색을 띠며 과즙이 풍부하다(허용덕외, 2009; http:terms.naver.com)는 평가이다.

## 5 주요 생산지

베네토, 피에몬테, 토스카나가 이탈리아의 주요 생산지이다. 이탈리아 전역에서 와인이 생산되기는 하지만 가장 생산량도 많은 지역이가. 베네토가 17.7%, 피에몬테가 17.1%, 토스카니가 10.7%를 생산한다(Kevin Zraly, 2008: 137).

### 1) 베네토

Trentino, Alto-Aldige, Friuli지역이 속한다.

### 2) 피에몬테

일반적으로 200~400m의 고도로 밀라노에서 남서쪽으로 100km에 위치해 있다. 발치(Foot)의 의미인 Pie+산의 뜻인 Monte가 합성되었다. Alba지역은 이탈리아에서 가장 좋은 화이트 송로버섯이 재배된다. 프랑스로 말하면 브르고뉴 스타일의 와인을 생산하는 지역이다.

여름은 지중해성기후의 영향으로 뜨겁고 건조하다. 겨울은 대륙성 기후의 영행으로 매우 춥다. Tarano강의 영향으로 가을철에는 안개가 형성된다. 토양은 알칼리성의 이화토 진흙토양(Marly Clay Soil)으로 되어 있다(은광표, 2009: 7).

Moscato d'Asti, Gattinara, Barbaresco, Barolo, Acqui(Barchetto d'Acqui), Ghemme, Gavi(Cortese di Gavi), Roero 등이 유명한 지역이다. DOCG 지역이 7개로 바롤로, 바르바레스코, 아스티, 가비, 브라케토, 가티나라, 겜메지역이다. 바롤로와 바르바레스코는 레드와인만 생산하며 가비와 아스티는 화이트와인만 생산한다.

### (1) 바롤로(Barolo)

피에몬테의 핵심지역이다. 1980년에 DOCG등급을 받았다. 고도가 200~400m로 바르베레스코 지역보다 높다. 1,200ha의 포도밭을 형성하고 있다. 네비올로 100%를 생산한다.

바롤로지역은 중앙계곡과 세라룽가계곡으로 구성되어 있다. Barolo, La Morra는 중앙계곡에 속하며 여성적이고 섬세한 특징을 보인다. 세라룽가 계곡에 속하는 Castiglione Falletto, Serralunga d'Alba, Monforte d'Alba지역은 남성적인 스타일로 강한 바디감과 구조를 지닌 장기숙성이 필요한 와인들을 생산한다.

바롤로 와인은 모던한 스타일과 전통적인 스타일의 와인을 생산한다. 작은 오크배럴을 사용하고 6~10년 숙성시키는 모던한 스타일과 침용기간을 길게 하고 큰 오크 배럴에 장기숙성을 시키며 약 15년 정도 숙성시키는 전통방식이 있다.

### (2) 바르바레스코(Barbaresco)

바롤로가 남성적이라면 바르바레스코 와인은 우아한 여성적인 와인으로 표현된다. 네비올로 품종으로 만든 피에몬테지역의 최고의 와인에 속한다.

### (3) 아스티(Asti)

모스카토 품종을 생산하는 유명한 지역이다. 우리나라에 '모스카토 다스티'는 가장 판매가 잘 되는 유명한 와인이다.

### (4) 가비(Gavi)

좋은 화이트 와인이 생산되는 지역이다. 보통 가비와인은 드라이하며 가볍게 시음할 수 있는 봄의 정취와 잘 어울리는 와인으로 평가된다.

### (5) 브라케토 다퀴(Brachetto d'Acqui)

로제빛의 달콤한 와인이다. 모스카토 다스티처럼 초보자에게 인기가 있는 약발포성의 로밴틱한 와인이다.

### (6) 가티나라(Gattinara)

피에몬테 DOCG와인이다. Vercelli시 북동쪽 남향쪽 경사면 지역의 중심지가 가티나라지역이다. 피에몬테 주 북방 마조레 호수 근방에 위치한 가티나라 마을의 적포도주를 말한다. 네비올로 포도를 사용해 만든다. 보통 4년간 저장한[11] 후 판매한다. 최저 도수 12도 이상이어야 한다(한준섭 외, 2011; http://terms.naver.com).

### (7) 겜메(Gemme)

피에몬테의 레드와인이다. 네비올로가 주요품종으로 DOCG등급이다.

## 3) 토스카나

Vernaccia di San Gimignano, Chianti, Chianti Classico, Vino Nobile di Montepulciano, Carmignano Rosso, Brunello di Montalcino가 중요지역에 속한다.

---

11) 오크통에서 2년 이상 저장한다.

### 4) 기타지역

롬바르디아, 트렌티노-알토 아디제, 프리울리-베네치아 지울리아, 리구리아, 에밀리아-로마냐, 마르케 등 전국에 와인산지가 분포되어 있다.

## 6 유명와인

### 1) 바롤로

1967년 DOC, 1980년 DOCG등급을 받았다. Ridge 계곡지역에 위치한다. Tarano강이 남쪽지역에 흐른다. 강은 가뭄에도 수분을 공급하며 기온상승을 막고 추워지는 것도 막아주는 역할을 한다. 1,200Ha, 즉 400만평의 면적을 차지한다. 해발 고도는 200-400m이다(은광표, 2009 : 8면). 11개의 Commune으로 구성된다. Barolo, Castigniole Falletto, La Morra, Monforte d'Alba, Serralunga d'Alba가 잘 알려져 있다.

#### 기다림의 미학

훌륭한 와인일수록 때를 기다려야 한다는 것이 특히 네비올로로 만든 바롤로와 바르바레스코의 경우에 더욱 적당한 말이다. 사람도 때가 되어야 성숙한 사람이 되는 것처럼 네비올로로 만드는 와인은 보통 숙성이 15년 이상은 기본적이다. 워낙 타닌이 강해서 제대로 숙성되어야만 복합적이고 원만한 느낌의 와인을 만날 수 있다.

'통렬한 타닌'으로 불릴만큼 단단한 이 품종은 오랜 발효과정과 오크숙성을 통해 복합적이고 조화로운 와인으로 탄생하게 된다. 사람도 유연하게 되기 위해서는 시간이 필요하듯 이 와인은 20년은 기다려야 한다는 평가를 받고 있다. 이러한 기술과 제조방식을 1980년에 파악하게 되어 좋은 네비올로의 느낌을 갖는 와인을 생산하게 되었다.

그래서 온조조절형 발효조를 도입해서 수렴성 타닌을 피하면서 발효온도를 높이며 안정적인 양조를 하게 되었다고 한다. 또한 펌핑오버 기법을 사용해 위로 뜬 포도껍질을 과즙과 섞어주면서 와인에 색깔을 최대한 추출하고 타닌을 최소화하였다고 한다. 그리고 양조자들이 프랑스 작은 오크통 숙성을 통해 병 숙성으로 분해하는 방법을 파악하면서 풍성한 과일 맛을 손상시키지 않게 되었다(캐런 맥닐, 2010: 347)는 점에 주목해야 할 것이다.

향과 맛과 풍미가 특별한 바롤로와 바르바레스코는 타닌의 장막으로 덮이고 닫힌 느낌 그리고 단조로운 맛과 특별히 복합하지 않은 상황에서 숙성되고 진정한 맛을 내는 거친 파도가 몰아치는 바다처럼 정신을 온통 휘감는 듯한 풍미(캐럴 맥닐, 2010: 348)를 보여 주는 때가 와야 한다는 것이다. 시음적기에 도달하는 시기가 중요하다는 의미로 우리 인생의 기다림의 때와 같은 맥락으로 다가오는 내용으로 인식된다.

## 2) 바르바레스코

네비올로품종으로 만드는 이탈리아 최고의 와인이다. 바롤로가 남성적이라면 바르바레스코는 여성적이면서 우아하다고 할 수 있다. 고도는 바롤로 보다는 원만한 200~350m 정도이며 건조한 기후대로 토양은 석회질의 이회토로 구성되어 있다(손진호, 2007: 35)알코올 도수는 12.5%이상이다. 숙성을 2년 이상 하며 이 가운데 오크숙성을 1년은 해야 하는 규정[12]이 있다.

바롤로 보다 좀 더 서늘한 기후에서 재배되어 좀 더 섬세한 와인이라는 평가도 받는다. 그럼에도 불구하고 바르바레스코는 네비올로 품종인 만큼 타닌이 강하고 복합적이다. 바롤로에 비해 생산량은 절반 정도이기도 하다.

12) Nebbiolo품종으로 100% 만들어야 한다. 오크 숙성을 1년을 포함, 최소 2년을 숙성시켜야 판매가 가능하다. 리제르바는 4년 숙성해야 하며 장기저장이 가능해 5년부터 20년을 보관할 수 있다

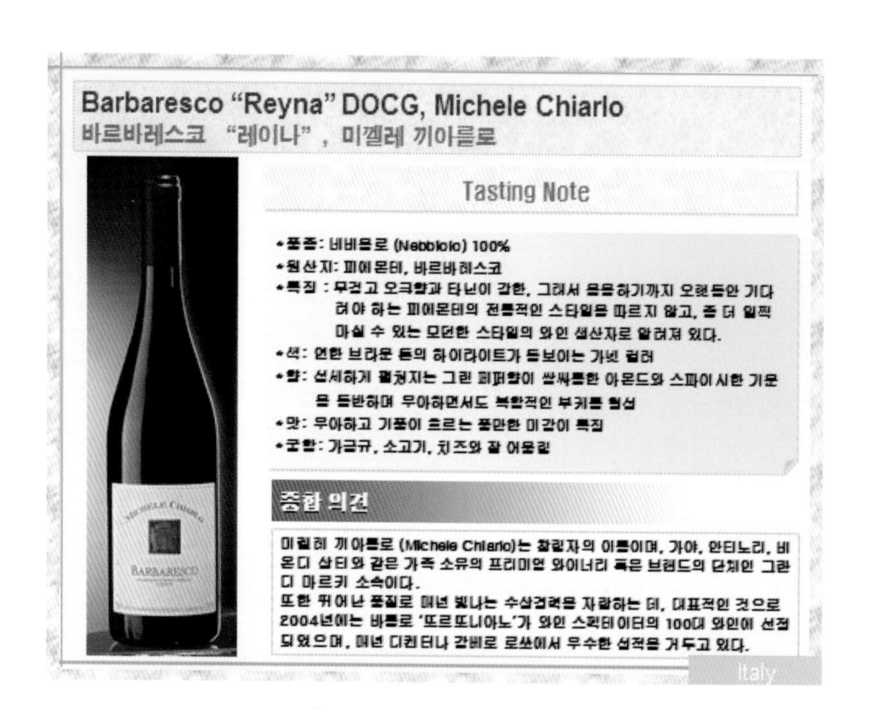


### 3) 슈퍼토스칸

1970년대 키안티와인이 별로 주목을 못받고 있는 상황에서 혁신적인 와인생산자들이 새로운 와인을 개발하여 세상의 관심을 끌었다. 이러한 상황에서 소개가 된 것이 사시카이아, 티냐넬로, 솔라이아 등의 슈퍼토스칸 와인들이다. 산지오베제 품종에 국제화된 품종인 카베르네소비뇽, 메를로, 카베르네프랑, 쉬라 등을 브랜딩하여 전통적인 키안티 와인과는 달리 평가되게 되었고 국제적으로 호평을 받게 되며 이탈리아 와인에 대한 시각을 달리하게 된 계기가 되었다.

슈퍼토스칸은 프랑스 보르도나 미국의 캘리포니아 스타일의 와인으로 평가되기도 한다. 이탈리아는 빈티지의 큰 영향은 없지만 1990, 1995, 2009년은 좋은 빈티지로 평가된다. 제대로 된 슈퍼토스칸을 느끼려면 10년은 숙성된 것을 시음하는 것이 좋다는 전문가의 평가가 있다. 슈퍼토스칸[13]은 이탈리아의 DOCG 규정에 어긋난 독립적인 와인을

13) Sassicaia와인도 처음에는 VDT등급을 받았다가 런던대회에서 우승하며 DOC등급으로 오르게 되었다. 까베르네 소비뇽을 베이스로 하여 까베르네 프랑을 브랜딩하여 만든다. 오르넬라이아는 CS 중심으로 CF, ML 브랜딩이다. 솔라이아는 CS을 중심으로 Sangiovese, CF 브랜딩이다. 티나넬로는 Sangiovese중심으로 CS, CF 브랜딩이다. 마세토, 메쏘리오 와인은 Metlot 100%로 만든다.

생산한 결과로 보면 된다.

Sangiovese 품종이 아닌 까베르네 소비뇽, 메를로, 까베르네 프랑 등을 산지오베제 품종에다 브랜딩하여 경쟁력을 높이게 되었다.

이곳의 토양은 포도재배에 이상적인 토양을 형성하고 있다. 굵은 자갈과 광물질이 풍부한 내륙 언덕에서부터 점차 서쪽 해안 저지대에 이르기까지 작은 자갈과 고운 석회질, 점토, 진흙과 모래로 분포된 토양은 그에 맞는 다양한 포도품종 재배에 적합하(송점종, 2013.3.12)다. 슈퍼토스칸 와인은 프랑스의 보르도 스타일로 토양도 보르도와 비슷한 여건에서 그에 맞는 국제화된 품종이 재배되어 와인으로 생산되고 있다.

## Appassimento method/Ripasso

아빠씨멘토 방식은 수확된 포도를 통풍이 잘 되는 곳에서 3개월 이상 가볍게 건조시켜서 원래 포도 무게의 30-35%를 감량시켜 즙을 짜내는 방식이다. 원액의 당도, 향, 글리세린 농도가 증가한 와인을 만들게 된다. 당도가 높은 만큼 알코올 도수도 상대적으로 높아진다.

라파소 방식은 Double Fermentation, 즉 발효를 한번이 아닌 두 번을 시켜 응축미와 농축미를 높이는 방식이다. 색과 아로마 그리고 구조감이 좋고 피니쉬가 긴 와인으로 만들어진다. 이탈리아 베로나 지역에서 생산되는 반건조 포도가 대표적인 라파소 방식으로 생산된다. 라파소 방식은 아마로네를 만들고 난 포도껍질이나 남아있는 나머지 것들을 발폴리첼라로 만든 와인에 섞어서 다시 발효시키는 방법이다.

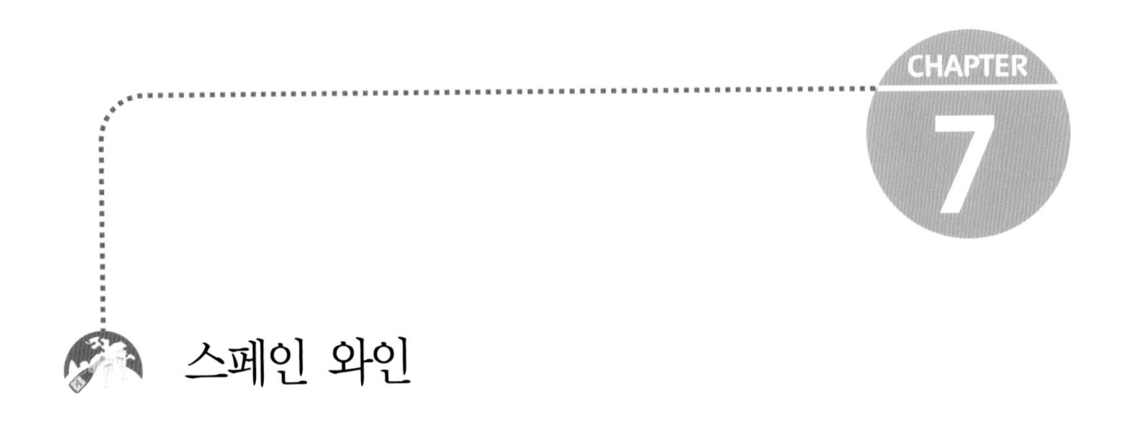


# 스페인 와인

## 1 지역 개관

스페인 와인은 2000년대에 들어서 유럽, 미국, 일본의 와인매니아를 중심으로 인기를 모으며 소비가 증가되었고 국내에서도 최근에 부각[1]되고 있다. 국내 수입도 2008년 기준으로 호주에 이어서 6위의 수입국가로 위치하고 있다. 또한 중저가 와인의 수입 증가 등으로 연도별 증가율[2]이 가장 높게 나타나고 있다.

2009년 스페인와인의 수입은 5.6%로 6위, 수입금액은 793만 8천만 달러로 나타났다. 물량기준으로는 시장물량 점유율 18%인 4,131,331리터를 수입하여 칠레의 23.6%인 5,418,854리터에 이어서 2위를 차지하였다(한국주류수입협회, 주류저널, 2010.7월호).

스페인은 기원전 100년 전부터 포도를 재배한 나라이다. 구세계의 대표적인 국가로 현재 국내에 수입과 소비의 증가현상이 보여지고 있다. 이는 스페인 와인의 경쟁력이

1) 스페인와인은 가격대비 품질과 가치가 좋은 밸류와인으로 인식되고 있다. 그래서 상대적으로 저렴한 가격이 최근에 많이 올랐다. 알코올이 높고 타닌이 강하고 색상도 짙은 와인으로 국내의 소비자들에게 좋은 호응을 얻고 있다.

2) 전년대비 수입증가율이 42%로 이탈리아 21%(주류저널, 2010.7월호)를 앞지르고 1위로 나타났다. 프랑스, 칠레, 미국이 마이너스 성장을 보인 것과 비교하면 상당한 수입량의 진전이다.

가격대비한 품질의 경쟁력에 있는 것이다. 같은 유럽권의 프랑스와 이탈리아에 비교해서 편안함과 부담없이 시음할 수 있는 밸류와인으로서 구세계의 우아함까지 갖추고 있는 와인으로 평가하고자 한다.

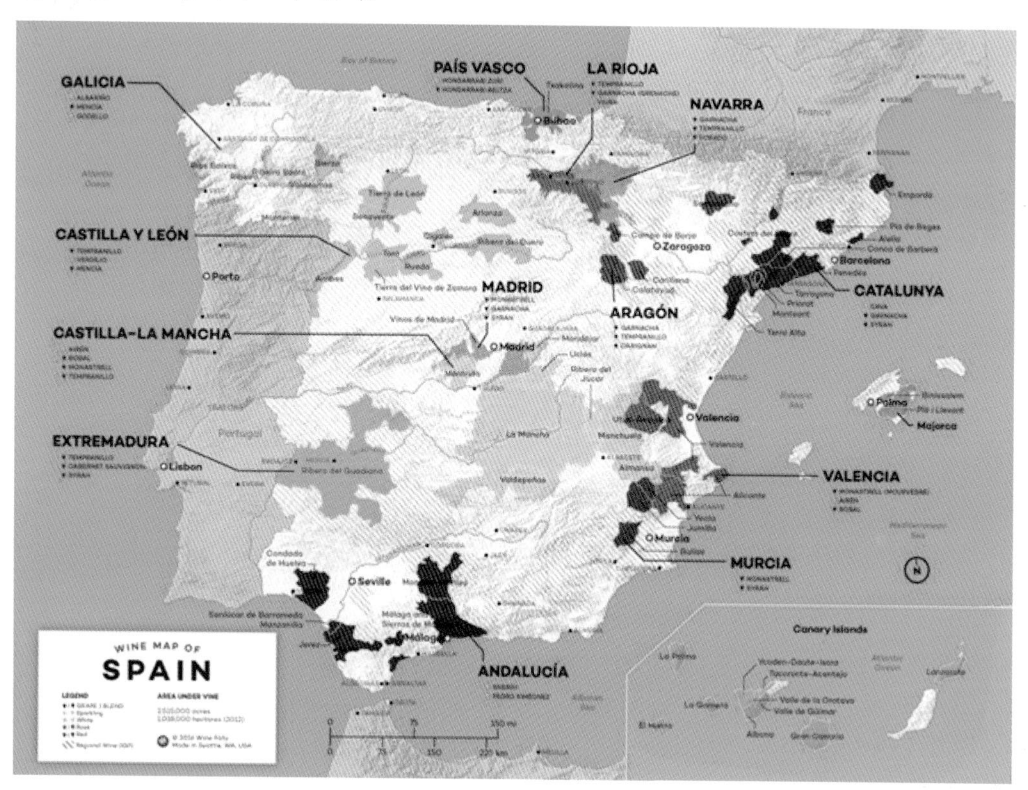


## 1) 기후

스페인의 기후는 보편적으로 햇빛이 좋은 온화하고 건조한 지역대, 여름이 길고 겨울이 온난한 포도재배 지역으로 형성되어 있다고 하겠다.

## 2) 지형

스페인의 지형은 50%가 산악지역이다. 프랑스와의 국경에 피레네 산맥이 형성되어 있다. 또한 남부 그라나다 위쪽에 시에라 네바다 산맥이 형성되어 있다. 가장 높은 산악지형으로 위치한다. 중부지역은 고원지대로 산과 강이 가로지른다. 중부지역의 스페인 면적의 2/5를 차지한다. 고원지대는 대부분 사막성 황야로 형성되어 있다. 아울러 수목이 우거진 비옥한 곳도 보인다.

스페인의 지형은 척박한 환경에서 포도를 재배한다. 황량한 광야, 화산지대, 내륙에 쌓인 눈 지대, 건조한 중부와 남동부지역으로 구성되어 있다. 또한 대서양의 영향을 북서부지역[3]은 받는다.

## 2 스페인 와인의 특징

### 1) 풍부한 생산과 강렬함

스페인은 와인재배면적이 세계에서 가장 큰 나라로 와인생산량이 프랑스, 이탈리아 다음으로 많은 구세계의 대표주자이다. 스페인 와인은 광활한 대지의 풍부함으로 표현되기도 한다. 정열과 태양의 나라 스페인와인은 진한 향과 강렬한 맛이 특징이기도 하다.

스페인의 유명한 토마토축제와 소몰이 축제처럼 스페인사람들은 정열적이며 때로는 거칠어 보이기도 한 성격을 지니고 있다. 소몰이 축제인 산페르민(San Fermin) 축제는 유일하게 노숙이 허용된 축제이며 Navarra지역에서 열린다. 나바라지역에서는 와인이 생산된다.

스페인 사람들처럼 스페인 와인은 강렬함[4]으로 표현된다. 정렬적인 느낌을 갖게 되며 스페인의 다양한 기후 가운데 건조하며 메마른 환경처럼 드라이하고 화끈한 느낌을 받게 된다.

### 2) 떼루아

스페인은 상대적으로 유럽에서도 강수량이 적다. 연간 400~500mm로 와인이 물을 찾아 뿌리를 내려야 하는 척박한 상황으로 건조하고 마른 기후로 인해 와인이 강렬한 스타일[5]로 제조되고 생산된다.

토양이 기름진 느낌으로 표현되기도 한다. 스페인 레드와인의 경우 대체로색이 진하고 깊게 표출된다. 강렬한 맛과 완만한 타닌이 표출된다.

---

3) 북서부지역은 대서양의 영향으로 습한 기후를 보인다.
4) 타닌이 강하며 색이 강하고 짙다. 템플라니오, 가르나차, 모나스트렐과 같은 품종들의 성격이 그러하다.
5) 템플라니오를 중심으로 국제화된 품종 까베르네 소비뇽, 메를로, 쉬라 등의 품종을 브랜딩하여 와인을 강렬하게 만들기도 한다.

북쪽으로는 프랑스와 경계를 이루는 피레네 산맥, 서쪽은 포르투갈과 대서양, 동남쪽은 지중해가 펼쳐져 있다. 내륙지역은 무더움과 적은 강수량을 보이며 강들이 바다로 향하고 있다.

### 3) 잠재력 지닌 잠자는 거인

스페인와인은 잠재력이 무한한 잠자는 거인으로 평가된다. 재배면적에 배해 생산성이 떨어지지만 희소성의 가치와 스페인 전역에서 생산된다.

#### 잠자는 거인, 잠재력의 스페인 와인

스페인 와인은 잠재력이 무한한 잠자는 거인으로 평가되고 있다. 재배면적에 비해 생산성이 떨어지지만 희소성의 가치와 스페인 전역에서 생산되며 다양성이 장점으로 작용하고 있다. 스페인 와인의 숨은 저력은 1979년 프랑스 보드로 특1등급과 겨룬 올림피아드에서 1970년산 마스 라 플라나(Mas La Plana)와인[6]의 우승으로 세계의 주목을 받게 된다. 병의 라벨이 검은 색이어서 '검은 전설로 불리게 되고 유럽의 변방의 평가를 받던 스페인 와인을 세계적인 와인의 반열에 오르게 되었다.

리베라 델 두에로에 위치한 배가 시실리아(Vega Sicilia)는 고인이 된 다이애나 왕세자비와 찰스 왕세자가 결혼식 축하주로 쓰인 와인너리로 스페인와인의 전설로 명명된다. 프랑스의 까베르네소비뇽과 메를로, 말벡 그리고 알비노 등을 템플라니오에 블랜딩하여 좋은 빈티지에만 와인을 생산하는 '스페인의 로마니콩티'로 명명되며 '우니코'는 오크통에서 만10년 이상 숙성을 거쳐 출시하므로서 세계 최장 숙성할 수 있는 와인으로 명성을 얻고 있다. 일반적으로 20-40년이상 보관 후 시음하면 좋고 100년 이상 보관이 가능하다는 이 와인은 진귀함으로 인해 돈이 아닌 우정만으로 구입할 수 있는 와인으로 세간에서 회자되고 있을 만큼 가치와 명성을 얻고 있는 전설적인 와인으로 평가 받고 있다(출처: 고종원, 세계와인문화이야기, 호텔앤레스토랑;www.hotelrestaurant.co.kr).

---

6) 130년의 전통으로 와인품질을 지켜온 '토레스 Torres'는 17세기 이후 가족경영으로 맥을 이어온 스페인의 와인명가이다. 년 매출액 2억유로(약3000억원)의 실적을 내고 있다. 스페인의 국민기업이자 세계적인 와인 제조업체로 1995년 125주년 기념행사에 후안 카를로스 국왕이 참석하여 토레스의 막강한 영향력과 독보적인 위치를 갖춤을 보여주었다. 현재 1500헥타르(1500만㎡,약450만평)의 자체 포도밭을 소유하여

### 4) 다양성

다양성이 장점이기도 하다. 스페인 전역에서 200여종의 품종이 생산된다. 주정강화와인인 세리와인(Sherry wine), 스파클링 와인인 까바(Cava)[7]까지 여러 지역에서 다양한 와인이 생산된다.

### 5) 최고의 마리아주

스페인은 최근 '꽃보다 할배'와 '꽃보다 누나' 프로그램을 통해 인기있는 관광지로 부각되고 있다. 스페인 와인은 특히 현지음식과 가장 잘 어울리며 와인과 현지음식과의 조화, 즉 마리아주가 최고라는 평가를 받는다. 홍합과 조개 그리고 사프란 향료가 들어간 해물밥으로 유명한 바에야(Paella), 돼지의 넓적다리를 소금에 절여 말려 먹는 하몽(Jamon)은 와인가 함께 먹는 최고의 스페인 음식으로 알려져 있다.

스페인 레드와인은 생선이나 야채에도 잘 어울린다는 평가이다. 스페인와인은 너무 풀바디하지 않고 부담스럽지 않기 때문이라는 분석이다. 스페인에서도 와인에 어울리는 음식을 추천할 때 재료의 신선함의 중요성을 강조한다.

스페인사람들은 와인과 함께 먹는 안주거리로 타파스(Tapas)[8]를 즐긴다. 식욕을 돋우는 에피타이저로 올리브나 치즈와 함께 먹거나 오징어 등 해산물과 튀겨서 먹는다. 치즈도 우유치즈, 양젖치즈, 염소치즈 등 지방별로 다양하다.

스페인문화를 말할 때 놓쳐서는 안되는 것이 바로 타파스로 다양한 소시지와 토마토로 만든 타파스는 스페인식 와인스타일로 '타파스 하나에 와인 한잔'이라는 낙천적으로 먹고 마시고 대화하는 스페인사람들의 와인문화가 반영되고 있다.

---

규모에서 세계적으로 매우 이례적인 것으로 평가되고 있다. 세계 최대 스테인레스 와인 발효 탱크시설, 2Km가 넘는 지하셀러를 갖춰서 스페인에서 가장 혁신적인 방법으로 와인을 생산하는 곳으로 정평이 나있다(헤럴드경제;http://news.heraldcorp.com)는 평가를 받는다.

7) 까바가 인기가 있는 이유는 가격이 저렴하며 전통방식으로 만들어져서 품질이 좋다는 평가를 받는다. 전통방식이란 기본적으로 포도즙을 발효시킨 후 스파클링 와인을 만들기 위해 다시 한번 발효시키기 위해 병입 후 병 하나하나 안에서 발효를 진행시키는 절차를 거치는 것을 말한다. 이 과정에서 이산화탄소가 와인에 스며들어 기포가 생기는 것이다. 프랑스 상파뉴지방의 샴페인처럼 좋은 스파클링와인으로 가격도 저렴하고 품질이 좋아서 인기를 끈다.

8) 타파스는 와인과 잘 어울리며 종류도 다양한 간식거리를 말한다.

### 6) 한국에서 수요 증가

2013년 한국이 수입한 스페인 와인은 1371만달러(약 148억원)어치로 전년 대비 37.6% 증가한 것으로 한국 주류수입협회 자료에서 나타났다. 스페인 와인의 국내 시장 점유율은 프랑스, 칠레, 이탈리아, 미국 와인에 이어 5위 규모지만 수입액 증가율을 단연 1위이다(조선경제, 2014.1.29: B7면)는 것은 시사하는 바가 크다.

**국빈 만찬에 사용된 와인 핑구스 PSI 2011**

박근혜 대통령과 시진핑 중국 국가주석 만찬 식탁에 오른 스페인 도미니오 드 핑구스(Domino de Pingus)의 레드와인인 PSI 2011가 주목받고 있다. 금번 만찬의 콘셉트는 친환경과 희소성이었다고 한다. 10만원대 초반 가격의 가성비 좋은 와인이 선정된 점도 눈길을 끌고 있다는 평가이다.
핑구스 PSI 2011dms 만찬시 화합과 조화를 강조하는 의미로 선정된 와인으로 80년 이상된 오래된 포도나무에서 생산되었다고 한다. 수입사의 관계자(CSR 와인 박지광 이사)는 국빈 만찬에 이 와인이 사용된 이유로 스페인의 대표산지인 리베라 델 두오로 지방에서 한정 생산되는 와인으로 핑쿠스 3와인 종류 중 가장 저렴한 와인이지만 미슐랭3스타 레스토랑에서도 리스팅 되는 와인 중 하나라며 가격은 저렴하지만 스페인의 대표와인 중 하나로 뛰어난 품질을 자랑한다는 설명이다.
또한 전문 소믈리에(쉐라톤 그랜드 워커힐 유영진)의 평가는 핑구스 PSI와인은 아주 섬세한 스타일의 레드와인이므로 국빈 만찬 메뉴(한식)에 잘 어울린다고 평가하고 있다. 파워풀하고 섬세한 타닌과 스페인 고유 품종인 템프라니오(Tempranillo)특유의 짙은 풍미가 좋은 와인이라는 설명이다(출처: 호텔앤레스토랑, 2014년 8월호, 52면).

## 3 스페인 등급 체계

스페인 와인의 등급은 호벤, 크리안자, 리제르바, 그랑 리제르바 등으로 구성된다. 스페인 와인은 라벨에 표기된 숙성기간에 따라 품질을 평가하고 있다. 숙성에 따라 등급을 구분한다.

## 1) 호벤

Vino de Joven

## 2) 크리안자

Vino de Crianza는 6개월 오크배양을 포함한 최소 2년을 숙성한다.

## 3) 리제르바

Riserva는 12개월 오크 배양을 포함하여 최소 3년을 숙성한다.

## 4) 그랑 리제르바

Gran Reserva는 18개월 오크 배양을 포함하여 최소 5년을 숙성한다.

### 스페인어 용어

- 블랑코(Blanco): 하얀
- 틴토(Tino): 레드
- 보데가(Bodega): 양조장
- 코세차(Cosecha)/벤디미아(Vendimia): 수확연도
- 크리안자(Crianza)[9]: 레드와인은 참나무통 숙성기를 포함하여 적어도 2년이상 숙성된 와인을 의미한다. 화이트나 로제 와인은 적어도 1년 동안 숙성된 와인을 말한다. 화이트와 로제도 1년 숙성기간 중 6개월은 오크통 숙성이 필요하다.
- 비냐(Vina): 포도밭
- 비에이호(Viejo): 오래된

(자료: Ed McCarthy, 2003;192).

9) 레드는 6개월 오크통 숙성(리오하 와인은 1년 오크 숙성)되어야 한다. 참고로, 레세르바(Reserva)는 레드의 경우 3년 숙성기간 중 1년은 오크통 숙성, 화이트와 로제는 2년 숙성기간 중 6개월 오크통 숙성이 되어야 한다. 그란 레세르바(Gran Reserva)의 경우, 레드는 5년 숙성 기간 중 18개월은 오크통 숙성(리오하 와인은 2년 오크 숙성)하여야 하며 화이트나 로제는 4년 숙성 중 6개월 오크통 숙성이 되어야 하는 규정을 지켜야 등급을 받을 수 있다(고종원 외, 2013; 194).

## 4 포도 품종

스페인은 유럽 서남쪽에 위치한 지형적 조건 즉, 아프리카와 유럽을 잇는 입지조건과 이민족의 침입 등올 인해 자연스럽게 다양한 외래품종의 유입이 많게 되었다. 이러한 포도품종은 세월이 흐르면서 토착화되어 현대의 스페인 토착품종이 되었다고 할 수 있다.

스페인 레드와인은 생산량의 60%, 화이트와인은 40%를 차지한다. 세계 생산량의 11.9%를 차지하고 있다(마이클 슈스터, 2007 ; 232).

### 1) 레드 와인

#### (1) 템플라니오

스페인 특유의 강렬한 태양, 해양성기후, 영양 풍부한 토양이 만나 독특한 맛의 리오하 특산 템플라니요 포도를 생산한다. 템플라니오는 다른 포도보다 긴 숙성기간을 거치면서 당과 떫은맛을 내는 식물 성분인 탄닌함유량이 절묘하게 조화를 이룬다는 평가를 받는다. 리오하에서는 전통적으로 향인 아로마 보다 맛의 균형을 가장 중요하게 여기고 있다(조선경제, 2014.1.29. : B7면)는 평가이다.

템플라니오[10]는 스페인의 대표품종이다. 대중적 와인을 생산하며 현대적인 스타이과 고급와인으 생산하는 품종이기도 하다. 페네데스, 리베라 델 두오로, 라만차, 나바라, 토로, 발레페냐스 등 스페인 전역에서 생산되고 있다. 짙고 붉은 빛깔에 적정한 타닌과 산도를 지니고 있다.

조생종으로 스페인의 강렬한 태양으로 인해 수확시기가 빠르다. 영한 와인인 경우에도 타닌이 부드러워서 마시기가 부담이 없다. 섬세하고 향이 좋다는 평가를 받는다. 최근 우리나라와 해외에서도 스페인 와인의 약진과 좋은 평가의 가장 대표품종으로서 경쟁력을 지닌 와인이 바로 템플라니오이다.

테스팅노트–다크초코렛 향, 가죽향, 산도와 타닌이 조화롭게 나타난다.

---

10) 템플라니오 품종은 가르나차(Garnacha), 마주엘로(Mazuelo)등과 장기숙성을 위해 브랜딩을 주로 한다. 부드러운 타닌으로 시음하기에 부담감이 없다는 평가를 받는다.

#### (2) 가르나차

이 품종은 프랑스의 가르나쉬와 같은 품종이다. 알콜 함양이 높은 품종이다. 스페인에서는 템플라니오와 브랜딩하여 좋은 와인을 생산하고 있다. 바디감과 무게감을 높여주는 특성을 갖는다. 스페인의 템플라니오 품종과 결합하여 저장성과 와인의 밸런스를 높여준다.

#### (3) 모나스트렐

프랑스에서는 무드베드르라고 불리는 품종이다. 색이 강하게 추출되며 알콜도수도 높게 나타난다. 스페인의 남동부 무르시아 지방에서 많이 생산된다. 야생적인 성향의 품종으로 와인매니아들에게 인기가 있는 품종이다. 소량으로도 와인의 완성도를 높이게 하는 특성을 지니고 있다.

#### (4) 까리네나(Carinena)

프랑스에서는 까리냥으로 불린다. 색을 진하게 낼 수 있다.

#### (5) 그라시아노(Graciano)

템플라니오와 소량으로 브랜딩을 많이 한다. 향을 많이 내는 품종이다. 스페인에서 템플라니오를 보완하고 균형을 맞추는 차원에서 브랜딩된다. 한편 가르나차와도 브랜딩된다. 좋은 그라시아노 품종은 아로마틱한 풍미와 뛰어난 타닌성분으로 장기숙성에 적합하다.

#### (6) 까베느네 소비뇽

토착품종은 아니지만 좋은 까베르네 소비뇽을 생산한다. 페네데스 지방에서 100% 까베르네 소비뇽으로 생산된 마스 라 플라나 와인은 라벨이 검은색으로 검은 전설이라는 별칭을 갖고 있다. 1970년 빈티지로 세계시장에서 우승하여 주목받게 되었다.

### 2) 화이트 와인

#### (1) 아이렌(Airen)

스페인에서 가장 많이 재배되는 화이트 품종이다. 40만 헥타르[11]가 재배된다. 중부지방 라만차에서 주로 생산되며 세계에서 이곳이 재배면적이 가장 크다.

### (2) 비우라(Viura)

마까베오(Macabeo)라고도 불린다. 비우라 품종은 에브로강 계곡에 위치한 리오하 지역에서 주로 재배된다. 산화속도가 느려 장기 숙성이 가능한 고급 화이트와인을 만드는데 쓰인다.

### (3) 말바시아(Malvasia)

말바시아 비앙카(Bianca)는 청포도품종으로 달콤한 강화와인을 생산한다. 말바지아 화이트는 색이 짙고, 높은 알코올 도수와 너트류의 향이 나는 품종으로 마데이라, 포트와인을 생산한다.

말바시아 네라(Nera)는 적포도품종으로 가볍고 향기롭다. 신선하며 아로마와 맛이 뛰어나다. 높은 당분으로 알코올 도수가 높다(허용덕 외, 2009; https://search.naver.com).

**바바 로제타 와인**

모스카토 다스티처럼 달콤하고 마시기에 부담감이 없는 바바 로제타는 연인들의 와인으로도 알려져 있다. 달고 향기로운 핑크색의 와인이다. 피에몬테에서 생산된다. Malvasia di Schierano 품종 100%이다. 도수는 5.5%로 과일향과 체리, 장미향이 많이 나며 과일, 디저트, 케익과 잘 어울리는 디저트용 와인이다.

### (4) 빨로미노(Palomino)

스페인 안달루시아가 원산지이다. 주정강화 와인 쉐리를 만드는 데만 사용된다. 스페인에서는 쉐리를 만드는데 90% 이상 이 품종이 사용된다. 만생종이며 겨울 서리에 민감하다. 풍부한 바디와 단단한 골격을 가지고 있다. 알코올 함량이 높은 편이나 산도는 낮다. 견과류 등의 향이 난다(고종원 외, 2013: 55).

### (5) 빼드로 히메네스(Pedro Ximenez)

당분을 다량 함유하고 있는 품종이다. 쉐리를 만드는데 모스까텔 등과 사용되는 품종이다.

---

11) 1ha=10,000㎡, 1ha=3015평(https://search.naver.com)으로 40만헥타르는 대략 12억평으로 대단한 규모이다.

### (6) 알바리뇨(Albarino)

리아스 바익사스[12]의 최고급 화인트 와인이다. 독특한 풍미를 지니고 있다. 샤르도네처럼 풍만하지도 않고, 리슬링처럼 미네랄 향이 많지도 않으며 소비뇽블랑처럼 야성적이거나 허브향이 나지 않는다는 평가이다. 감귤류와 복숭아의 생기있는 풍미에서 아몬드가 느껴진다. 해산물과 잘 어울리는 와인이다. 생기가 있고 상큼하다. 오래 숙성시키기 보다는 일찍 마시는 것이 좋다(navercast.naver.com)는 평가이다.

### (7) 베르데호(Verdejo)

최근 스페인 화이트 와인으로 선호되는 품종으로 대중적인 인기가 있다. 황금빛 색깔과 다양하고 화려한 아로마, 과일향이 풍부하며 산도가 적절하게 느껴지는 와인으로 지역마트나 휴게소 등 스페인 전역에서 판매가 되는 가격대비 성능이 좋은 밸류와인이다.

**루에다(Rueda)산 베르데호**

리베라 델 두에로의 서쪽에 위치한 루에다 지역에서 생산되는 포도종이다. 스페인에서 가장 뛰어난 화이트 와인중의 하나이다. 맑고 차분하며 과일향이 좋다. 현지에서 병당 8달러 정도에 판매된다. 리오하를 만드는 마르퀴스 드 리스칼이 맛이 뛰어나고 쉽게 구할 수 있는 베르데호 와인을 생산한다(Ed McCarthy외, 2003;191).

스페인 여행시 레스토랑이나 편의점 그리고 호텔에서 화이트 와인으로 루에다산 베르데호를 추천하고 시음을 많이 하였는 바, 전문가들의 평가처럼 맑고 밝은 황금빛의 농익은 아로마가 어필하는 신선하고 바디감도 나름 있었던 좋은 인상을 받은 와인으로 기억되고 있다.

---

12) 갈리시아 지방 남부, 포르투갈 바로 위쪽에 있고 대서양에 접한 아주 오래된 와인산지이다. 서늘한 해안지대를 따라 놓여 있는 이곳은 청포도 품종을 수세기 동안 재배하였다. 습한 지역이기 때문에 곰팡이를 방지하기 위해 포도나무를 2-3미터 높이의 차양에 늘어뜨려 재배한다(navercast.naver.com/contents)고 한다.

## 5 주요 생산지

### 1) 리베라 델 두에로(Ribera del Duero)

리베라 델 두오로 지역은 리오하와 쌍벽을 이루는 지역으로 진하고 농축된 와인이 특징이다. 남부가 덥고 건조하다면 상대적으로 리오하와 함께 이곳은 서늘한 지역이다.

스페인의 가장 지명도 있는 베가 시실리아(Vega Sicilia)가 생산되는 지역이다. 또한 최근 중국의 시징핑 주석의 방한시 정상만찬주로 쓰인 핑구스(Pingus)와인도 이곳에서 생산된 와인으로 알려지고 있다. 여름의 폭염과 겨울의 혹독한 추위가 나타나는 지역으로 연교차가 크다. 그리고 일교차가 커서 포도의 당도와 산도를 높여준다. 농축미는 이러한 자연적인 기후의 영향이다.

### 2) 리오하(Rioja)

스페인의 가장 중심에 있는 와인생산지이다. 프랑스의 영향을 받은 지역이기도 하다. 스페인 최고급 와인산지이며 포도병충해의 피해가 없었던 곳이기도 하다.

리오하 지역은 자갈 토양으로 풍부한 일조량을 갖춘 곳으로 스페인의 대표적인 포도밭으로 스페인의 보르도로 불린다. 보통 포도를 손으로 수확하는 곳도 많아서 경쟁력을 더하고 있다.

기존에는 오랜 시간 오크통에서 숙성시키는 스타일로 와인을 양조했으나 최근에는 숙성기간을 단축하여 신선한 와인을 생산하며 현대적 양조기술 도입과 포도재배 방법의 개선 등으로 와인의 질을 상승시키고 있다는 평가를 받는다.

중부 카스티야의 평원과 북부 바스크지방의 산맥이 만나는 에브로강 유역의 산지로 로마시대부터 와인을 생산해 온 곳이다. 스페인에서 생산되는 와인의 40% 정도를 생산한다. 스페인 왕실에 공급하는 마르케스 데 리스칼과 가장 대중적인 비냐 포말 등도 이 지방 특산품이다. 적색 토양의 포도밭이 지평선까지 펼쳐져 있다. 대서양 해양성 기후의 영향을 받고 늦가을까지 태양이 뜨거워 한 달가량 늦은 10월 중순 이후 포도를 수확하는 지역이다(조선경제, 2014.1.29: B7면).

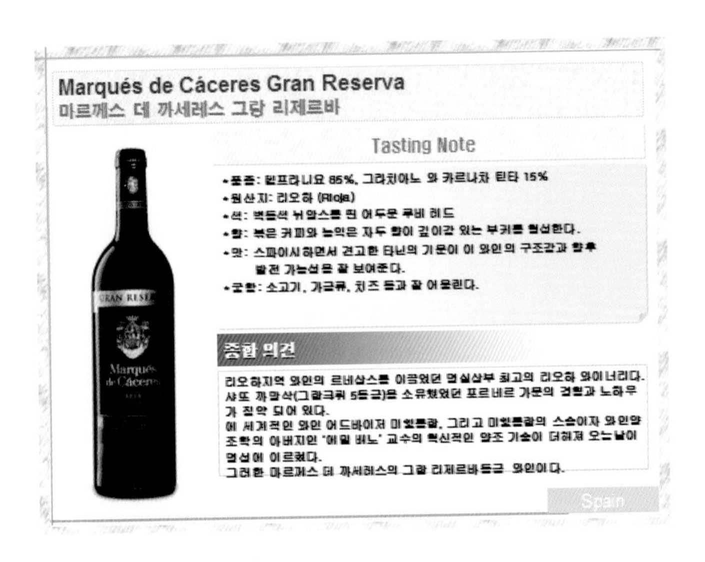


## 3) 페네데스(Penedes)

이 지역은 스페인의 화이트와인 산지로 스파클링와인인 까바[13](Cava)를 생산하는 곳이다. 카탈루냐 지방이라고도 하며 현재도 독립성이 강하여 중앙정부의 시책을 무시하고, 일찍이 카베르네 소비뇽 등 외래 품종을 도입하고 스테인리스틸 탱크를 도입하여 과학적인 방법으로 와인을 만들기 시작한 곳(김준철, 2014: 191)이다.

13) 카바 와인은 프랑스 샴페인 방식, 즉 병에서 발효시키는 방법으로 만들어 품질도 좋고 가격도 저렴하여 밸류와인으로 평가받고 있다. 그래서 선호하는 사람들이 증가하고 있다.

### 4) 프리오라트(Priorat)

프리오라트는 최근 레드와인의 명산지로 부각되고 있는 곳이다. 실력있는 와인메이커가 많이 모여들어 와인의 경쟁력을 높이고 있다. 향후 더욱 주목받게 될 지역으로 평가되고 있다.

### 5) 헤레스(Jerez)

스페인 와인의 대명사 같은 세리의 산지로 알려져 있다.

#### (1) 스페인 세리

Jerez(Sherry)는 증류주가 강화된 화이트 와인으로 15~17%이다. 드라이한 것부터 달콤한 것 등 다양한 스타일이 있다.

전통적 수확방법으로 양조한다. 양조는 압착하여 드라이하게 발효한다. 배양과정이 1년이며 전체 5년이 소요되는데 산화시켜서 만든다. 스타일과 맛 유지를 위해 브랜딩한다.

**셰리와인과 까바**

스페인을 대표하는 와인은 셰리(Sherry)[14]라고 할 수 있다. 와인에 브랜디를 첨가한 주정강화와인이다. 1500년대부터 영국에 수출되어 인지도가 높다. 스페인산 외에는 표기를 할 수 없다. 스페인은 포도면적이 세계에서 1위이다. 셰리가 차지하고 있는 국내 생산량은 7% 정도이다.

Jerez는 알달루시아 지방에 속한다.

셰리는 도수가 높고 독특한 향기와 풍미가 있다. 팔로미노 품종을 주로 사용하며 브랜디를 첨가한다. 보통 15도 정도의 알코올 도수를 보인다. 오크통에 70% 정도만 채우는데 액면이 공기에 닿아서 표면에 플로르(Flor)라는 효모가 번식하여 약 1cm의 흰 막이 형성하게 된다. 이 막이 플로르 향으로 독특하고 풍미가 있는 와인을 만드는 것이다.

와인을 채운 오크통은 기본적으로 3-4단 이상 쌓아져 보관하게 되며 병입시 하단부터 와인을 일부 빼내고 뺀만큼의 와인을 상단의 오크통에서 채우게 되는 솔레라 시스템으로 와인이 출시되는 특징을 갖는다.

스파클링 와인인 까바가 잘 알려져 있고 가격대비 품질이 우수하다. 까바는 까탈루냐(Catalunya) 지방의 페네데스에서 생산된다.

## 6) 라만차

라만차 지역은 근자에 국내에도 많이 수입되고 있는 지역으로 재배면적이 매우 크다. 동키호테의 무대인 라만차지역은 세계에서 가장 넓은 와인생산지역이기도 하다. 화이트 와인이 80%정도로 많이 생산된다.

## 7) 토로

날씨가 덥고 건조한 지역으로 와인도 강하고 진한 와인이 생산된다.

---

14) 드라이한 맛의 피노(Fino)는 쏘는 맛으로 플로르 향을 느낄수 있다. 7년 정도 숙성시켜 부드러운 맛이 되는 아몬띠아도(Amontillado)는 헤이즐넛과 같은 맛이 난다. 플로르가 발생하지 않은 것을 사용하여 최초 반년 동안 오크통에서 그대로 옥외에서 햇빛을 받게해서 만드는 올로로쏘(Oloroso)가 있다. 여기에 단맛을 첨가한 것이 크림 셰리로 식후주(Kenshi Hirokane,2006;177)로 추천된다.

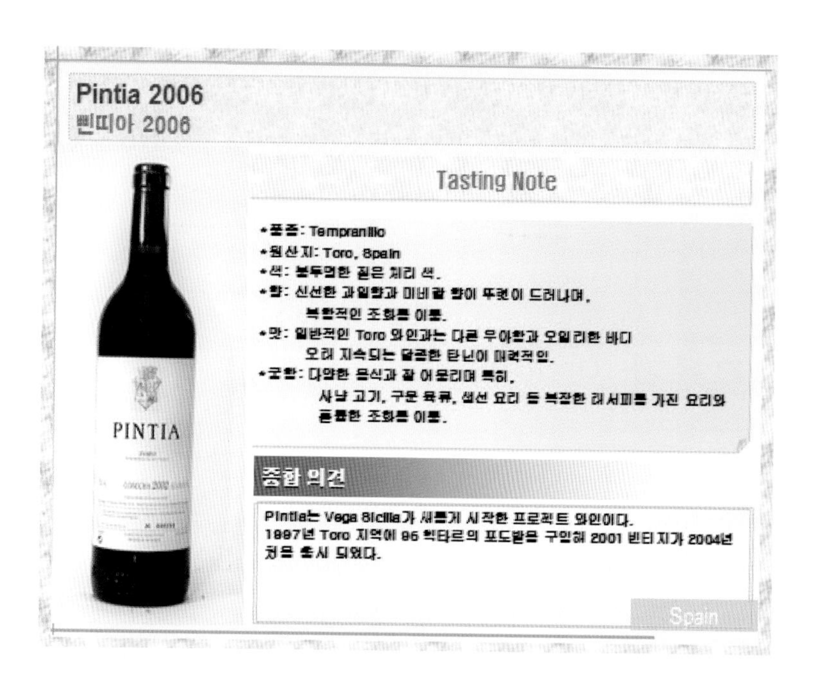


### 8) 나바라

소몰이 축제가 열리는 지역으로 와인도 강한 스타일이 생산된다. 스페인 북부지역으로 프랑스와 접경에 위치한다. 주도는 팜플로나이다.

# 포르투갈 와인

## ① 지역 개관

이베리아 반도의 서쪽지역을 차지하고 있는 나라이다. 반도의 15% 정도의 면적이다. 포르투갈은 도우루(Douro)[1] 일대의 포트와인(port wine)이 세계적인 명주에 올라있고 대서양의 마데이라(Madeira)섬에서 나는 아페리티프 와인은 포르투갈 와인의 명성을 끌어올려 주었다는 평가를 받는다. 20세기에 들어서 와인산업은 침체상황에 들었다. 이후 1986년 EU 회원국이 되면서 와인산업이 발전하기 시작하여 현재에 이르고 있다.

포도밭 면적[2]은 유럽에서 스페인, 프랑스, 이탈리아 다음으로 넓다. 생산량은 이탈리아, 프랑스, 스페인, 독일 다

---

1) 1756년 와인산지로 지정되었다. Demarcated Region으로 역사상 앞서가는 와인문화를 보여주었다.
2) 24만 3천 헥타르(7억3천5백7만5천평)를 차지한다. 유럽의 상위 5개국이 국제 시장 점유율 62.2%를 차지한다(최훈, 2010; 116).

음으로 많다. 해외 수출, 시장 점유율 4%대의 수준이다. 와인산업에 종사하는 인구가 전체 농업부문의 25%를 차지하고 있다(최훈, 2010; 116).

포르투갈은 연간 1인당 와인 소비량이 약 57리터(베르너 오발스키, 2005; 120)로 프랑스, 이탈리아, 스위스와 같은 세계 최고의 개인 소비량이 많은 국가이다.

## 2 주요 생산지

포르투갈은 국토의 한 가운데를 가로 흐르는 떼주(Tejo)[3]강을 중심으로 북부는 기복이 심한 산악지형이고 남부는 평야와 낮은 지대로 형성되어 있다.

포르투갈은 국토 길이가 660킬로미터에 불과하고, 폭은 200킬로미터 밖에 되지 않지만 이곳에서는 와인의 종류가 무척 다양하다. 토종포도의 종류가 매우 많다. 전체 50종의 토종포도[4]가 있다. 포도재배지가 국토 전역에 흩어져 있다. 1990년 초부터 품질이 급격히 개선(베르너 오발스키,2005; 121)되어 세계시장에서 인지도가 높아지고 있다.

### 1) 북부지역

산악지대이다. 세라 다 에스트렐라(Serra da Estrela)라는 1993미터의 고산이 있다. 북부에는 도우루(Douro)[5]강이 흐른다. 포트와인과 일반와인이 재배되는 명산지가 도우루강의 가파른 연안에 형성되어 있다.

북부에는 정통의 드라이한 스타일의 레드와인을 생산하는 도우루(Douro) 산지가 있다. 또한 레드와인을 진하고 견고하게 만드는 다웅(Dao) 지역이 있다.

---

3) 스페인어로는 Tajo, 영어는 Tagus이다.
4) 포르투갈의 토종포도는 다른 나라에서는 전혀 재배되지 않고, 심지어 다른 나라 사람들에게 이름조차 잘 알려져 있지 않다(베르너 오발스키, 2005; 121)는 특징이 있다.
5) 이 강의 발원지는 스페인이다. 도우루강은 스페인의 와인 유명산지 리베라 델 두에로(Doero)를 지난다. 이 강이 포르투갈에서는 도우루(Douro)이다. 이 강은 스페인 라만차 지역에서 똘레도를 감아 흐르고 포르투갈에 유입되어 수도인 리스본(포르투갈에서는 Lisboa)을 거쳐서 대서양으로 흐른다.

### 2) 중남부 지역

에스뜨레마두라(Estremadura)지방, 알렌테주(Alentejo)지방, 떼라스 두 사두(Terras do sado) 지방, 알가르브(Algarve)지방, 마데이라(Madeira)섬[6] 지역이 있다.

## ③ 기후

전체적으로 온화한 편이다. 북부의 겨울은 혹한은 드문 편이다. 남서부는 해양성 기후, 지중해성 기후로 여름에는 고온 건조한편이다. 겨울에는 따뜻하고 비가 내린다. 이러한 해양성, 지중해성 기후가 포도재배에 적합한 것이다. 연평균 기온는 12~17℃, 수도 리스보아가 800mm를 나타낸다(최훈, 2010; 109).

## ④ 포르투갈의 와인 용어

- 아데자(Agega): 양조장
- 콜야이타(Colheita): 수확연도
- 퀸타(Quinta): 포도농장
- 리제르바: 한 수확 연도에만 생산된 질이 월등한 와인
- 세코(Seco): 씁씁한
- 틴토(Tinto): 레드
- 비뇨(Vinho): 와인
- 게라페이라(Gerrafeira): 레드와인의 경우 오크통에서 적어도 2년, 병에서 1년간 숙성시킨 리제르바 와인을 말한다. 화이트 와인은 오크통에서 6개월, 병에서 6개월 숙성시킨 리제르바 와인을 의미한다.(자료: Ed McCarthy, 2003;192).

---

6) 1419년에 발견된 이 섬은 초기에는 사탕수수를 심었다. 이후 포르투갈에서 클레탄, 말바지아 종의 포도를 이식해 와서 독특한 강화와인인 마데이라의 스위트하고 풍부한 품종인 마므지(Malmsey) 품종 포도로 진화되었다(고종원 외, 2011; 191).

## 5 포도 품종

### 1) 레드와인[7)]

#### (1) 뚜우리가 나시오날

Touriga Nacional품종[8)]은 알갱이가 작다. 탄닌이 강하다. 산도도 높은 편이다. 자두, 제비꽃, 풀향, 과일향이 풍부하다는 평가를 받고 있다. 짙고 검붉은 색상이며 즙이 풍부하다. 높은 지대에서 주로 경작된다. 단위당 생산량은 적은 편이다는 평가이다.

주산지가 도우루 계곡(Douro Valley)이며 다웅[9)] 지역에서도 생산이 많이 된다. 보통은 블랜딩 되어 출시된다.

#### (2) 띤따 로리츠

Tinta Roriz는 스페인의 뗌플라니오(Tempranillo)품종을 말한다. 포르투갈에서도 이 품종은 포트와인, 테이블와인을 생산하는데 사용되고 있고 좋은 와인을 생산한다. 껍질이 짙은 색상이며 당도가 높다. 그리고 산도는 적당한 특성을 보인다.

#### (3) 띤따 까웅

서늘한 기후에서 잘 생산되는 품종이다. 블랜딩을 통해 미세하고 복합적인 특질을 더해 준다는 평가이다(최훈, 2010; 128).

#### (4) 기타

뚜우리가 프란세스카, 바가 등이 있다.

### 2) 화이트 와인

로우레이로, 아린토, 비칼, 알바린호 등(마이클 슈스터, 2007;232) 토착품종이 많다.

---

7) 포르투갈의 레드와인 생산량은 60%이다. 세계 생산량의 2.5%를 차지하는 나라이다(마이클 슈스터, 2007;232).
8) 적은 소출에 복합미와 섬세함을 가진 품종(손진호,2010;131)으로 평가되고 있다.
9) 이 지역에서는 레드와인 생산시 20% 이상을 쓰도록 규정되어 있다.

**포트와인**

포르투갈을 대표하는 북부지방 도우루 강 일대에 한정되어 생산되는 세계적인 명주이다. 주정강화와인(fortified wine)이다. 발효과정에서 주정을 첨가해 더 이상의 발효를 중단시킨다. 이로 인해 미발효의 잔여 당에서 감미를 느끼게 되는 것이다. 아울러 주정을 강화, 즉 도수를 높이기 위해 과즙이나 브랜디 등을 첨가한 알코올 도수가 높은 와인이다.

### 3) 포트 와인의 종류

생산량은 포르투갈 전체의 약 8%정도로 추산한다. 물론 이 수치에는 주정강화 와인인 마데이라[10]를 포함한 것이다.

10) 알코올 함량을 18~20%까지 높이기 위해 발효 중 브랜디를 첨가해 주정도를 올린 와인이다. 고급 빈티지의 경우, 20년 정도의 오랜 저장 기간 후 병입하고 이후에 20~50년 이상 숙성 시켜 완성도를 높인다. 이러한 숙성을 통해 매우 독특한 맛을 내게 된다. 쌉쌀한 맛에서 단맛에 이르기까지 독특하고 풍부한 마테이라 와인의 맛은 화산섬에 있는 포도밭의 토양과 발효 후 몇 달 동안 에스투파스(estufas)라는 열 건조실에서 거치는 독특한 숙성과정에 있다(고종원 외,181; 2011)는 평가이다.

마데이라 섬의 특징은 세계에서 가장 가파른 계단식 포도밭으로도 유명하다. 마데이라 와인은 참나무통 속에서 숙성되며 병에 담기 전에 숙성 연한이 다른 와인을 섞기도 한다. 보통 와인에 알코올을 강화[11]하여 600미터의 나무통에 담아서 에스투파라는 저장실에서 온도를 45℃로 상승시켜서 숙성하여 만든다(고종원 외,2011; 182).

11) 알코올을 강화할 때에는 도수가 95% 이상인 것을 사용하기도 한다.

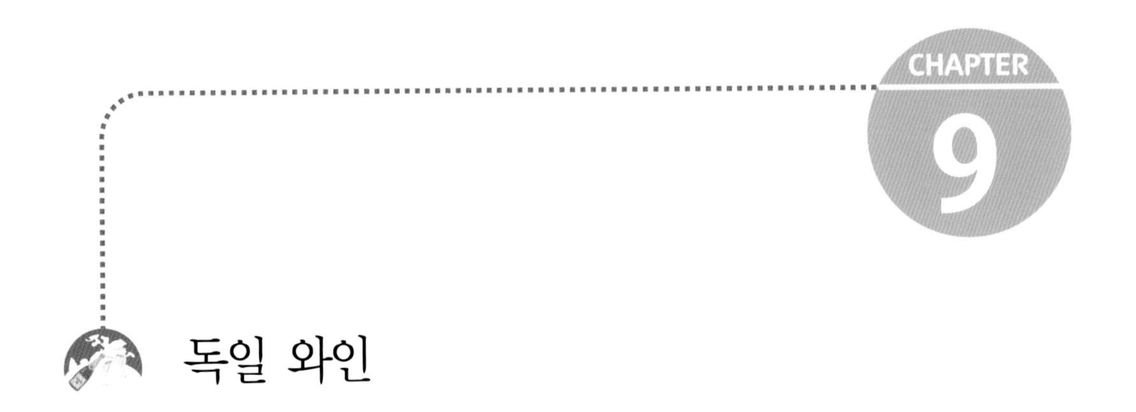


# 독일 와인

## 1 지역 개관

독일 와인의 역사는 로마시대로 거슬러 올라간다. 고대 로마인이 기원전 100년경에 지금의 독일지역을 정복하였고 이윽고 포도재배가 시작되었다. 당시 라인강과 모젤강 일대에 리슬링(Riesling) 품종으로 계량 발전된 야생 포도가 무성했다고 한다.

3세기에 들어서 와인황제로 불리는 로마 황제 프로브스(276~282)에 의해 포도재배가 장려되었다. 4~6세기 동양계의 훈족의 침입으로 게르만 민족은 남서부의 식량과 경작지를 찾아 대이동을 시작했다. 이시기 많은 포도나무를 뽑고 다른 작물을 심어 버리고 만다. 이 대이동에 의해 로마 제국의 멸망과 함께 와인 역사도 암흑의 350년간의 중세의 시대를 보내게 된다.

8~9세기에는 서유럽을 정복 통일한 프랑크 왕국의 칼 대제(742~814)는 황폐한 포도밭의 재건에 착수하여 교회와 수도원은 물론 일반 농민에게도 포도재배나 와인 양조 전수, 보급에 힘썼다. 다시 와인 양조가 발전하고 품질이 향상되었으며 라인가우에서도 포도재배가 시작되었다.

1130년경에 지금의 요하니스베르그(Schloss Johannisber) 성의 전신인 베네딕트파의 수도원이 요하니스베르그 언덕에 건설되었다. 1135년에는 중세시대 최대 규모인 시토파의 수도원 크로스타 에베르바흐(Kloster Eberbach)가 설립되었다.

1618년 30년 전쟁이 발발하여 1648년까지 계속되었고 이 전쟁으로 독일 전 국토가 황폐해졌고 1863년에 유럽대륙을 강타한 필록세라가 1895년 독일에 퍼지는 등의 피해로 당시 15만ha였던 포도밭이 5만ha로 검소했고 다시 10만ha까지 포도밭이 회복된 때가 1914년이 되어서였다.

독일 와인은 과거에는 대부분 드라이한 와인이었으나, 이 시기 여과기술과 스테인리스 탱크에서 발효를 도중에 중지시켜 만드는 슈스레제르베(Sussreserve)의 기술이 도입하여 대부분의 독일 와인은 약간 단맛이 있는 와인으로 생산하였다. 이것은 1930년경부터 시작되었으나, 본격화된 것은 1950년 이후로 이것이 독일 와인의 특징이 되어 세계에 널리 알려진 요인이기도 하다.

1950년대 중반까지는 독일 와인은 그 명성이 높았으나, 그 이후 포도재배에 대한 국가적인 사업의 일환으로 광범위한 지역에 뮐러 투르가우(Müller-Thurgau)를 비롯한 다른 신품종의 포도를 심어 포도 생산성향상을 위해 화학비료, 살충제와 제초제를 사용하여 와인 산업의 산업화를 가속화 한다.

그 결과 타펠 바인(Tafelwein: 테이블 와인)과 같은 저렴한 와인을 대량 생산하여 해외 소비자에게 독링 와인의 이미지는 추락하게 된다. 1996년 독일의리슬링의 재배면적이 다시 1위로 올라선 서고 2005년 뮐러 투르가우(Müller-Thurgau)의 재배면적은 14%를 겨우 웃도는 수준으로 감소했다. 2000년대 중반에 들어서면서 독일의 재배자들 사이에선 레드 품종들의 인기가 급상승했다.

슈파트브르군더(Spätburgunder)의 재배 면적은 무려 3배 증가하여 이제 뮐러 투르가우에 크게 뒤지지 않게 되었다. 현재 독일 전체 포도밭의 약 40%가 레드 품종을 재배하는데 가히 혁명적 변화라 할 수 있다.

이에 반비례하여 재배면적이 크게 줄어든 것은 1980년대 라인 헤센(Rheinhessen)과 팔츠(Pfalz)지역에서 인기를 끌었던 화이트 교배 품종들이었다. 원래 숙성도를 획기적으로 높이기 위해 개발한 품종이었으나 조악하고 지나치게 강한 향과 겨울의 추위에 취약하여 도태되었다.

최근 다시 한번 드라이 와인에 대한 수요가 증가하고 있다. 즉 요리와 와인의 조화를 중시한 드라이 와인(Troken), 세미 드라이 와인(Half Troken) 타입의 와인이 만들어지고 있고 현재에 이르러서는 독일 국내 생산의 50%를 넘고 있다.

## 2 독일 와인의 특징

독일 와인은 당분과 산미의 발란스를 기본으로 한 신선하고 프루티 한 맛과 향을 갖는 비교적 알코올이 낮은 우아한 와인 스타일과 다른 한편으로는 오크 통을 이용한 양조 과정을 거친 탄닌이 강조되고 농후하며 복잡한 타입의 와인 스타일로 크게 구분할 수 있다.

와인의 당도는 드라이 타입이 56%, 스위트 와인이 44%이다. 최근에는 도른펠더(Dornfelder)나 슈페트부르군더(Spaetburgunder) 등으로부터 만든 훌륭한 품질의 드라이 레드 와인과 리슬링(Riesling), 그라우부르군더(Grauburgunder), 바이스부르군더(Weissburgunder) 등으로 만드는 드라이 화이트 와인이 세계적으로 높은 평가를 받기 시작했다.

### 1) 독일 와인 용어

(1) 바이스 바인(Weisswein): 화이트와인

(2) 바인(Wein): 레드 와인

(3) 로트 바인(Rotwein): 로제 와인

레드 와인용 포도로 짧은 침용 과정을 통해 옅은 로제 와인 색을 얻는다.

① 바이스헤릅스트(Weissherbst)는 로제 와인의 일종이다. 조건은 최소한 크발리테츠바인(Qualitaetswein: 품질와인) 이상이어야 하고 포도 품종은 라벨에 명시되어야 한다.

② 로트링(Rotling): 적포도와 백포도를 혼용하여 파쇄 또는 각 포도즙을 혼용하여 생산하는 방식이다.

③ 쉴러와인(Schillerwein)은 로트링의 일종으로 비텐베르크 지방의 크발츠테츠바인(품질와인) 또는 프레디카츠바인(Prädikatswein) 등급에서만 사용 가능하다.

④ 바디쉬 로트골드(Badisch Rotgold)는 로트링의 일종이다 바덴 지방에서 그라우부르군더와 슈페트부르군더 품종으로 생산된 품질와인 또는 프레디카츠바인 등급에서만 사용 가능하다. 포도 품종은 함유양에 따라 라벨에 적어야 하며, 그라우부르군더의 사용이 더 많아야 한다.

### (4) Sekt(젝트)

도이처 젝트(Deutscher Sekt: German Sparkling Wine)라는 상표를 가진 스파클링 와인은 독일에서 생산된 포도로만 만들어진다. 최고의 젝트 중 몇 가지는 크발리테츠샤움바인 b.A(Qualitaets schaumweine b.A) 또는 젝트 b.A(Sekt b.A.)로 포도재배지역이 명시된 스파클링 와인으로 생산한다.

## 2) 와인 라벨

### (1) 와인 라벨

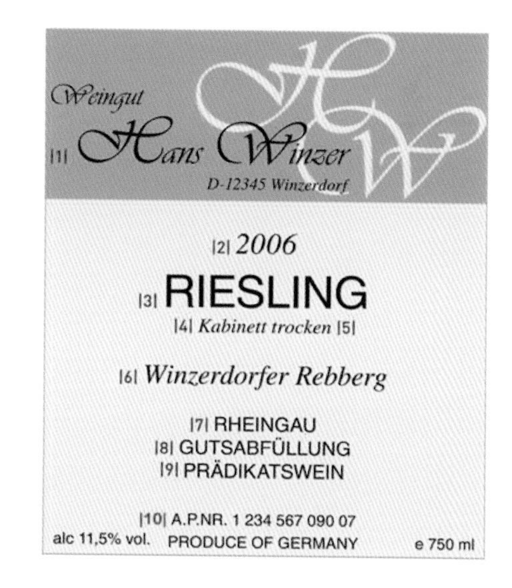


① 와인 브랜드
② 빈티지
③ 품종
④ Kabinett 등급
⑤ 당분 함유량
⑥ 생산마을 & 포도밭
⑦ 생산지역
⑧ 생산자
⑨ 프레디카츠 등급
⑩ Amtliche Prüfungs nummer(A. P. Nr)

크발리테츠바인(Qualitätswein), 프레디카츠바인(Prädikatwein)에 기재 사항

A. P. Nr 1 234 567 090 07

- 1: 지역 컨트롤 센터 번호
- 566: 병입자 소재지 인식 번호

- 234: 병입자 인식 번호
- 567: 특정 로트 번호
- 07: 검사 연도

(2) 대표적인 와인 라벨 용어

- **양조장관련**: Weingut(와이너리), Winzergenossenschaft(와인생산조합), Kellerei(양조장)
- **당도관련**: Trocken(드라이), Halbtrocken(미디엄드라이), lieblich/sues(스위트), edelsuess(노블스위트)

## 3 포도 품종

### 1) 화이트 주요 품종

독일의 화이트와인은 과거부터 명성이 높고 특히 라인가우와 모젤 지방의 와인은 세계적으로 유명하다. 독일의 화이트와인은 알코올 함량이 비교적 낮은 편이며, 신선하고 균형 잡힌 맛으로 좋은 화이트 와인 중 하나이다.

#### (1) 리슬링(Riesling)

독일의 대표적 품종으로 가장 위대한 독일 품종으로 알려져 있다. 재배 면적은 전체의 21%로 라인가우와 모젤 지방이 명성 높은 산지이다. 광범위하게 재배하며 통상 10~11월 초에 걸쳐서 늦게 성숙하는 만숙종 품종으로 늦 수확 와인용으로 적합하다.

긴 생육기간에 풍부한 아로마가 형성되며, 숙성에 의한 감미와 산미의 균형이 생긴다. 풍부한 과일 향을 갖으며 높은 산미와 강한 구조로 장기숙성에 적당하다.

#### (2) 뮐러 투르가우(Mueller-Thurgau)

1880년대 초기 개발되어 지금도 독일에서 광범위하게 재배되는 품종으로 재배 면적은 전체의 17%를 차지한다. 이 품종은 리슬링과 실바너의 교배종으로 투르가우(Thurgau) 출신의 밀러(H. Mueller) 박사가 1882년 독일의 가이젠하임 연구소에서 개발하였다.

장점은 조생종으로 빠르면 9월에 충분히 익기 때문에 가을 수확기에 날씨가 좋지 않은 경우에도 수확을 기대할 수 있다.

(3) 실바너(Silvaner)

실바너는 고전적 품종으로 재배면적은 전체의 6%를 차지하고 있다. 포도 알의 크기는 중간 정도이며 포도즙의 농도는 묽은 느낌을 주며 리슬링 보다 약간 일찍 익는다.

(4) 샤르도네(Chardonnay)

1990년대에 독일에서 재배되기 시작하였다. 1992년 이래로 매년 약 60ha의 재배 면적의 꾸준한 상승을 보이고 있다. 샤르도네는 백지장 같은 품종이다. 발효와 숙성의 방식에 따라 다양한 와인 스타일의 창조가 가능하며 다양한 음식과의 조화가 가능한 장점이 있다. 샤르도네는 그라우부르군더 및 바이스부르군더와 함께 오크 통 숙성 와인의 대표적인 품종이다.

## 2) 레드 주요 품종

프렌치 파라독스(French Paradox)의 영향으로 건강에 대한 인식이 높아져 레드 와인의 소비가 증가하였으며 지구 온난화에 따른 독일 내 포도재배 환경의 변화로 레드 와인 품종 재배가 급격히 증가하였다.

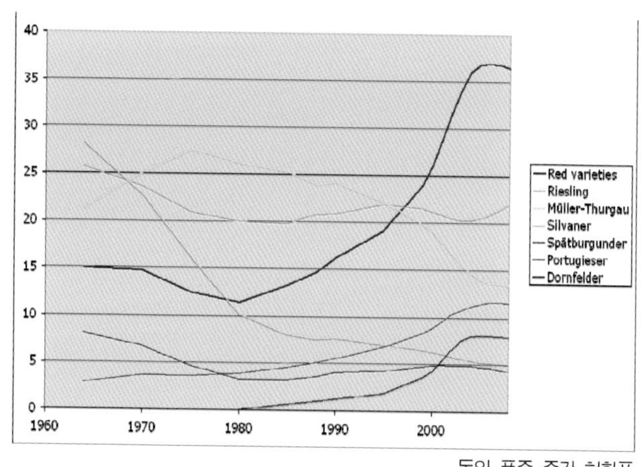

독일 품종 증감 현황표

한때 세계 최고가의 와인으로 군림했던 독일의 리슬링에 비하여 오랜 세월을 비주류로 보내고 있던 레드 와인으로 독일은 화이트와 레드 간의 균형이 결여된 정체성을 갖고 있었다

독일 레드의 수준은 화이트에 많이 뒤처져 있다는 평가를 받아왔으나 최근 독일의 슈페트부르군더(Spaetburgunder)가 블라인드 테이스팅(Blind Tasting)에서 좋은 평가를 받기 시작했다.

기존의 과일 향이 풍부한 가벼운 스타일의 대중 와인 생산에서 프렌치 오크 숙성과 같은 양조기술을 도입으로 와인의 복합 미와 구조, 바디를 보강하여 고급 와인을 생산하고 있다.

#### (1) 슈페트부르군더(Spaetburgunder)

프랑스에서는 피노 누아(Pinot Noir)로 불리는 품종으로 화이트 와인인 리슬링의 아성에 도전하는 독일 레드 와인의 대표 품종이다. 인접한 프랑스의 브르고뉴 지방에서 도입된 품종으로 우아하며 독특한 향을 가졌고 포도 알은 작으며 생육기간이 원래는 짧은 품종이나 독일에서는 만숙종이다. 팔츠 와 바덴의 떼루아에 가장 적당하며 과실향미가 풍부한 와인을 만든다.

#### (2) 포르투기저(Portugieser)

포르투기저는 포르투갈과는 아무 관련이 없으며 오스트리아의 다뉴브강 유역 지방에서 독일에 유입된 품종이다. 생육 기간이 짧은 품종으로 와인은 풍부한 풍미가 부드러워 가볍게 마실 수 있어 일반 식탁에서 폭넓게 사용된다.

#### (3) 트롤링거(Trollinger)

약 2,600ha의 재배 면적으로 비텐베르크(Wuerttemberg) 지방에서만 재배되고 있다. 품종 명에서 북 이탈리아의 남부 티롤(Sued Tirol) 지방이 원산지로 추정된다. 와인은 향기가 많고 화려하며 과실 풍미로 경쾌한 산미와 풍부한 맛이 있다. 영한 와인일 때 마시는 것이 좋다.

#### (4) 도른펠더(Dornfelder)

1979년, 124ha의 재배 면적에서 시작한 도른펠더는 오늘날 약 6,600ha의 면적에서 재배되며, 독일의 레드 와인용 품종으로서 슈페트부르군더 다음의 중요한 자리를 차지하였다. 팔츠와 라인헤센(Rheinhessen)에서 약 40% 재배된다. 와인의 빛깔은 진한 검붉은 색을 나타내며, 과실 향이 풍부하며 가끔은 담배잎 향이 나기도 한다.

## ④ 독일 와인의 등급 체계

1971년에 시행한 와인법에 의해 품질분류가 이루어졌으며 1982년 수정되고 1990년 10월 3일 독일이 통일됨에 따라 다시 개정, 이후 2006년 개정을 통해 현재에 이르고 있다. EU에 속한 독일은 EU의 유럽 표준(European Standard)에 의해 와인 등급을 2개의 품질의 영역. 즉 품계를 설정하고 있다. 그 하나가 테이블 와인(Table wine)이고 다른 하나가 퀄리티 와인(Quality wine)이다.

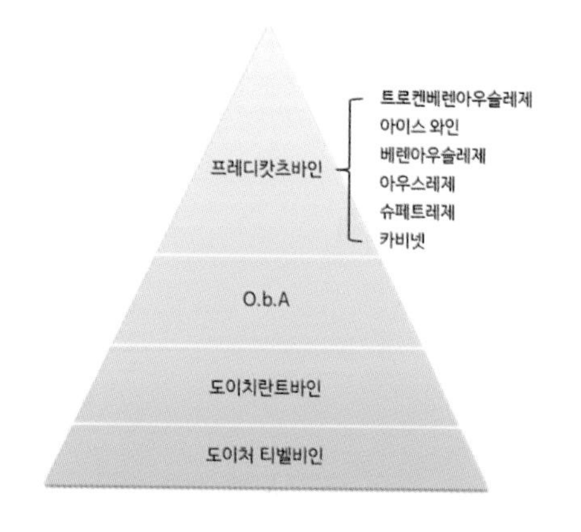


테이블 와인은 타펠바인(Tafelwein)과 란트바인(Landwein)을 말하고 퀄리티 와인은 크발리테츠바인(Qualitätswein), 프레디카츠바인(Prädikatwein)을 말한다. 이중 프레디카츠 바인(Prädikatwein)은 최상위 품질을 가진 와인으로 수확시의 포도 당도에 따라 6개의 레벨로 다시 구분된다.

### 1) 테이블 와인(Table wine)

독일 타펠바인(Deutscher Tafelwein)은 평범한 테이블 와인으로 독일내에서 대부분 소비된다.

### 2) 도이츠 란트바인(Deutscher Landwein)

지역 와인으로 프랑켄을 제외한 19개의 지역에서 생산된다. 반드시 생산지역을 표시해야 하며 보당이 허용된다. 트로켄(Tro)과 하프트로켄만 생산된다.

### 3) 퀄리티 와인(quality wine)

독일의 물리학자 페르디난드 옥슬레(Ferdinand Oechsle: 1774~1852)이 1830년에 획기적인 과즙의 당도를 조사할 수 있는 비중계를 발명했다.

이 방법은 지금까지도 독일의 품질 풍질 평가에 큰 공헌을 했고 지금도 이 방법이 품질의 등급을 분류하는데 사용되고 있다. 포도즙 비중은 와인의 기대 품질을 가늠케 하며 비중계로 표시되는 수치를 옥슬레(Oechsle)라고 부른다

포도즙의 비중은 20°C의 온도에서 물 1리터의 비중에 대한 포도즙 1리터의 비중을 나타낸다. 포도즙의 특별한 밀도라고 할 수 있다. 만일 이 비중이 1,076이라고 한다면 포도즙은 76°Oe.(옥슬레)이다. 이 당도에 의해서 예상 가능한 최대의 알코올 수치가 계산된다.

### (1) 크발리테츠바인(Qualitätswein) 51~72°Oe

2006년 법개정으로 크발리태츠바인 베스팀터 인바우게비테쿼드(QbA: Qualitätswein Bestimmter Anbaugebiete)가 2년의 유예기간을 거친 후 크발리테츠바인(Qualitätswein)으로 간략하게 표기하게 되었다.

그 조건은 다음과 같다.

- 13개의 와인 생산지 중 하나의 지구에서 재배된 포도만으로 만든 와인일 것
- 그 지구에서 고급와인 품종으로 추천 또는 허가된 품종으로 만든 와인일 것
- 최저 알코올이 7°이상일 것
- 좋지 않은 빈티지일 경우 가당이 허가되어 있지만 제한적이다.
- 품질 검사합격번호(A. P. Nr): 공인된 테스트 넘버를 라벨에 명시할 것

### (2) 프레디카츠바인(Prädikatwein)

2006년 법개정으로 쿠발리태츠바인 및 프레디카츠(QMP: Qualitätswein mit Prädikat)이 2년의 유예기간을 거친후 프레디카츠(Prädikatwein)으로 간략하게 표기하게 되었다.

그 조건은 다음과 같다.

이 Prädikat wein은 Qualitätswein보다 당도 옥슬레(oechsle)가 높은 고급 와인 등급이다.

Prädikatwein은 어디까지나 수확된 포도알의 당분의 당도를 기준으로 한 것으로 특별한 밭에 정해진 것이 안닌 독일전역에서 생산된다.

Prädikatwein은 다음 6단계로 구별되어진다(다음의 옥슬레 기준은 모젤(Mosel) 지방이다).

| 수확한 포도의 최소 당도 수준 | 원산지 명칭 보호(P.D.O.) | 와인 스타일 |
|---|---|---|
| Low | 크발리테츠바인 / 프레디카츠바인<br>Qualitätswein / Prädikatswein | 드라이 ~ 미디움 스위트 |
| ↓ | 카비넷 Kabinett | 드라이 ~ 미디움 스위트 |
| | 슈페트레제 Spätlese | 드라이 ~ 미디움 스위트 |
| | 아우스레제 Auslese | 드라이 ~ 스위트 |
| | 아이스바인 Eiswein | 스위트만 |
| | 베렌아우스레제 Beerenauslese | 스위트만 |
| High | 트로켄베렌아우스레제 Trockenbeerenauslese | 스위트만 |

① 카비넷(Kabinett): 67~82 °Oe

프레디카츠바인에서 가장 낮은 등급의 와인으로 일반적으로 비슷한 시기에 수확한다. 크발리태츠바인 보다 좋은 위치에 있는 포도밭에서 잘 익은 포도이기 때문에 가당은 하지 않는다. 최저 알코올 7° 이상이다. 카비넷은 독일 와인 중에서 음식과 가장 잘 어울리는 와인으로 손꼽힌다.

② 스파트레제(Spatlese): 76~90 °Oe.

늦 수확이란 뜻을 가진 슈패트레제는 늦게 수확한 충분히 잘 익은 포도로 만든다. 최저 옥슬레는 산지나 품종에 따라 다르고 포도 수확시기는 통상적인 수확이 끝난 후 적어도 1주가 지난 후가 일반적이다. 최저 알코올 7°이상이다.

③ 아우스레제(Auslese): 83~100 °Oe

최저 옥슬레는 산지나 품종에 따라 달라진다. 포도 알이 충분히 익은 과숙 한 포도알을 선별하여 수확한다. 일반적으로 아우스레제는 날씨가 충분히 따뜻한 최고의 해에만 만들 수 있다. 대부분의 아우스레제는 향과 감미가 풍성한 와인이다. 최저 알코올 7°이상이다.

④ 베렌아우스레제(Beerenauslese): 110~128 °Oe.

귀부(Botritis Cinerea) 영향을 받은 포도와 과숙 상태의 포도로 만들어진다. 최저 알코올 5.5° 이상이다.

⑤ **아이스 바인**(Ice Wine:); 110~128 °Oe

아이스 바인용 포도

최저 당도는 베렌아우스레제 규정과 같다. 사람의 손이 개입하지 않고 자연 상태의 상태로 나무에 둔 채 날씨에 의해 언 포도를 수확해서 압착한 과즙으로 만든다. 아이스 바인은 독일에서 가장 위대하고 또 가장 희귀한 특산품 가운데 하나다.

당도와 산도가 서로 쌍벽을 이루면서 놀라울 정도의 강도를 자랑한다. 일반적으로 수확은 다음 연도에 행해지고 온도가 올라가면 포도의 수분이 녹아서 와인에 희석되기 때문에 수확은 새벽에 시작해서 아침 일찍 마무리 짓는다. 언 포도로 만든 아이스 바인은 귀부 포도로 만드는 베렌아우스레제나 트로켄 베렌아우스레제와는 상당히 다른 맛을 낸다. 최저 알코올 5.5°이상이다.

⑥ **트로켄 베렌아우스레제**(Trokenberrenasulese): 150~154 °Oe

독일의 트로켄 베렌 아우스 레제(T.B.A)는 프랑스의 소떼른과 매우 비슷한 방식으로 만들어 지지만 맛은 현저히 다르다. T.B.A는 대체로 알코올 함량이 반 정도에 불과 하기 때문에 입안에서 훨씬 더 가볍게 느껴진다. 쏘떼른보다 두배가량 더 달콤하면서도 산도 또한 훨씬 높아서 더 멋진 균형을 자랑한다. 최저 알코올 5.5°이상이다.

### 독일 스위트 와인 등급의 시초 - 슈페트레제(Spätlese)

독일의 와인 등급 체계 중 최고급에 속하는 과거 Q.m.P- 현 프레디카츠바인(Prädikat wein)은 현재 여섯가지 등급으로 세분되나 과거에는 존재하지 않았다. 그러나 아무도 예측 못한 사고로 '슈페트레제'가 탄생하면서 독일의 포도주 등급은 지금같이 복잡한 체계를 갖추게 되었다. 왜냐하면 슈페트레제 이상의 등급인 아우스레제 등은 실상 우연히 잘못 태어난 슈페트레제에서 아이디어를 얻어 파생된 연관 제품이기 때문이다.
1775년 독일에서 있었던 일이다. 라인가우(Rheingau)지역에 소재한 요하니스베르크(Johanisberg) 성에는 주변에 많은 포도원을 소유하고 있던 한 수도원이 있었다. 때는 늦은 여름, 수도원의 포도재배와 포도주 제조를 책임지고 있던 수사는 예년과 같이 포도를 수확해도 좋은지를 알아보려고 전령편으로 150km 떨어져 있는 풀다(Fulda)에 주재하고 있던 대주교에게 잘 익은 포도 몇 송이를 보냈다. 대주교의 허락 없이 포도수확을 할 수 없기 때문이다. 그런데 통상 일주일이면 돌아오던 전령이 왠 일인지 돌아올 때가 지났는데도 오지를 않았다. 설상가상으로 날씨가 너무 좋아 하루가 다르게 포도는 익어갔고, 급기야는 포도가 썩어가기 시작했다.

3주일이 지나서야 돌아온 전령은 "대주교님께서 포도를 수확해도 좋다고 말씀하셨다."는 말을 전한다. 일부는 썩었지만 부랴부랴 그때까지 운 좋게 남아있던 포도를 수확하여 와인을 만들었다. 제대로 와인이 만들어지리라 라는 기대는 애당초 하지도 않은 채 와인이 숙성이 되어갔다.

이듬해 봄, 풀다에는 인근 각 지역의 포도원에서 생산된 포도주의 샘플이 집결되었다. 풀다 대교구에서 인근 수도원에서 생산된 포도주를 시음해보고, 사용 여부를 점검하기 위해서다. 포도주 전문가인 신부님이 각 샘플을 차례로 맛보다가 갑자기 완전히 다른 술 맛을 보게 되자 깜짝 놀란 표정으로 이 술을 가지고 온 전령에게 물어보았다.

"이게 무슨 포도주냐?"

갑작스런 질문을 받은 전령은 엉겁결에 대답했다.

"슈페트레제(Spätlese): 늦게 수확했다."

이로써 독일 최초의 늦 수확 와인인 슈페트레제가 탄생하게 되었고 이를 계기로 과숙한 포도로 만든 아우스레제(Auslese)와 아우스레제를 만들려는 욕심에 갑자기 닥친 겨울로 얼린 포도로 만들어진 아이스 바인(Ice Wein)의 시초가 되었다. 또한 과숙 중 생성된 귀부 포도로 만들게 된 베렌아우스레제(Trokenberrenasulese)와 트로켄 베렌아우스레제(Trokenberrenasulese)의 시초도 되기 때문에 독일 스위트 와인 등급의 역사적 사건이라 불리고 있다.

요하니스베르크(Johannisberg)성에는 슈페트레제 와인을 최초로 만들게 한 이 전령의 동상이 서 있다.

1775년 전령의 동상

### (3) 새로운 품질 등급

앞에서 언급한 와인 등으로 해외시장에서 유명한 독일 와인은 스위트 와인의 이미지가 강하지만 독일에서 주로 생산되는 와인은 드라이 와인이다.

독일의 품질등급에 관한 분류는 독일 와인의 판매에 어려움을 주었던 것이 사실이다. 이에 독일은 전세계적으로 증가하는 드라이 와인 판매에 2000년 빈티지부터 새로이 클래식과 셀렉션이라는 드라이한 고급 와인을 명칭을 도입했다.

"라벨에 클랙식이나 셀렉션이 적혀 있다면 이는 드라이한 고급 와인을 뜻하며, 또한 그 품질의 보증이기도 하다. 클래식은 평균이상의 드라이 와인을 뜻하며, 셀렉션은 최고급 드라이 와인을 뜻한다. 클랙식과 셀렉션은 소비자로 하여금 와인의 구매 시 보다 간편한 선택을 가능하게 한다."라고 언급하고 있으나 현재 이 등급은 유명 생산자들에게 호응을 받지 못해 현재 일상 소비용 드라이 와인이라는 이미지가 강하다.

### (4) 생산자 협회

VDP(Verband Deutscher Prädikatsweingüter)는 독일 와인의 최고 등급인 프레디카츠바인을 생산하는 생산자들이 모인 회원 단체이다. 1910년 설립되었으며 2003년에는 회원수가 200이 넘었으며 독일 포도밭의 3%를 차지하고 있고 병목이나 라벨에 VDP로고와 독수리 로고가 붙어있는데 이 마크가 붙으면 독일에서 가장 고급 와인에 속한다고 볼 수 있다.

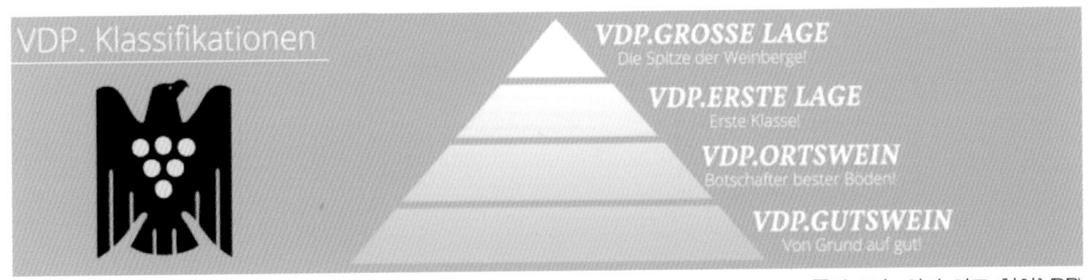


독일 우수 와인 양조 협회(VDP)

VDP에는 4단계의 품질 기준을 갖고 있으며 이것은 보르도의 샤또 등급과 브르고뉴의 토양등급을 합친 방식으로 와인은 포도원 별, 토양 별, 등급 체계의 포도밭 별로 특정

토지에 품종 별로 구분하였다. 각지역의 VDP는 인정된 각 지역 전통품종을 80% 이상 사용하고 수확량은 75hl/ha 이하로 아우스레제 및 완숙한 품질이 높은 포도는 손 수확 등의 규정이 있다.

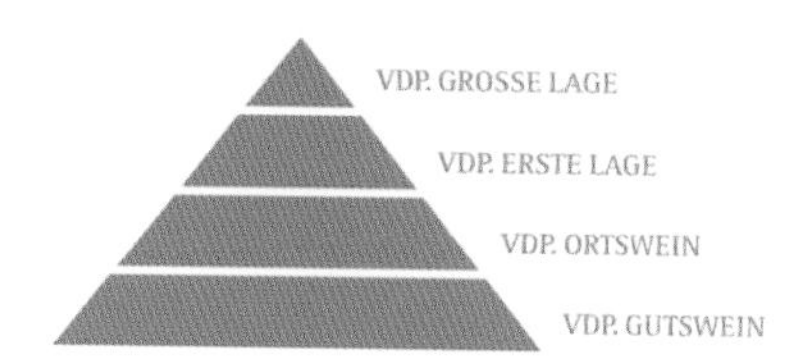


① 그로세스 라게(Grosse Lage)

브르고뉴의 그랑 크뤼 급 와인으로 모젤 지역에서 에르스테 라게(Erste Lage), 라인가우 지역은 에르스테스 게벡흐스(Erstes Gewächs) 그외 지역은 그로세스 게벡흐스(Grosses Gewächs)라고 한다.

지정된 산지에서 생산되는 최고급 드라이 혹은 스위트 와인으로 생산량은 50hl/ha 이하이며 포도 품종, 재배 방법 등의 규제를 받는다. 수확 당시 당도는 슈패트레제(Spatlese) 이상이어야 하며, 손 수확 및 선별과 VDP 관능검사가 의무적이며, 전체 1등급 생산량의 1/3만 받을 수 있다.

이 등급에 해당하는 와인 중에서 드라이한 경우에는 Grosses Gewächs(그로쎄스 게벡흐스) 라고 표시한다. 약자인 GG가 각인된 병을 사용한다.

② 에어스테스 라게(Erste Lage)

브르고뉴의 프리미에 크뤼 급 와인으로 전통방법으로 수확하고 훌륭한 떼루아를 가지고 있는 와인 농장에 부여되며, 60hl/ha로 수확량을 제한한다. 포도는 모두 손으로 수확해야 한다.

③ 오르츠바인(Ortswein)

브르고뉴의 빌라쥬 급 와인으로 전통방법으로 재배, 수확하고 75hl/ha로 수확량을 제한한다.

④ 굿츠바인(Gutswein)

브르고뉴의 지역 와인 급 와인으로 80% 이상의 비율로 전통적인 방법으로 재배 수확하고 수확량은 75hl/ha로 제한한다.

## ⑤ 주요 생산지

독일의 포도밭은 땅속 깊이에 따라 아주 다양한 토양을 보여준다. 이는 기후와 함께 포도밭의 지역적 위치에 따른 중요한 조건이다. 모든 종류의 토양이 모든 품종에 맞는 건 아니므로 독일 와인이 획일적이지 않고 다양함을 보여줄 수 있는 이유이다.

남서부와 남부의 계곡은 라인 강과 그 지류인 엘베 강, 잘레 강, 운슈트루트 강을 따라 포도재배를 위한 최고의 조건을 충족시킨다. 태양은 평야보다 비탈진 재배지에 더 강하게 내리쬐고 남부의 재배지는 더 긴 일조 시간을 갖는다.

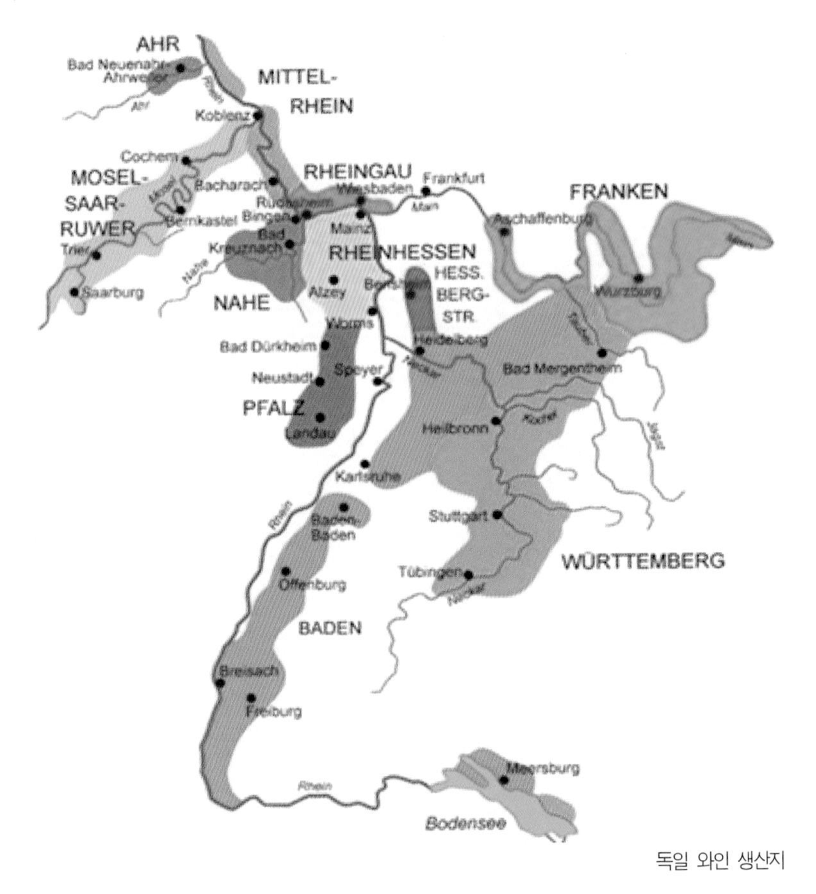

독일 와인 생산지

가을에는 강에서 일어나는 안개가 포도밭을 뒤덮어 한기로부터 포도밭을 지켜준다. 이러한 자연조건이 비교적 수확이 늦은 북쪽에 위치한 포도밭의 혹독한 기후 조건을 완화 시켜 준다.

독일의 여름 아침은 빨리 밝아오고 해는 아주 늦게 진다. 이 긴 일조 시간에 의해 기온은 낮지만 포도는 부드럽게 익어간다. 급경사의 땅에 돌로 쌓아서 만든 포도밭이나 슬레이트석이 많은 포도밭 등에서는 그 돌이 낮 동안의 열을 흡수해서 야간은 포도밭에 열을 공급해 준다. 이처럼 독일의 포도밭에는 포도재배에 매우 좋은 조건들이 갖추어져 있다. 독일의 대표적인 포도밭은 남향의 급 경사면에 만들어져 있다. 계곡과 강줄기가 내려다 보이는 지역에도 몇군데 있지만 대부분 강 주변에 있다. 독일의 포도밭은 남쪽은 평탄한 지형이나 따뜻한 언덕지형으로 북쪽은 급 경사면의 남향에 만들어져 있다.

계곡과 강줄기가 내려다 보이는 지역으로 그 대부분이 강의 가까운 곳에 있어 강물이 그 일대의 기후를 부드럽게 만들어주고 추운 북쪽 지방의 포도재배를 도와준다. 즉 태양열을 수면에 반사하고 포도밭에 햇볕을 반사하여 낮이나 밤 동안 안정적인 온도를 유지하는 역할을 다하고 있다.

가을에는 수면으로부터 일어나는 노을이나 안개가 겨울의 시작을 알리는 최초의 한파로부터 포도를 보호해 주고 이와 같은 기상에 각각의 포도밭들 특유의 미세 기후(Micro-climate)를 보여준다. 또한 다른 와인 생산국에 비해 북쪽인 독일의 위치는 온화한 기후를 가지며 포도들은 남쪽 지역에서 보다 긴 성숙기간을 갖는다. 이것이 다른 나라에서는 수확이 이미 끝난 시점 임에도 독일에서 10월과 11월에 포도 수확을 하는 이유이다. 포도는 나무에 더 오래 매달려 있을수록 더욱 성숙한다.

이로서 더 많은 향기와 보다 풍부한 미감을 가져다준다. 느린 성숙기는 포도가 산미를 유지하는 것을 가능케 하고 이로 인해 독일 와인은 자극적이고 신선하며 상쾌한 미감을 갖게 된다. 독일 와인은 대체로 자연적으로 특성 있는 산미와 상쾌한 맛 때문에 지방, 단백질, 강한 맛 등과 조화를 이루는 특징이 있다. 그리고 미각을 새롭게 하며 식욕을 돋우어 주기도 한다. 음식의 맛이 섬세하고 부드럽다면 와인도 음식에 걸맞게 부드럽고 섬세한 스타일의 독일 와인이 잘 어울릴 것이다.

독일 와인 생산지는 세계의 포도재배지중에서도 대부분 북위 47~52°의 북방 한계선 범위 내에 있다. 그 외에 산지로는 구 동 독일의 영토였던 북위 52°로 가장 북쪽의 잘레, 운스트르트, 남동쪽의 작센을 포함하여 13개의 특정 생산지구(Beatimmtes Anbaugebiet)로 구분한다.

숫자로 보면 지역 와인에 해당하는 란트바인 생산지구(Landweingebie)가 19개 가장 큰 와인 산지 단위이며 지역(Resion)에 해당하는 안바우게비테(Beatimmtes Anbaugebiet)가 13개, 와인을 생산하는 마을 또는 구역(District)에 해당하는 포도원 구역인 베라이히(Bereich)가 39개, 몇 개의 포도밭이 모여서 이루어진 선별포도재배지로 영어로는 Collective vineyard에 해당하는 포도원 집단군인 글로스라게(Glosslage)가 167개, 마지막으로 단일 포도원(Einzellage) 2,658개로 구성되어 있다.

이중 글로스라게(Glosslage)는 식음료 분야와 수출 분야에서 브랜드화 되어 와인 구매에 도움을 주며 단일 포도원은 최고급 와인의 차별적인 조건을 보여준다.

### 1) 아르(Ahr)

유럽에서 가장 북쪽에 위치한 재배지중 한 곳으로 이곳은 점판암, 석회질 그리고 황토질 토양으로 슈파트브르군더 종과 포르트기저 품종이 재배되고 특히 가 볍고과실미가 풍부한 레드 와인이 생산된다.

가벼운 스타일의 레드가 88%, 화이트를 12% 생산하고 화이트 와인용 품종은 리슬링과 뮐러 투르가우가 대부분이다.

독일 최북단에 위치하고 있지만 아르의 "V"자 형태의 계곡에서 재배되는 스페트부르군더는 특별한 떼루아로 인기가 높다.

### 2) 모젤(Mosel)

모젤 강을 따라 완전히 굽어 흐르는 150mie의 길의 양 편에 포도밭이 있으며, 남쪽으로부터 모젤 강으로 흘러 들어오는 2개의 지류인 자르 강과 루버 강의 포도밭을 포함하고 있다.

이곳은 회색의 슬레이트(Slate) 토양에서 자라는 리슬링(Reisling)으로 유명하다. 이처럼 먼 북쪽에서 리슬링이 잘 익으려면 밭의 입지가 아주 좋아야만 한다. 훌륭한 밭들은 햇볕을 잘 반사하는 수면을 향해 가파르게 내려가는 남향의 비탈에 위치한다. 경사면의 비탈이 가파를수록 훌륭한 와인 이 나오는 경향이 있지만 그만큼 일하기도 힘들어지기 때문에 포도재배 및 생산에 어려움이 있다.

반면, 평지에 있는 뮐러 투르가우 품종의 밭들은 점차 더 수익성이 좋은 방향으로 용도가 바뀌고 있는 추세이며 따라서 전체 포도재배 면적도 줄어들고 있다.

모젤 강과 그 지류인 자르 강과 루버 강 유역의 와인은 경쾌하며 과실 풍미가 있고, 향기가 매우 짙으며 색은 엷고 산미가 강한 것이 특징이다. 모젤 와인은 섬세한 과실 풍미가 가득한 것에서부터 흙냄새까지, 스파이시한 맛에서 담백한 맛까지 다양하다. 이러한 다양성은 점판암 질 토양에 의해서 생성된 것이다. 약간의 탄산가스가 발생되는 것도 가끔 발견되기도 한다.

리슬링은 남향의 급 경사면에서 잘 자라며, 특히 자르, 루버 지구의 빌팅엔(Wiltingen)과 샤르츠호프베르크(Scharzhofberg)의 주변에서 훌륭한 리슬링이 재배되고 있다. 모젤 강 중류에는 베른카스텔(Bernkastel), 피스포르트(Piesport), 그라하(Graach), 젤팅엔(Zeltingen), 에르덴(Erden) 등 유명한 마을들이 많다. 뮐러 투르가우는 물론 로마시대부터 재배되어 온 고대품종 엘블링(Elbling)도 이 지역에서 재배되고 있다. 주요 와이너리로는 바인구트(Weingut), 프리츠 하그(Fritz Haag)가 있다.

자르 지역의 샤르츠호프베르그(Scharzhofberg) 포도원이 가장 유명하며 이 포도원은 커다란 명성 때문에 예외적으로 포도원이 속해 있는 빌팅겐(Wiltiongen) 마을의 이름을 표시하지 않고 생산된다.

에곤뮐러 샤르츠호프베르그

에곤 뮐러(Egon Muller)는 샤르츠호프베르그의 가장 좋은 위치에 총 21ha의 포도원이 있으며, 전통주의를 고수하며 환경 친화적으로 양조한다.

에곤 뮐러는 와인의 품질은 포도밭에서 100% 만들어진다는 철학으로 와인을 생산하며 포도나무는 19세기부터 내려온 야생 상태로 관리되고 있는 올드 바인(Old vine)이다. 수확량을 60hl/ha 로 제한하고 매년 6회 이상의 쟁

기질을 하며 화학 비료, 제초제, 살충제를 사용하지 않는다.

### 3) 미텔라인(Mittelrhein)

독일 와인 생산의 0.4%를 차지하는 작은 생산지로 라인강을 따라 130km에 걸쳐 이어지는 좁고 긴 포도재배 지역이다. 점판암질 토양의 급경사에 포도재배가 이루어지고 있다. 화이트는 리슬링을 중심으로 신선하고 생생한 산미를 갖는 향이 강한 와인을 만들지만 때때로는 소박한 맛을 갖기도 한다. 미텔라인은 많은 고성이 있는 관광지이기도 하고 현지에서 지역 와인 소비가 많아 수출은 적은 편이다.

### 4) 라인가우(Rheingau)

라인가우는 독일 와인 중 최고급 와인의 생산지이며, 세계 최고의 와인 생산 지역중의 하나이다. 지리적으로는 마인(Main)강에 접하고 있는 호흐하임(Hochheim)과 라인강 중류 근처의 로르히(Lorch) 사이에 위치하고 있다. 이 지역 와인은 예전부터 호흐하임에서 선적되어 수출된 관계로 영국에서는 "라인 와인"이라는 표현보다 "호크(Hocks)"라고 부르는 경우가 많았다. 빅토리아 여왕이 "호크 한병이면 의사가 필요 없다"라고 말한 것으로 전해진다.

라인가우는 전체가 하나의 긴 언덕으로 되어 있고, 북쪽은 산림으로 덮인 타우누스(Taunus) 산줄기에 가려져 있고, 남쪽으로는 라인강에 접해 있다. 이 지역은 로마 시대 때부터 포도가 전파되었으나 본격적으로 재배된 것은 베네딕트 수도원이 이 지역에 설립되면서부터 이다. 또한 리슬링 포도 품종이 재배되기 시작한 것은 1435년 호흐하임에 식재 되었으며 현재 독일에서 리슬링 재배율이 78%로 가장 높은 곳으로 생산되는 와인 중 프래디캇 등급 와인 점유율이 47%로 가장 높은 산지이기도 하다.

토양은 기본적으로 자갈과 모래 및 점판암이며 표토는 모래와 진흙이 섞여 있다. 이 토양은 높은 수분과 미네랄을 함유하고 있어서 만생종인 리슬링에 충분한 수분과 미네랄을 공급하여 와인의 향을 풍부하게 만든다. 포도원의 대부분은 상당히 가파른 경사면에 있으며, 전체 2,250여 생산자 중 84%가 소규모로 고급 와인을 생산한다.

모젤 지역의 와인이 리슬링 특유의 싱그러움과 부드러운 감미로 대중의 사랑을 받고 있다면, 라인가우의 와인은 우아하고 세련된 풍미의 와인이다. 모젤 보다 더 깊이 있고 짙으며 강건하고 향이 풍부하며 수명이 길다.

단일 포도밭 와인인 슐로스 요하니스베르크(Schloss Johannisberg), 슐로스 폴라츠(Schloss Vollrads), 슈타인 베르그(Steinberg)의 3곳이 유명하고 전체가 하나의 요하니스베르크(Johannisberg) 재배 구역를 구성하고 있다.

유명한 수도원이나 귀족들이 최고 품질의 리슬링을 재배하여 와인을 더욱 발전시켜 나온 것이 이 지역이다. 역사 기록에 따르면 1716년 이래 요하니스베르크 포도원은 베네딕트 수도원 대수도원장의 공식적인 포도수확 허가를 받아야 하는데 1755년 수확을 앞두고 수확 명령을 전달하는 전령사가 도착하지 않자 수확이 2주 정도 늦어진다. 그러나 결국 늦 수확한 포도로 양조한 와인의 맛과 품질이 뛰어난 것을 발견하면서 슈패트레제라는 타입이 유래되었다고 한다.

당시 카비넷(Cabinet)은 "소중한 물건을 보관하는 상자"라는 의미로 사용되었는데 1728년 슐로스 폴라츠(Schloss Vollrads)에서는 특별히 우수한 포도로 만든 와인을 카비네트(Cabinet)에 보관하고 이 와인을 카비네트라고 불렀다. 이것이 오늘날의 카비네트(Kabinett)등급 와인이 되었다. 천혜적인 기후와 이상적인 토양에서 리슬링은 완벽하게 성숙되어 최고 품질의 우아한 와인을 탄생한다. 그 외에 슈페트부르군더 품종은 독특한 향의 레드 와인을 만들어낸다.

이지역의 대표적인 마을은 호흐하임(Hochheim), 라우엔탈(Rauenthal), 에르바흐(Erbach), 하텐하임(Hattenheim), 빙켈(winkel), 요하니스베르크(Johannisberg) 등이 있다

### 최초의 카비넷 와인

1728년 슐로스 폴라츠에서 처음으로 하이 퀄리티 와인을 카비넷(Cabinett)이라고 불렀고 그 이후 1971년 독일 와인 규정 내 '카비넷'이라는 명칭이 되었다. 전세계에서 여러 해 동안 좋은 평가를 받고 있으며 잘 익은 파인애플과 같은 섬세한 과일의 아로마와 함께 입안 가득 꽃 내음을 느낄 수 있다. 구조감이 좋고 균형 잡힌 산도감이 일품인 와인이다.
스시, 사시미 또는 카레요리와 같은 스파이시한 아시아 요리와 곁들이면 좋다.
와인은 구매 후 바로 마시는 것도 좋지만 리슬링은 숙성력이 우수한 품종으로 일반적으로 어린 빈티지의 와인은 최소 3~5년 숙성 후 즐기는 편이 더욱 좋다. 2008 빈티지는 미국의 저명한 와인 평론지 와인스펙테이터(Wine Spectator)에서 91점으로 그해 세계 100대 와인 중 하나로 선정되었다.

슐로스 폴라츠

### 5) 나헤(Nahe)

빙겐에서 라인강을 따라 나헤강 지류 일대의 포도산지로 다양한 토양 위에 위치하고 있다. 황토층 점판질의 미세한 자갈토양과 석영암, 북부는 사암이 많고 라인헤센 와인과 비슷하다. 남부는 점판암질 토양으로 주로 리슬링, 뮐러 투르가우, 실바너등 재배되고 리슬링은 모젤와인의 꽃향기와 라인가우의 기품도 갖추고 있다.

### 6) 라인헤센(Rheinhessen)

라인헤센은 내려오는 경사면 언덕의 계곡 안에 있다. 서쪽으로 나헤강, 북쪽과 동쪽으로는 라인강으로 경계되어 있다. 26,300헥타르 크기의 라인헤센은 보름스(Worms), 알차이(Alzey), 마인츠(Mainz), 빙엔(Bingen)이라는 지역들 사이에 위치해 있다. 다양한 토양과 미세기후로 인해 새로운 교배종들과 함께 세가지 전통적인 화이트 포도 품종인 뮐러투르가우, 리슬링, 실바너를 포함한 많은 포도 품종이 재배된다.

라인 강변이나 라인 언덕에는 니어슈타인(Nierstein)이라는 마을을 끼고 유명한 포도원들이 많다. 하지만 여기에는 마을 이름과 관련해서 주의 해야 할 사항이 있다. 예를 자면, 위대한 히핑 빈야드산 이어슈타이너 히핑(Niersteiner Hipping) 같은 탁월한 와인이 있다.

하지만 니어슈타인(Nierstein)이라는 단어는 베라이히(Bereich: 포도원 구역)이름이기도 하다. 즉 결코 특별하지 않은 포도원에서 나온 수많은 진부한 와인들도 그 명칭을 사용할 수 있다는 점이다.

그 좋은 예가 니어슈타이너 구테스 돔탈(Niersteiner gutes Domtal)이다. 이 와인은 구테스 돔탈로 알려진 거대한 주변지역 그로스라게(Glosslage: 포도원 집단) 어디서나 생산되는 포도로 만든 특색 없는 대중적 와인이다.

이 지역은 대부분의 지역에서 평균 정도의 와인을 만든다. 그중 상당수는 상쾌하고 순하며 저렴한 제네릭 와인으로 성모(Liebfrau)의 젖(milch)을 뜻하는 립프라우밀히(Liebfraumilch)이며 안타깝게도 이 와인이 세계적으로 가장 유명한 독일 와인이기도 하다.

리프라우밀히는 라인헤센 외에도 나헤, 팔츠, 라인가우에서 생산하는 다소 달콤한 크발리테츠와인이며, 최소 70% 이상의 뮐러투르가우 또는 케르너를 사용하여 생산하는 와인이지만 포도 품종과 지역 명칭을 라벨에 적는 것은 허용되지 않는다.

• **블루넌**(Blue Nun)

영어권에서 가장 대규모로 팔리는 와인의 이름은 사실 우연히 탄생했다. 지켈(Sichel) 가문이 이 와인을 생산하기 시작한 20세기 초반 지켈 립프라우밀히(Sichel Liebfraumilch)였다. 1925년 와인이 엄청난 인기를 얻게 되자 수녀들의 모습이 담겼다.

19세기 초반까지 독일 포도원 부지는 대부분 교회 소유였기 때문에 와인과 교회는 밀접한 관련이 있었다. 소비자들은 그 와인을 푸른색 라벨과 수녀들이 있는 와인이라고 부르기 시작했고 얼마 지나지 않아 와인의 명칭은 블루(Blue Nun) 바뀌었다.

### 7) 팔츠(Pfalz)

팔츠는 오늘날 독일에서 가장 흥미롭고 독창적인 와인생산지이다. 팔츠는 다른 지역들과 달리 기후는 라인강의 영향을 받지 않는다. 강은 3.2km가량 동쪽에 있으며 중요한 포도원들은 강을 접하고 있지 않다. 대신 프랑스의 보쥬 산맥의 북쪽 측면인 하르트 산맥이 지배적인 영향을 준다. 보쥬 산맥이 건조한 기후를 만들어 알자스 와인에 영향을 미치듯 숲으로 덮인 하르트 산맥은 팔츠의 포도원을 보호해 준다.

위도가 좀더 남쪽에 위치하고 있고 햇빛이 충분하기 때문에 포도는 충분히 성숙한다. 그 결과 팔츠의 와인은 활기찬 과일 향을 자랑한다. 석회암과 점토, 황토가 섞인 남쪽의 토양에서는 신선하고 강렬한 와인이 태어나고 독일 와인 중 가장 외향적인 와인이다. 레드 와인 붐으로 2005년엔 전체 와인의 40%가 레드 와인이었다.

### 8) 헤시세 베르그슈트라세(Hessische Bergstraβe)

이 지역은 하이델베르크(Heidelberg)의 북쪽에 위치하고 서쪽은 라인 강, 동쪽은 오덴발트 숲(Odenwald)과 접해 있다. 라인가우의 와인보다 맛이 진하며, 산미가 낮은 와인이 생산되며 고급 와인은 적은 편이다. 주로 재배되고 있는 품종은 리슬링이며, 풍미가 풍부한 뮐러투르가우와 섬세한 실바너가 있다. 베르크슈트라세에서 생산되는 와인은 그 양이 많지 않기 때문에 대부분이 그 지역에서 소비된다.

### 9) 프랑켄(Franken)

프랑켄은 독일 포도재배 지역 중에서 동쪽에 위치하고 있는데 지리적으로나 역사적으로나 독일 와인의 주류에서 벗어나 있다. 정치적으로도 이 곳은 구 바바리아(Bavaria) 왕국에 속한다. 와인보다 맥주가 유명한 곳으로 포도밭의 대부분은 라인강과 그 지류 양측의 경사면에 모여 있다.

프랑켄 와인은 이곳의 기름진 음식과 곁들여 먹기에 적합한 스타일로 독일 와인 중에 가장 남성다운 와인이다. 타 지역의 와인보다 일반적으로 강하며 향기는 약하며 달지 않고 짜임새 있고, 또 지역 토양에서 오는 특별한 맛이 담긴 와인이다 트로켄(드라이)와 할프 트로켄(미디엄 드라이)이 전체 와인의 94%를 차지한다.

프랑켄에서는 리슬링보다 실바너로 더 좋은 와인들을 생산한다는 점에서 색다르다. 전체 재배의 1/3을 차지하는 실바너는 프랑켄의 왕이라 불린다.

아로마가 훌륭한 케르너, 바쿠스로도 와인을 만들고 실바너와 리슬링을 교배해서 만든 리슬라너(Rieslaner), 쇼이레베(scheurebe)로도 우수한 디저트 와인과 무게감 있는 드라이 와인을 만든다. 프랑켄 와인의 대부분은 복스보이텔(Bocksbeutel)이라고 불리는 독특한 병으로 판매한다.

### 10) 비텐베르크(Wuttemberg)

비텐베르크는 독일에서 네번째로 큰 와인산지이다. 포도밭은 넥카르(Neckar)강과 그 지류의 경사면에 나란히 이어져있다. 슈트트가르트(Stuttgart)가 중심도시로 전체 포도밭의 3/4이 몰려 있고 재배면적의 60% 이상에서 적포도가 재배되고 있으며, 독일 최대의 레드 와인 생산지역이다. 여기서 재배되고 있는 트롤링거(Trollinger), 뮐러레베(Muellerrebe),

슈페트부르군더(Spaetburgunder), 포르투기저(Portugieser), 렘베르거(Lemberber) 등으로 생산되는 와인들은 과실풍미가 풍부하여 대중적 와인에서 고급 와인에 이르기까지 다양하다. 심지어 프랑스 보르도의 레드 품종들도 자란다.

리슬링, 뮐러-투르가우, 케르너, 질바너 들의 화이트 와인은 힘있고 풍부한 맛이 있는 와인이다. 주로 트롤링거를 중심으로, 슈파트부르군더 로 만든레드 와인이 좋은 품질을 생산하고 독일 최대의 레드 와인 산지로 유명하다. 협동 조합 생산와인이 전체의 80%를 차지한다.

### 11) 바덴(Baden)

프랑스의 알자스와 라인강을 사이에 두고 마주하는 바덴의 와인 스타일은 모젤에서 나오는 리슬링과 정반대다. 대부분이 드라이한 풀 바디하며 종종 오크 통 숙성을 한다.

독일 내 최고급 레스토랑의 아이템이지만 수출량은 아주 적다. 레드 포도 품종 비율은 44%로 비텐베르크와 함께 높은 수치를 보여준다. 독일 와인 지역 중 이들보다 레드 비율이 높은 곳은 아르 지역밖에 없다.

약 15,900여 헥타르의 면적을 가지고 있는 바덴은 독일에서 세번째로 큰 포도재배지역이다. 타우버(Tauber)에서 보덴제 호수(Bodensee)에 이르는 400km 의 길이를 자랑한다. 바덴의 토질은 사암, 석회암, 점토, 황토, 화산암, 폐각석탄 등 매우 다양하다. 재배되고 있는 품종도 많아 꽃 향기가 나는 뮐러투르가우와 진한 맛이 나는 루랜더(Rulaender), 가볍고 마시기 좋은 구테델(Gutedel), 향기가 강한 게뷔르츠 트라미너(Gewuerztraminer), 그리고 기품이 있는 리슬링(Riesling) 등의 와인이 생산된다.

슈페트부르군더는 카이저슈틀(Kaiserstuhl)이라고 하는 화산질의 토양에서 재배되고 있어 진한 맛이 있는 강한 와인을 만든다. 그 외에 바덴 에서는 보덴제(Bodensee)라는 독일 최남단의 와인지역으로 동명의 호수 주변 산지들을 포괄한다. 이곳의 "제바인(SEEwein: 호수 와인)"은 슈패트 부르군더 품종을 가지고 바이스헤릅스트(Weissherbst)라는 세미 스위트 로제 와인이 생산되어 널리 사랑받고 있다.

12) **잘레 운스트르트**(Salle-Unstrut)

작은 포도재배지역으로 포도재배와 와인 양조의 긴 전통을 가진 독일의 포도재배지역 중 가장 북쪽에 위치하며 위도는 영국의 런던과 비슷하다. 그러나 대륙성 기후의 영향을 받기 때문에 여름은 몹시 무덥지만 반대로 봄 서리의 피해를 입기도 쉽다. 이 지역의 포도밭은 북쪽으로 흐르는 엘베(Elbe)강의 바로 상류인 잘레와 운슈트루트강의 계곡 언덕진 경사면에 위치해 있고 뮐러투르가우, 실바너, 바이스부르군더 등이 재배되고 부드럽고 단맛이 적은 화이트 와인이 만들어진다.

13) **작센**(Sachsen)

구 동독일의 통일로 잘레 운슈트루트와 함께 와인산지로 포함되었다. 작센은 드레스덴(Dresden)과 마이센(Meissen)이 중심지인데 드레스덴은 중세 프로이드의 수도였던 도시로 드레스덴과 마이센의 문화, 역사적 중심지들로 매년 많은 방문객을 끈다. 그 지역 대부분의 와인이 그 지역에서 소비된다.

포도밭은 부근 엘베강의 가파른 경사면을 따라 약 50km에 걸쳐 이어져 있고 독일 포도재배 지역 중 가장 동쪽에 있다. 주요 포도 품종으로는 40%를 차지하는 뮐러투르가우, 이어서 바이스브르군더, 트라미너가 있다.

작센은 잘레 운슈트르트와 함께 규모가 아주 작은 지역이다. 다른 분야처럼 구 동독의 와인산업은 구 서독에 비해 상당히 뒤쳐져 있는 것이 사실이다. 현재 만들어지는 와인은 일상소비용 와인이다.

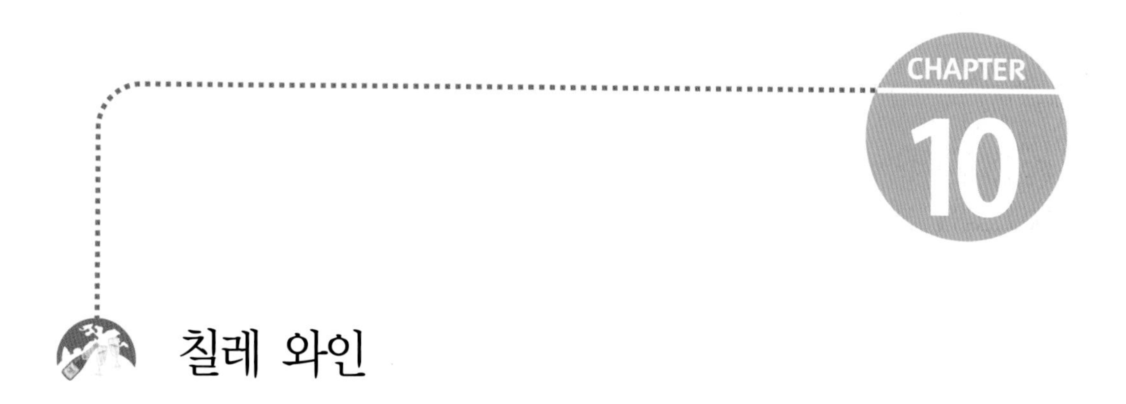


# 칠레 와인

## 1 지역 개관

1492년 스페인의 이사벨 1세 여왕의 후원으로 이탈리아 제노바 출신의 크리스토퍼 콜롬버스가 지금의 중남미인 서인도 제도를 발견한 후 스페인도 근대 유럽에서 최초의 식민지를 건설한 포르투갈에 이어서 해외 식민지 정복 전쟁에 뛰어 들었다.

WINES OF CHILE
VINOS DE CHILE

1493년 콜롬버스가 1차 항해를 마치고 귀국한후 스페인과 포르투갈 사이에 영토 분쟁이 발생하였다. 1492년에 식민지 개척을 위해 항해를 하면서 지난 1479년에 스페인과 포르투갈 사이에 체결한 알카소바스 조약을 위반했기 때문이다.

알카소바스 조약(Treaty of Alcáçovas)은 1479년 9월 4일 스페인과 포르투갈 사이에 체결된 조약으로 스페인의 카스티야 왕위계승전(1475~1479)을 종결시키기 위해 체결된 조약이다. 조약의 주요내용은 이사벨 1세(1451~1504)를 카스티야의 왕으로 인정하며 포르투갈이 대서양 상에 몇몇 섬들에 대한 소유권과 아프리카 해안 지대에 대한 권리를 보장한다는 것이다.

스페인 선박은 북위 26도 이남 지역의 바다를 항해할 수 없으며 이 지역에서 새로 발견되는 모든 땅의 지배나 소유권은 포르투갈에 있다고 명시되어 있었다.

이에 이 두 나라의 충돌을 염려한 교황의 중재와 그 후 양국간의 조정을 거쳐 서경 46°를 기준으로 두 나라의 식민지를 인정하는 토르데시야스 조약(Tratado de Tordesillas)을 맺게 된다.

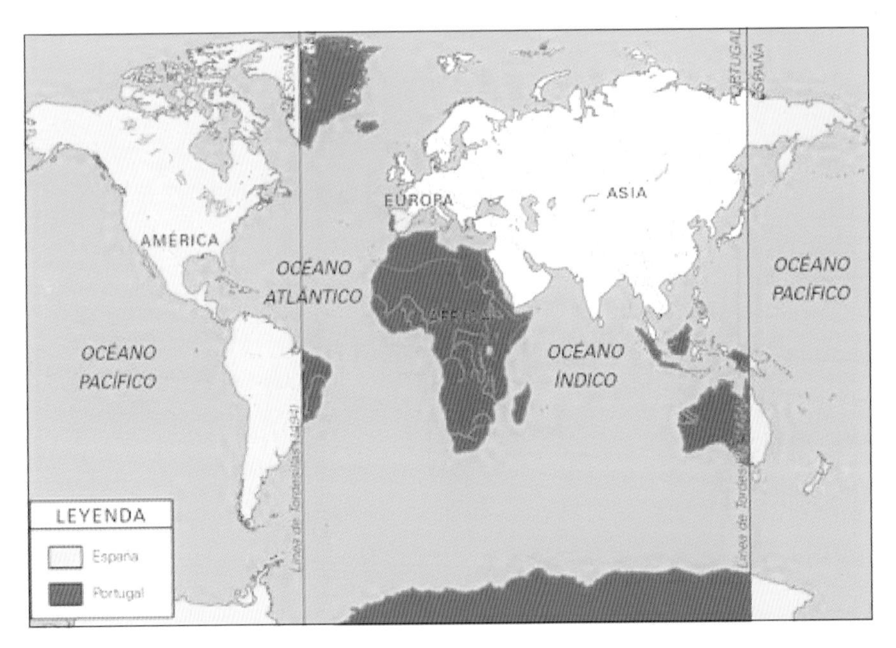


이 조약은 이후 19세기 유럽 열강이 아프리카 대륙을 민족 구성, 자연환경, 문화적 요소 등을 무시하고 직선으로 경계선을 설정하게 되는 선례가 되어버린다.

조약상 경계선의 동쪽 신대륙은 모두 포르투갈이, 서쪽 신대륙은 스페인이 차지하기로 하여 이 조약으로 포르투갈이 인도의 후추를 독점할 수 있게 되었다는 점에서 포르투갈에게 유리한 측면이 있었다. 이러한 역사적 배경으로 남미 대륙에서 브라질만이 유일하게 포르투갈어를 사용하게 되는 현재의 문화권이 형성된다.

이제 남미의 와인은 이렇게 스페인의 해외 식민지 정복과 함께 시작된다. 1520년대 잉카(현 멕시코)의 아즈텍군을 격파한 후 1530년 페루, 볼리비아, 콜롬비아로 1540년에 칠레로 1557년 아르헨티나로 빠르게 전파되었다.

칠레는 16세기 초까지 잉카제국의 영토였으나 1540년 에스파냐의 발디비아 장군이 아라우카노족 정복전쟁을 시작하여 이후 270여년 동안 스페인의 식민지가 되었다.

포도밭이 남미 전역으로 전파되는 시간은 40년이 채 걸리지 않았다. 후에 북미인 현재 캘리포니아 와인의 전신을 구축하게 되는 시발점이 현재의 멕시코였으니 미국와인의 역사에 스페인도 어느 정도 연관이 있다고 할 수 있다.

17세기 후반 칠레는 남미 최대 와인 생산국으로 부상한다. 18세기에는 와인 수출국으로서 입지를 확고히 하지만 값싼 대량 벌크 와인(Bulk Wine)이라는 한계점을 가지고 있었다. 1817년 아르헨티나의 산 마르틴의 원조를 얻어 1818년 독립을 이룬다.

칠레 와인역사의 가장 기념비적인 1851년에 칠레인 오차가비아(Silvestre Ochagavia Echazarreta)가 프랑스 와인메이커와 함께 오늘날 국제 품종이라 부르는 비티스 비니페라종을 프랑스에서 수입하여 칠레 포도원에 심음으로서 칠레가 아메리카 대륙에서 최초로 국제품종 기반으로 하는 와인산업이 발전의 시초를 다지게 된다. 이후 프랑스의 양조 기술이 도입되어 칠레 와인의 현대화, 상업화가 가속화되었고 1877년에는 유럽으로 수출하기에 이른다.

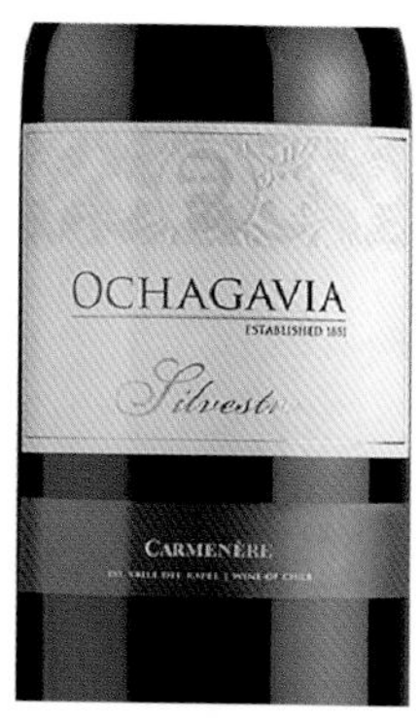

오차가비아 와인

그러나 갑자기 닥친 전세계적인 공황 사태와 더불어 칠레 내부의 급진 세력의 득세와 독재자의 등장까지 여러 정치적인 불안이 반복되는 혼란기를 맞이하게 되고 급기야 1973년에 발생한 군사쿠데타가 발생하면서 정치 경제의 암흑기에 와인 산업도 침체기에 들어선다.

이시기 미국, 호주 등 후발 신세계 와인생산국에서 비약적인 와인산업의 발전이 이뤄지기 시작하는데 칠레는 1970년대화 1980년대 초에 이르기까지 정반대로 포도원의 절반 정도가 문을 닫고 다른 용도로 변경되었으며 와인 산업은 급격히 쇠락하였다.

이렇게 독립 후에도 경제 공황과 연속된 쿠데타와 사회주의 정권, 군사 독재 정권으로 경제, 정치적 암흑기를 거치고 마침내 1989년 민주화 운동의 결과로 민주주의 정권을 수립한다. 이로써 와인산업은 1990년에 들어서면서 국내 정치 안정과 더불어 해외 투자 유입 등으로 활기를 띄게 된다.

이 시기에서 칠레 와인 역사에서 가장 주목할 두 연도는 1851년과 1990년대이다. 앞서 언급했듯이 1851년은 프랑스에서 고급 품종이 도입된 해로 칠레 와인이 고급 국제품종으로 현재의 와인산업이 발전되는 초석이 되는 해가 되었고 1990년은 칠레 와인의 현대 르네상스의 시기로 민주주의와 시장경제 도입, 해외 와이너리의 직, 간접 투자 증가와 함께 포도재배, 와인 양조의 신기술이 도입되는 등 새로운 시대가 열리게 되었다.

1982년부터 1985년 사이 칠레 경제의 위기의 시간을 보냈는데 한편으로 1985년을 기점으로 와인생산업계의 품질 향상을 위한 각고의 노력이 시작된다. 1985년 처음으로 프랑스 와인 박람회 빈 엑스포(Vinexpo)에 참가했으며 많은 와인 메이커와 오너들이 세계 유수의 와이너리를 방문하고 연구하여 품질혁신에 나섰다. 파블로 모란데(Pablo Morande)에 의해 카사블랑카 밸리에 샤르도네가 심어진 때도 이 시기였다. 이들의 명성은 현재 와인 브랜드로 남아 후대에 전해지고 있다.

1995년 농산물 관련 법령 464호가 공포되어 포도재배에 대한 규정, 레이블 가이드 라인 등 와인선진화 및 수출에 필요한 제도적 뒷받침이 마련되었다.

이렇게 1980년대 중반에서 1990년대에 걸쳐 유럽 및 미국의 유명 와이너리 오너와 투자자들이 칠레에 와이너리를 설립하거나 합작 또는 기술제휴를 통해 와인산업 발전 및 글로벌 시장에서 칠레 와인은 큰 두각을 나타내게 된다.

모란데 와인

이렇게 유럽 및 미국 유수의 와이너리 소유자와 투자가들의 투자와 합작회사 설립 및 기술 제휴를 통해 칠레는 이제 글로벌 시장에서 떠오르는 와인생산국으로 주목받게 된다.

2000년대에 이르러 칠레는 세계5위의 와인수출국이 되었고 생산량 대비 수출 점유율로는 세계1위의 수출주도형 와인 생산국으로 부상하였다.

## 2 칠레의 떼루아

### 1) 위치

칠레는 고유의 지리적 자연의 축복을 받은 나라로 남위 30~38°에 위치하고 포도밭은 해발 400~1000m에 위치하고 있다. 일반적으로 칠레를 세계에서 가장 길고 좁은 폭의

나라라고 만 생각하지만 칠레는 남북으로의 길이보다는 동서의 토양과 태평양과 안데스 산맥이 주는 기후 조건에서 보다 더 많은 떼루아(Terroir)적 다양성을 갖고 있다.

온도의 측면에서는 안데스 산맥(Andes)과 태평양의 차가운 훔볼트 한류(Humboldt Current)의 영향을 받아 낮 동안 데워진 포도밭의 온도를 식혀주는 역할을 한다. 이점은 캘리포니아와 비슷하지만 안데스산맥의 역할이 한류보다 더 크게 작용하여 좋은 떼루아를 형성하고 있다.

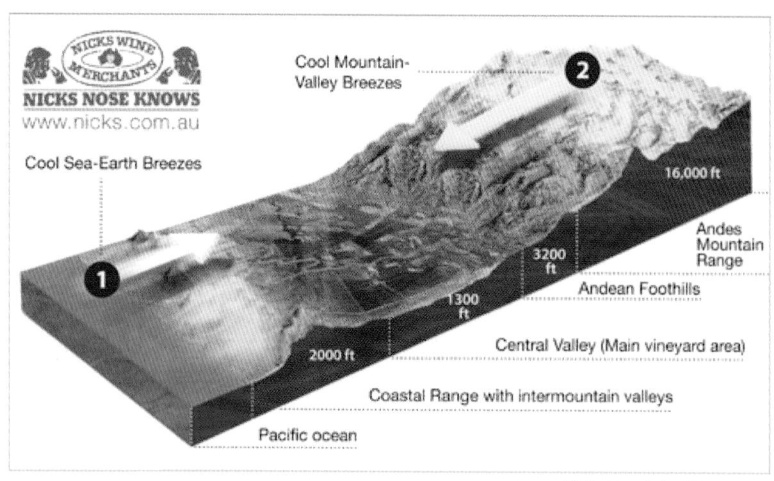


칠레 포도밭의 떼루아(Terroir)

여름의 낮 온도는 25~30°c 에서 밤에는15°~20°c로 변화하여 낮에는 포도의 탄닌 및 당도형성을 돕고 밤에는 산도를 보존하는 최적의 환경을 조성해 준다.

토양은 모자이크 토양으로 다양성을 갖고 있으며 상대적으로 건조한 기후로 포도밭에 관개(Irrigation)가 필수 요소이지만 안데스 산맥으로부터 공급되는 풍부한 물이 칠레의 포도밭에 기본적인 자연 관개수로를 갖고 있다.

게다가 자국을 보호할 자연적인 지리적 장벽을 갖고 있는데 북쪽으로는 아타카마 사막(Atacama Desert), 동쪽으로는 안데스 산맥, 남쪽으로는 파타고니아(Patagonia)빙산, 서쪽으로는 태평양(Pacific Ocean)으로 둘러 싸여서 외부의 해충과 질병으로부터 포도원을 건강하게 보호할 수 있다.

이처럼 자연 방벽과 포도재배에 이상적인 지중해성 기후대의 조합은 칠레의 포도재배 및 와인 양조에 천혜의 혜택을 제공해 주고 이 덕분에 칠레는 세계에서 가장 큰 유기농 포도원을 가지게 되었다.

### 2) 기후

남위 18°의 아열대 기후대부터 남위 59°의 한랭 기후대까지 다양한 기후대를 포함하고 있다. 북부는 건조 사막 지대이고, 중부는 지중해성 평야 지대이며, 남부는 온대 습윤 기후인 삼림지대이다. 동쪽으로는 안데스 산맥, 서쪽으로는 남 태평양으로 이루어진 고립된 지리 조건으로 필록세라(Phylloxera: 포도 나무 뿌리 짓딧물)의 침입을 받지 않은 거의 유일한 와인산지일 정도로 병충해가 적은 천혜의 환경으로 유기농 재배에 유리하다.

칠레는 지중해성 기후대로 건조한 여름과 춥고 비가 내리는 겨울을 갖고 있다. 태평양의 차가운 훔볼트 해류와 안데스 산맥의 영향으로 만들어지는 큰 기온의 차는 성장 시기에 있는 포도의 과일 맛, 선명한 산도, 그리고 레드 와인, 잘 익은 타닌, 깊은 색상까지 포도가 서서히 성숙하는데 좋은 영향을 준다.

그 중에서도 와인의 주 생산지인 센트랄 밸리(Central Valley)를 중심으로 한 지중해성 기후는 겨울에 비가 내리고 건조한 여름으로 좋은 기후를 갖고 있다.

## 3 칠레 와인 법과 품질 분류

칠레 와인의 관리기관은 농업 보호청 농무국(SAG: Servicio Agricola Ganadero)이 이에 해당하며 와인 분석과 수출 증명서의 발행, 와인에 관한 통계자료의 작성, 포도, 와인 품질, 생산 관리사의 법령 개정 등을 담당한다. 한편 원료인 포도의 품질, 재배 지도 등은 국립 대학농업시험소가 담당한다.

최신 개정 와인 법은 1955년으로 원산지 통제명칭, 라벨 표시 품질 표시등의 22 관련 조항이 1998년 5월 6일 일부 개정되었다. 원산지 법(D.O.)은 라벨상의 원산지, 포도 품종, 수확 년도, 병입 표시의 사용 규제를 일체화한 법률로 SAG에 의해 통제된다.

### 1) 칠레의 원산지 관련 법

칠레 와인은 원산지 통제 명칭 와인인 퀄리티 와인 인 원산지 통제명칭(D.O.) 와인 과 저가 테이블 비노 데 메사(Vino de Mesa)로 나뉜다.

### (1) 원산지 통제 명칭 와인(D.O.: Denominacion de Origen)

칠레 국내에서 병입 되어야 한다. 라벨의 원산지, 품종, 수확 연도를 표기한 경우 75% 사용 의무이며 25%까지 표기되지 않은 구역이나 다른 품종의 와인을 블렌딩 할 수 있다.

라벨에 복수의 품종이 표기되어 있는 경우에는 보조 품종의 비율이 15% 이상이어야 하며 비율이 높은 순으로 표기할 수 있다.

주의 사항

칠레에서는 라벨에 명시된 리제르바(Reserva)가 스페인, 이탈리아의 숙성에 의한 품질 등급의 의미로 사용되지 않는다.

- 그랑 레제르바(Grand Reserva): 법정 알코올 보다 1도 이상 높고, 오크 통 숙성을 거친 와인
- 레제르바(Reserva): 법정 알코올보다 0.5도 이상 높고, 오크 통 숙성을 거친 경우도 있다.
- 레제르바 에스페시알(Reserva Especial): 법정 알코올보다 1도 이상 높고, 오크 통 숙성을 거친 와인.

### (2) 비노 데 메사(Vino de Mesa)

식용 포도로 생산하며 포도 품종, 품질, 수확 연도를 표기할 수 없다.

## 4 포도 품종

화이트 와인용으로는 Sauvignon Blanc, Chardonnay, Reisling, Semillion, Viognier, Pinot Blanc 등이 있다.

레드 와인용 포도 품종 Cabernet Sauvignon, Merlot, Pinot Noir, Cabernet Franc, Syrah, 까르미네르(Carmenere) 등이 있다. 대중적인 와인 양조용으로 Pais(파이스)라는 포도품종도 많이 사용된다.

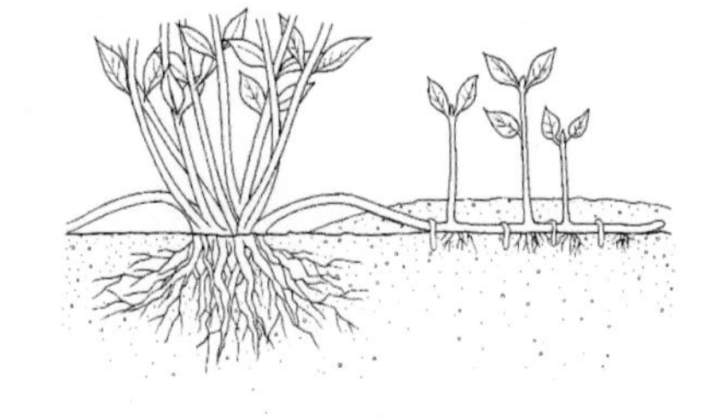
휘 묻이법

칠레의 포도밭은 필록세라의 피해를 입지 않은 거의 유일한 포도밭을 갖고 있지만 그 유전자만 갖고 있을 뿐 휘 묻이법(줄기나 가지를 잘라

내어 독립된 개체를 만드는 인공 번식 법)을 사용하여 수령 100년을 넘는 고목이 드문 것이 아쉬운 점이다.

### (1) 칠레의 아이콘 품종 까르미네르(Carmenere)

필록세라 창궐 이전 1850년대 초기에 칠레로 넘어온 까르미네는 멜롯과 섞여서 재배되었기 때문에 오랫동안 멜롯의 클론으로 오인되어 오다가 1994년 칠레를 방문한 프랑스 교수에 의해 발견되어 DNA검사 결과 까르미네르로 판명되었다. 이후 1996년 칠레 정부가 공인하고 1998년부터 레이블에 공식 표기하기 시작하였다.

프랑스 보르도 원산지인 만생종으로 현지에서는 멜롯보다 늦게 수확해야 하는 등 다소 까다로운 품종이지만 5%~10% 정도 블렌딩할 경우 와인에 특징적인 독특한 맛과 향을 부여해 준다.

단일 품종으로 양조하기도 하며 일부를 블렌딩하여 명품 와인을 만들기도 한다. 단일 품종으로 만든 와인으로는 몬테스 퍼플 엔젤(Montes Purple Angel), 콘차이 토로의 떼루뇨 까르미네르(Concha y Toro Terrunyo Carmenere) 등이 있으며, 일부 블렌딩 한 와인으로는 알마비바(Almaviva), 끄로 아팔타(Clos Apalta), 세냐(Sena) 등이 있다.

국제적으로 인정받기 위해 까르미네르 와인 경연 대회를 개최 하는 등 칠레의 아이콘 품종으로 자리를 잡게 되었다.

### (2) 칠레 와인의 위상

관세청은 12.8일 보도자료를 통해, 「와인 수입 동향」을 발표하였다(2011년). 11.1~10월, 와인 수입은 27.2백만병(750㎖) 전년동기대비(6.0% 증가), 104.5백만불(전년동기대비 18.4% 증가) 증가하였다.

전체 수입 와인 중 레드 와인은 69%, 화이트 와인은 24%, 스파클링은 7% 차지하였다. 레드 와인은 전년동기대비 9.9% 증가, 화이트 와인은 10.3% 감소, 특히 스파클링(발포성 와인류)은 58.3%의 큰 폭 증가를 보였다.

와인 수입 주요 5대국은 칠레, 스페인, 이탈리아, 프랑스, 미국임. 물량기준으로는 칠레(25%), 스페인(22%), 이탈리아(16%), 프랑스(15%), 미국(11%) 순이고 금액기준으로는 프랑스(32%), 칠레(22%), 이탈리아(17%), 미국(10%), 스페인(7%) 순이다.

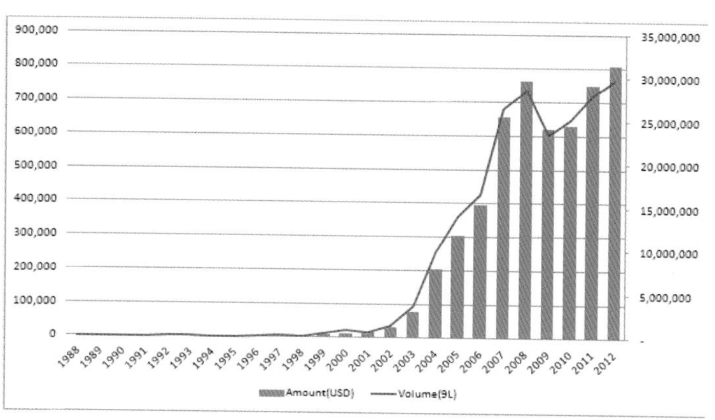

칠레 와인 수입량(1988YR~2012YR)

레드 와인은 칠레 산이 32%, 스페인, 프랑스는 각각 약 18% 차지하였고 화이트 와인은 스페인산이 39%, 이탈리아산은 25% 차지하였다. 그 중 스파클링은 이탈리아산이 45%, 프랑스산이 20% 차지하였다.

또한 칠레 와인의 공격적 해외 마케팅으로 양적인 수치로 지구상에서 유통되는 와인의 1/12은 남아메리카 산 와인이라는 통계가 있을 정도로 자국에서 생산되는 와인 생산량 대비 수출 점유율을 비교하면 칠레는 세계 1위의 와인 수출국의 위치를 갖고 있다.

## 5 주요 생산지

| Resion | Sub-Resion | Zone |
|---|---|---|
| Aatacama | Copiapo Valley | |
| | Huasco Valley | |
| Coquimbo | Elqui Valley | |
| | Limari Valley | |
| | Choapa Valley | |
| Aconcagua alley | Aconcagua Valley | |
| | Casablanca Valley | |
| | San Antonio Valley | Leyda Valley |
| Central Valley | Maipo Valley | |
| | Rapel Valley | Cachapoal Valley |
| | | Colchagua Valley |
| | Curico Valley | Teno Valley |
| | | Lontue Valley |
| | Maule Valley | Claro Valley |
| | | Loncomilla Valley |
| | | Tutuven Valley |
| South | Itata Valey | |
| | Bio Bio Valley | |
| | Malleco Valley | |

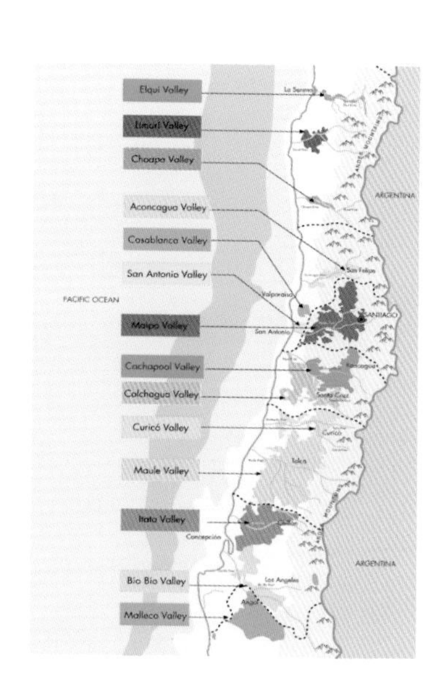

### (1) 칠레의 원산지 통제(D.O) 시스템

칠레의 포도재배 지역은 리전(Region) → 서브 리전(Sub Region) → 존(Zone) → 에리어(Area)로 세분화 된다.

이중 Zone의 구분은 라펠(Rapel), 쿠리코(Curico), 마우레(Maule), 산 안토니오(San Antonio) 4개의 서브 리전(Sub Region)에만 적용된다

① **아타카마**(Aatacama Resion)

코피아포 밸리(Copiapo Valley), 후아스코 밸리(Huasco Valley)의 서브 리전으로 구성되어 있다.

② **코큄보**(Coquimbo Resion)

아타카마 사막에서 코퀸보까지 이르는 해안 중 안데스 산맥의 협곡에 걸쳐 있는 토지에서 주로 증류주용의 피스코(Pisco)종이 심어져 있어 오랫동안 저가 테이블와인인 피스코의 대량 생산지로 알려져 왔다.

피스코는 와인에 향료를 가미해 증류한 알코올 30°~40°의 증류주로 일반적으로 레몬과즙을 더해 만드는 칵테일 피스코 샤워의 베이스가 된다. 이렇게 이곳은 오랫동안 저가의 테이블 와인인 피스코의 대량 생산지로 알려져 왔다.

그러나 1990년 후반 개발이 시작되어 현재 면적은 칠레 포도밭의 2%에 지나지 않지만 칠레 프리미엄 와인의 정수를 담은 와인 메이킹을 하고 있다.

포도밭은 경사면에 위치하여 햇빛을 풍부하게 받으며 산에서부터 내려오는 시원한 바람의 영향을 받는다.

㉠ 엘키 밸리(Elqui Valley)

산티아고에서 530km 북쪽에, 아타카마 사막의 남쪽 가장자리에 위치해 있다. 태평양과 안데스 산맥의 시원한 바람이 열기를 식혀주는 연간 강수량 70mm 미만의 사막 같은 기후이다.

㉡ 리마리 밸리(Limarí Valley)

차가운 해안의 영향을 받으며 토양은 좋은 미네랄을 함유하고 있다. 연간 강수량이 95mm 미만의 사막 같은 기후이기 때문에 관계가 필수인데 관계용법은 주기적으로 한 방씩 떨어뜨리는 점적 관수(drip irrigation)을 사용한다. 이로써 뿌리는 미네랄을 찾아 풍부한 토양 깊숙히 파고 들어가게 된다.

시원한 기후에서 생산되는 쉬라, 샤르도네, 쏘비뇽 블랑, 특징적인 미네랄을 갖는 신선한 와인이 생산된다.

㉢ 쵸아파(Choapa Valley)

바위투성이의 포도밭에서 높은 수준의 쉬라와 까베르네 쏘비뇽을 생산한다.
연간 100mm 미만의 사막 같은 기후이다.

③ **아콩카구아**(Aconcagua Resion)

㉠ 아콩 카구아 밸리(Aconcagua Valley)

안데스 산맥에서 태평양으로 향하는 아콩카구아 협곡의 계곡으로 1500~1800m의 높은 산으로 둘러싸여 있고 폭이 3~4km로 비교적 완만한 지형이다.
산티아고의 북쪽 65km지점으로 아메리카에서 가장 높은 아콩카구아(Aconcagua 959m) 산에서 여름 동안 포도밭에 충분한 물을 공급해준다.
칠레의 주요 와인산지로서는 가장 북쪽에 위치하고 있다.
1870년 막시미아노 에라쭈리쯔(Maximiano Errazuriz)가 최초의 포도원 조성하면서 아콩카구아 와인 발전의 초석을 다졌다. 까베르네 쏘비뇽과 쉬라의 품질이 탁월하며 미국 로버트 몬다비사와 에라쭈리쯔의 합작 와인 Sena(세냐)의 와이너리가 있는 곳이다.
지중해성 기후이며 레드 와인 산지로 각광받았으나 최근 해안가의 화이트 와인이 주목받기 시작하였다.

㉡ 카사 블랑카 밸리(Casablanca Valley)

산티아고에서 북서쪽 75km 지점에 위치한 카사블랑카 밸리는 1980년 중반에 처음 포도가 심어졌다.
칠레의 시원한 기후의 해안 지역 와인 산지로 주목받은 첫 번째 산지로 연간 강수량 540mm의 해양성 영향을 받는 시원한 지중해성 기후이다.
계곡 평지에 위치로 태평양의 영향을 받는 카사블랑카 밸리는 온난한 해풍의 영향, 평균 기온 여름 25℃, 연평균 14℃, 연평균 강수량 450mm로 부드러운 기후이다.
태평양의 한류의 영향과 포도 생장기에 일교차가 심해 포도의 산도 생성에 영향을 줘 고품질의 샤르도네, 쏘비뇽 블랑, 피노 누아 등을 생산한다.
다른 칠레의 와인산지와 달리 레드, 화이트의 비율이 3:7로 화이트가 많이 생산된다.

ⓒ 샌 안토니오 밸리(St Antonio Valley)

산티아고의 서쪽 100km 지점 카사블랑카 밸리의 남쪽이면서 바다에 아주 가까운 지점에 위치하고 있다.

산 안토니오는 카사블랑카의 서브 리전이며 이 서브 리전은 다시 4개의 존(레이다: Leyda, 로 아바로카: Lo Abarca, 로사리오: Rosario, 말비라: Malvilla)으로 나뉜다.

연간 강수량은 350mm 미만이고 남극 훔볼트 해류의 영향을 받는 시원한 기후는 포도가 천천히 숙성되도록 도움을 준다.

고품질의 쏘비뇽 블랑, 피노누아, 샤르도네, 쉬라가 생산된다.

④ **센트랄 밸리**(Central Valley Resion)

㉠ 마이포 밸리(Maipo Valley)

주요 품종은 까베르네 쏘비뇽, 멜롯, 샤르도네, 까르미네르, 쏘비뇽 블랑의 국제 품종으로 지대가 높은 알타 마이포(Alta Maipo)는 특히 까베르네 쏘비뇽 등 레드와인 품종의 최적 지배지로 꼽힌다. 해발고도가 약 800m의 고지대에 위치하고 있어서 여름에 일교차가 커서 밤 기온이 12도 까지 떨어진다. 이로 인해 포도알의 산도가 유지되고 천천히 익어가도록 도움을 준다. 이러한 떼루아는 칠레 최고의 까베르네 쏘비뇽 등 레드 와인 품종재배지로 손꼽힌다. 프랑스 보르도 좌안의 자갈 토양의 그라브와 유사하여 남미의 보르도라 불리는 지역이다.

칠레 와인의 전통적 대기업 와인생산업체들이 위치하고 있다

㉡ 라펠(Rapel Valley)

- 카차포아 밸리(Cachapoa Valley): 마이포(Maipo)나 콜차구아(Colchagua)에 비해 낮은 인지도로 인해 레이블에 라펠(Rapel)이나 센트랄 밸리(Central Valley)로 표기하는 경우가 있다.
- 콜차구아 밸리(Colchagua valley)는 칠레에서 월드 클래스의 레드 와인을 생산할 수 있는 최적의 산지로 1990년대부터 개발된 산지로 칠레에서 가장 기술이 집약 발전된 지역이다. 이곳의 "끌로 아팔타(Clos Apalta)는 프랑스 브르고뉴 마을의 그랑 크뤼 포도밭 끌로 드 부죠Clos de Vougeot)처럼 까사 라포스톨레(Casa Lapostolle), 몬테스(Montes), 산타리타(Santa Rita)가 나누어 소유하고 있는 핵심지역이다.

ⓒ 쿠리코 밸리(Curico Valley)

주요 포도품종은 까베르네 쏘비뇽, 쏘비뇽 블랑, 멜롯, 샤르도네, 까르미네르순이다.
일교차가 큰 지역으로 칠레의 대표적인 쏘비뇽 블랑의 명산지이다.
론투(Lontue)에서는 포도 나무 수령이 오래된 올드 바인 까베르네 쏘비뇽 생산한다.
이곳에서부터 연평균 강우량은 700mm로 많아진다.

ⓓ 마우레(Maule Valley)

전체 포도밭의 1/3에서 지역 소비용 와인의 원료인 파이스(Pais)가 재배된다.
나머지 땅에서 까베르네 쏘비뇽, 멜롯, 쏘비뇽 블랑, 샤르도네가 재배된다.
미국의 캔달 잭슨(Kendall Jackson)이 최초 정착한 산지로 이후 여러 칠레의 생산자들이 합류하여 현재 칠레 최대의 와인산지로 부상하였다.
클라로 밸리(Claro Valley), 론코미야 밸리(Loncomilla Valley), 뚜드벤 밸리(Tutuven)로 구성되어 있다.

⑤ 사우스 리전(South Region)

칠레 최남단의 와인산지로 강우량이 많고 추운 지역이다. 이곳에서부터 남쪽으로 연평균 강우량은 1,100mm로 높아진다.

칠레 포도밭의 1/5을 차지하고 생산량의 측면에서 중요한 산지로 주요 재배 품종으로는 파이스(Pais), 모스카토(Moscato)가 지배적이나 점차 피노누아, 샤르도네 품종이 도입되고 있다.

이타타 밸리(Itata Valley)는 오랫동안 주로 소규모 와이너리에서 자체 소비를 위한 저급 와인을 생산하는데 머물다가 현재 샤르도네와 같은 국제 품종 재배로 전환하고 있는 산지로 화이트 와 레드 품종 비율이 절반 정도이다. 말레코 밸리(Malleco Valley)에서 생산되는 샤르도네가 이 지역의 발전 잠재력을 암시하고 있다.

과거 센트랄에 중심되어 있던 와인산지가 북부의 리마리(Limari Valley) 및 남부의 마우레(Maule Valley)까지 폭넓게 전개되고 있으며 서늘한 산지의 재조명으로 보다 더 세밀한 산지가 부상하고 있는 등 가장 역동적으로 발전하는 신세계 와인산지로 거듭나고 있는 상황이다.

# 6 칠레 와인 상품의 특징

(1) 스펙트럼 상품

칠레에는 공식적으로 와인에 대한 등급이 존재하지 않으나 각 메이커별의 기준으로 자사의 다양한 스펙트럼 상품 군을 형성하고 있다.

각 메이커의 기준이 되는 프리미엄급에서 시작된다.

여기에서 보다 고품질의 와인을 지칭하는 울트라 프리미엄(Ultra Premiume) 또는 슈퍼 프리미엄 와인(Super Premium) 등을 자체적으로 칭하고 있으나 공식 상품 등급은 아니며 "데스코차토(Descochados)" 등의 사이트에서 와인 평가 등을 하고 있다.

슈퍼 프리미엄(Super Premium)으로 칭하는 와인은 코차이 토로의 돈 멜쵸(Concha y Toro Don Melchor), 카사 라포스톨레(Casa Lapostolle), 도미니우스 아레아(Domus Aurea), 까보 드 오너(Cabo de Hornos) 등이 있다.

(2) 해외 자본의 직접 및 간접 투자(Joint Venture)

① 직접 투자

스페인 페네데스 지방의 와인 생산자 미구엘 또레스는 1979년 외국 자본으로는 최초로 쿠리코 밸리(Curico Valley)에 포도원을 매입

미구엘 또레스(Miguel Torres)

하였고 양조 방법에서 스테인레스 스틸 발효 탱크를 도입하여 칠레 와인 양조의 현대화에 큰 기여를 하였다.

② 간접 투자

- 카사 라포스톨레(Casa Lapostolle)

  프랑스 마니레르 라포스톨레(Mariner Lapostolle)와 칠레 라밧(Rabat)의 합작 와인이다.

  미쉘 롤랑(Michel Rolland)이 컨설팅한 와인으로 끌로 아파탈(Clos Apalta) 2005가 2008년 와인스펙테이터의 이달의 와인으로 선정되기도 하였다.

카사 라포스톨레

- 알마비바(Almaviva)

  1996년 칠레의 콘차이 토로(Concha y toro)와 프랑스 샤또 무똥 로칠드(Chateau Mouton Rothescild)의 합작 와인 Cabernet Sauvignon 75%, Merlot 25, Cabernet Franc 보르도 스타일의 브렌딩 와인이다.

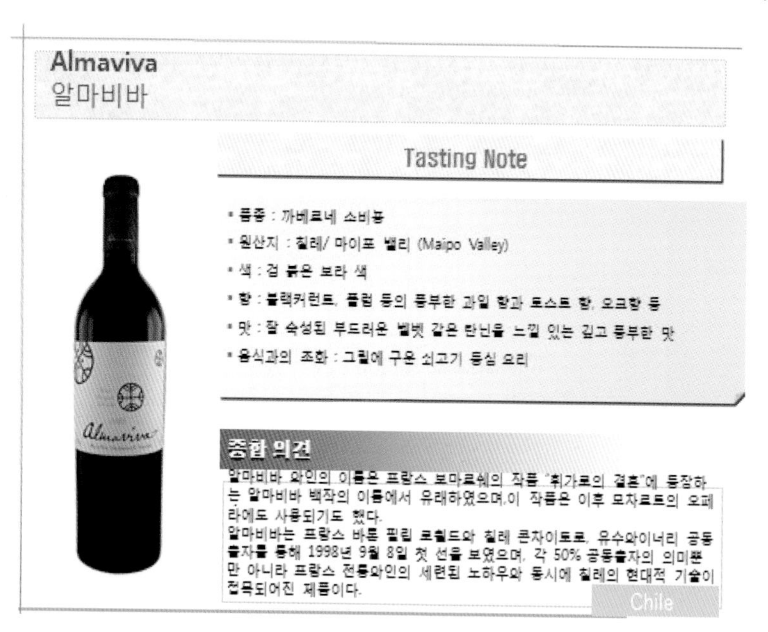

**Almaviva**
알마비바

**Tasting Note**

- 품종 : 까베르네 소비뇽
- 원산지 : 칠레/ 마이포 밸리 (Maipo Valley)
- 색 : 검 붉은 보라 색
- 향 : 블랙커런트, 플럼 등의 풍부한 과일 향과 토스트 향, 오크향 등
- 맛 : 잘 숙성된 부드러운 벨벳 같은 탄닌을 느낄 있는 길고 풍부한 맛
- 음식과의 조화 : 그릴에 구운 쇠고기 등심 요리

**종합 의견**

알마비바 와인의 이름은 프랑스 보마르쉐의 작품 "휘가로의 결혼"에 등장하는 알마비바 백작의 이름에서 유래하였으며,이 작품은 이후 모차르트의 오페라에도 사용되기도 했다.
알마비바는 프랑스 바론 필립 로칠드와 칠레 콘차이토로, 유수와이너리 공동출자를 통해 1998년 9월 8일 첫 선을 보였으며, 각 50% 공동출자의 의미뿐만 아니라 프랑스 전통와인의 세련된 노하우와 동시에 칠레의 현대적 기술이 접목되어진 제품이다.

Chile

- 세냐(Sena)

  1995년부터 에라쭈리쭈(Errazuriz)가 로버트몬다비(Robert Mondavi)와 공동 생산하였고 현재는 에라쭈리쭈(Errazuriz)가 단독 소유하고 있다.

• 로스 바스코스(Los Vascos)

칠레의 산타 리타(Santa Rita)와 도멘 바론 드 로칠드(Domaine Baron de Rothschild)의 합작와인이다

로스 바스코스

조인트 벤처(Joint venture) 경영 전략

1. 미국과 유럽 등의 소비자 입맛에 맞게 맛을 변화시켰다.
2. 원가를 절감하여 고품질의 상품을 지속적으로 생산하였다.
3. 기술 혁신을 통해 고품질의 중, 고가품으로 승부하였다.
4. 와인 오브 칠레(Wines of Chile)라는 고급 와인을 생산하는 중소기업 연합체 법인을 결성하여 장기적인 시장 화보와 더불어 칠레라는 동일 된 이미지 제고에 성공하였다.

(3) 신개념, 발상의 전환

① 1865 와인

1865는 골퍼들 사이에서 "18홀을 65타에 치라"는 마케팅의 선풍적인 인기로 국내에서 칠레 와인 단일 브랜드로 최고 판매율을 자랑하는 와인이 되었다. 실제 아이템의 1865는 산페드로의 설립연도인 1865를 레이블로 옮긴 시리즈 와인이다.

한국에서 1865 마케팅을 실시한 후 칠레에 마케팅 기법이 역수출되어 미국 시장 공략에 쓰이기도 하였다.

② 천사 Vs 악마(Angel Vs Devil)

천사의 와인으로 불리는 칠레 와인의 대명사 몬테스 알파와 대항마 마케팅으로 악마의 와인으로 불리는 말리뇨이다.

아이러니하게도 칠레 와인의 대항마로 칠레와인에 세계시장을 잠식당하고 있는 프랑스 와인이라는 점이 극적이기도 하다.

유해하다는 어원을 가진 말리뇨(Maligno)라는 프랑스 와인의 라벨에는, 아예 괴기스러운 악마의 모습이 그려져 있다. 14세기 유럽을 공포에 떨게 한 흑사병의 저주를 막기 위해 악마를 그려 넣은 와인 병을 주고받으며 서로의 건강을 기원하는 풍습에서 시작됐다고 한다.

이 라벨의 상대성과 함께 말리뇨는 부정적인 요소를 활용하여 마케팅을 극대화 시킨 약간의 "혐오 마케팅"을 통해 대중들에게 쉽게 어필되었다. 그리고 이 와인이 갖고 있는 독특한 후추 향은 라벨의 그림과 잘 일체감을 이뤄 소비자들에게 쉽게 알려지게 되었으며 소비자들에게 독특한 이미지를 심어 주었다.

### Chile wine의 새로운 바람 - 오르가닉(Organic), 비오디나미(Biodynamic)

지난 시간 동안 칠레 와인의 급격한 성장은 가격대비 와인 품질의 우수성이 가장 큰 이유를 차지하였다. 그러나 이러한 밸류 와인으로서의 성장은 이제 정체기를 맞이하고 있는 상황이다. 칠레 와인에서 명품와인을 찾아보기가 극히 드문 이유이기도 하다.
이런 시기에 전세계적으로 일고있는 오르가닉, 비오디나미 열풍에 칠레 와인은 다시 새로운 활로를 찾을 수 있는 상황이 도래하였다.
오르가닉 경작방법은 지역 동식물의 다양성, 생물학적 순환, 토양 미생물의 활동 보존 및 증가의 선순환을 이용하는 방법으로 포도원을 자연 환경과 흡사하게 경작하는 방법이다. 일체의 합성비료를 사용하지 않으며 환경보호를 통한 장기적인 와인 생산을 목표로 한다.
비오디나미 경작법은 포도원의 자연요소를 가장중요시 하며 비오디나미의 우주 생체 순환의 리듬에 따른 경작을 진행하며 동종요법을 통한 동식물, 미생물 및 토양속의 미네랄 상호관계를 개선해 나가는 경작 법이다.
이 때문에 칠레를 대표하는 세계 최대 규모의 유기농 와이너리 에밀리아나(Emiliana)에 새로운 관심이 모아지는 이유이기도 하다.
에밀리아나 오르가닉 스파클링, 에밀리아나 꼬얌, SOD 까르미네르 등의 와인을 생산하고 있다.

EMILIANA
COYAM
EMILIANA
SIGNOS DE
ORIGEN
EMILIANA

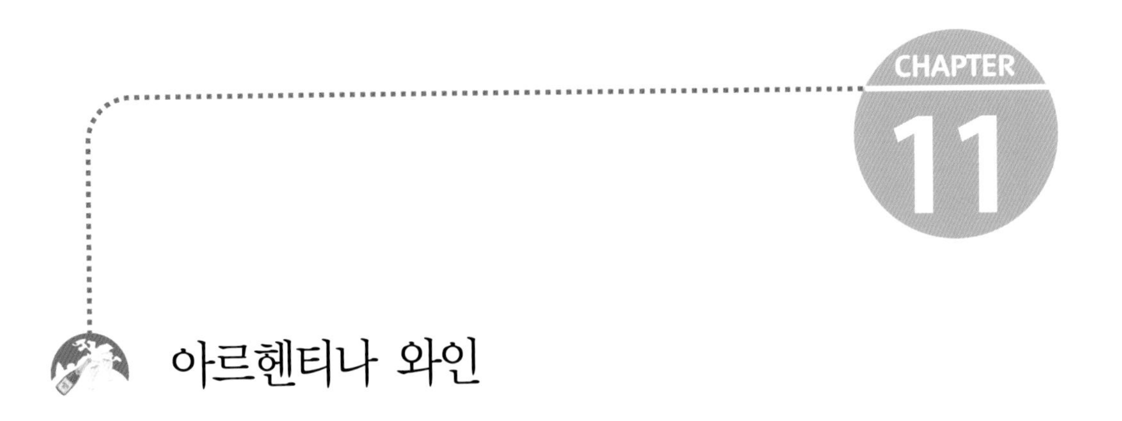


# 아르헨티나 와인

## 1 지역 개관

아르헨티나의 와인의 역사는 400년 이상 되었다. 1554년에 포도가 처음으로 재배되었다. 아르헨티나는 세계 5위의 생산국이며 소비에 있어서는 세계 6위의 국가이다. 1973년 품질이 좋은 와인생산이 약 5%였다면 현재는 40%정도가 품질이 좋은 와인을 생산하고 있다(Kevin Zraly, 2008: 157).

16세기 중반 와인이 전파되었고 1890년대 유럽인들의 대거 이민으로 인해 다양한 포도품종과 양조기술이 도입되었다. 1990년대 국내 정치 사회의 안정과 해외로 부터의 투자로 인해 와인산업의 재도약 계기를 마련하게 된다.

1980년대까지는 내수[1]가 많아 자국내 소비가 많았다. 생산량이 세계 5위[2]인 만큼 1990년대 이후 수출에도 신경을 써오고 있다. 주변국가 칠레의 해외수출에도 영향을 받았다. 90년대 들어 내수시장이 주춤하게 된다. 내수소비가 줄어들게 되었기 때문이다.

1) 아르헨티나에서는 자국내 소비가 생산량의 90%가 될 만큼 내수소비가 큰 나라이다.
2) 2008년 포도밭 면적이 226,000ha, 생산량이 15,396,000 hl로 세계 생산의 5%를 담당하고 있다(손진호, 2009:121).

아르헨티나 와인 산지와 산지별 주요 포도품종 생산지

아르헨티나의 가능성은 포도나무를 재배할 수 있는 많은 면적을 지니고 있다는 점에도 주목해야 할 것이다.

예전에는 품질보다는 양적인 생산을 많이 하였으나 최근에는 품질에 많은 노력을 기울이고 있다.

2012년에는 47만 1520리터(약 259만 8000달러)에서 2013년 63만 3911리터(약 323만 7,000달러)로 증가하여 각각 전년 동기 대비 와인 수입량은 34.4%, 수입 금액은 24.6%가 상승하였다. 국내 수입량과 수입금액이 눈에 띄게 증가했다는 것을 확인할 수 있다(호텔앤레스토랑, 2014.9: 206).

## ② 아르헨티나 와인의 특징

### 1) 기후[3)]

아르헨티나의 대표산지 멘도사의 기후는 대륙성 준사막 기후이다. 매우 메마른 기후대를 보인다. 일교차가 상당히 많다. 낮에는 40도 정도이며 밤이나 새벽에는 10도로 상당하다. 안데스산맥에서 내려오는 눈 녹은 물로 포도밭에 공급하고 있다.

태평양의 습한 공기를 안데스 산맥이 차단시키고 있으며 연 강수량 200~250mm(손진호, 2009:123)로 칠레보다는 비가 덜 오는 상황이다.

아르헨티나 와인은 15세기 중반 스페인의 식민지배와 함께 와인 양조가 시작되었다. 와인생산량은 세계 5위이며 1990년 이후 경제적 안정을 찾고 외국자본이 도입되면서 적극적인 수출과 비약적인 발전을 하고 있다(호텔앤레스토랑, 2014: 194).

아르헨타나는 강수량은 적지만 포도재배에 알맞은 기후를 지니며 배수에 용이한 토양을 지니고 있다. 강수량은 연간 8인치(Inches) 정도이다. 부족한 강수량으로 인해 운하나 댐으로부터 물을 공급(Kevin Zraly)한다.

### 2) 지형 및 토양

대표산지 멘도사가 포도를 재배하는 고도가 1000m 내외로 안데스 산지는 타지역 보다 고도가 높다. 그리고 토양은 사토에서 점토질까지 다양한 형태를 보인다. 석회 점토질, 모래와 자갈이 섞인 충적토(손진호, 2009: 123) 등 다양하다.

필록세라와 같은 포도나무 전염병과 같은 피해를 입지 않을 정도로 청정 자연환경을 보유하고 있다. 해발 900m 이상의 고지대에서 산맥의 눈이 녹아 포도밭으로 흐르기 때문에 가장 깨끗한 환경에서 자라는 와인으로 꼽힌다(호텔앤레스토랑, 2014.6: 194).

---

3) 아르헨티나의 빈티지는 별로 중요하지 않다. 늘상 기후가 좋기 때문이다. 300여일이 일조량이 좋다. 2000년대에 좋은 빈티지는 2002, 2003, 2004, 2005가 특별한 빈티지로 소개(Kevin Zraly, 2008: 157)되고 있다.

### 3) 외국의 투자 증가

미국의 캘리포니아 캔달잭슨, 프랑스 보르도의 Lurton family, 샤토 쉬발 블랑의 소유주(Chival des Andes 창설), 도멘 바롱 드 로칠드 등이 투자하였다. 그리고 칠레의 콘차 이 토로, 산타 리타가 자본과 기술을 투자하였다(Kevin Zraly, 2008: 157).

### 4) 큰 내수 소비

아르헨티나는 전통적으로 와인의 내수가 큰 국가의 특징이 있다. 와인 생산의 약 90%가 내수에서 소비되었다고 평가된다. 육류 소비량이 많은 아르헨티나에서는 와인소비가 아울러 남미국가 중에서도 많아서 와인소비[4]가 거의 유럽 수준으로 평가되는 국가이다.

### 5) 세계의 이목 집중

아르헨티나 와인은 근자에 세계의 유명한 와인대회에서 좋은 결과로 각광을 받으면서 국제적인 인지도가 향상되면 주목을 받고 있다. 상대적으로 저렴한 가격, 풍부한 과실향과 맛 훌륭한 마케팅으로 알려지고 있다.

최근에 아르헨티나 와인의 경쟁력과 품질이 알려지고 공인되면서 우리나라의 주요 호텔과 레스토랑에서 칠레산 하우스와인의 대체 와인으로 관심을 끌며 많이 사용될 것으로 예측되는 상황이다.

또한 전문가들은 향후 프랑스가 미국과 '파리의 심판'을 첫 번째로 했다면 다음에 제2의 '파리의 심판'은 아르헨티나와 할 것이라고 평가할 만큼 품질이나 와인의 발전 가능성이 높게 평가되는 국가라고 판단된다.

---

4) 아르헨티나 와인소비는 1인당 40~50병(세계6-7위 수준)이다. 1인당 와인 연간 소비량이 98리터에 이른다고 한다. 인생을 즐기는 법을 아는 남미의 명성에 걸맞는 기록(http://terms.naver.com; http://navercast.naver.com)이라는 평가이다.

# ③ 포도 품종

## 1) 레드와인[5)]

### (1) 말벡

말벡(Malbec)품종은 원래는 프랑스의 남서부 카오르(Cahors)지방에서 오세후아(Ausseroir)라는 품종이 넘어와서 아르헨티나에서 대표품종으로 자리잡게 된 품종이다. 말벡이 성장하기에 아르헨티나 지역이 최적지라는 의미로 보면 된다. 고도가 높은 멘도사 같은 지역에서는 낮의 강한 일조량과 밤의 서늘한 기온이 포도를 성숙케하고 유연한 탄닌을 완성시키며 밸런스 좋은 산도와 향을 갖은 포도를 만들게 하기 때문이다.

말벡은 멘도자지역에서 가장 품질이 좋은 품종이다. 말벡품종은 숙성기간이 다소 필요한 와인이다. 근자에 출시된 빈티지의 경우 제대로 시음하려면 어느 정도의 숙성기간이 필요하다. 와인을 빨리 오픈 했을 경우 타닌감이 상대적으로 압도하는 느낌을 받아 숙성된 기간과 함께 조화로운 타닌감을 느끼기 위해서는 시간이 필요한 와인이다.

5) 아르헨티나는 레드와인이 생산량의 60%를 차지한다. 아르헨티나 와인은 세계 생산량의 4.9%를 차지한다(마이클 슈스터, 2007; 239).

#### (2) 카베르네 소비뇽

아르헨티나의 대부분의 산지에서 생산된다. 멘도사, 마이푸(Maipu)가 최적의 산지로 평가된다. 아르헨티나에서는 까베르네 소비뇽은 말벡과 블랜딩하여 풀바디하고 스파이시한 와인을 생산하기도 한다.

#### (3) 메를로

아르헨티나에서 생산되는 레드와인 품종으로도 잘 알려져 있다.

#### (4) 쉬라

쉬라품종은 향후 아르헨티나에서 생산이 증가되며 기대되는 품종이기도 하다.

### 2) 화이트와인

#### (1) 토론테스

토론테스(Torrontes)품종은 아르헨티나에서 많이 생산되는 이국적인 열대향을 많이 발산하는 품종이다. 원산지는 스페인이다. 대표산지는 La Rioja이다. 토론테스는 고지대에서 생산된 와인이 최고의 품질을 보여주고 있다. 바디감도 화이트 와인 가운데서는 꽤 있는 편이며 천연적인 과일향이 물씬 풍기는 다채로움을 나타내 준다.

**프란치스코 교황 즐겨 시음한 와인 '알타 비스타 클래식 토론테스'**

카톨릭 교회 역사상 최초의 남미 출신 교황으로 화제가 된 프란치스코 교황은 교황 선출 후 추기경들과 첫 만남에서 고령인 자신을 오래된 와인에 비유하는 등 와인 사랑이 각별한 것으로 잘 알려져 있다. 그 중에서도 프란치스코 교황의 자국인 아르헨티나 와인인 '알타 비스타 클래식 토론테스'는 그가 추기경 시절 소규모 연회에 특별 주문할 정도로 즐겨 마시던 와인으로, 아르헨티나의 토착품종 토론테스의 개성을 고스란히 담아 산뜻한 산도와 함께 복숭아와 살구 등의 아로마가 특징이다(호텔앤레스토랑, 2014.9: 207).
개인적으로도 독특하여 여러 번 시음한 와인이다. 가격도 국내에서 2만원대에 구입이 가능한 와인으로 밸류와인이다. 프란치스코 교황의 소탈함과 겸손함 그리고 품위에 한결 어울리는 가치를 지닌 와인으로 손색이 없다는 생각이 든다. 와인을 사랑한 훌륭한 인격자가 선택하고 좋아한 와인인 만큼 고상하고 저렴하면서도 이국적인 와인으로 평가하고자 한다.

(2) 샤르도네

샤르도네는 세계적인 수준으로 아르헨티나에서 생산되고 있다는 평가를 받는다. 국내에 들어와 있는 아르헨티나 샤르도네와인은 가격대비 밸류와인이며 바디감있는 이국적인 향취가 좋은 와인으로 평가하고자 한다.

## 4 주요 생산지

### 1) 멘도사

이 지역은 안데스산맥 기슭에 위치하며 아르헨티나의 75%가량 포도밭을 차지(호텔앤레스토랑, 2014: 195)하며 품질이 뛰어난 와인으로 주목받고 있다.

멘조사 지역은 평균적으로 고도가 800~1500m에서 와인을 재배한다. 보통 1000m나 1200~1300m지대에서 많이 재배한다.

Iscay, Trapiche
이스까이, 트라피체

Tasting Note

- 품종: 메를로 50%, 말벡 50%
- 원산지: 아르헨티나, 멘도자
- 양조특징: 20 kg 바구니에 손으로 수확 후 좋은 포도송이만을 골라 25 일간 약 23-25℃에서 2개의 품종을 별도로 발효, 숙성 시킨 후 18개월 간의 오크 배양이 끝나면 블렌딩 한다.
- 색: 바이올렛톤의 짙은 적색
- 향: 짙은 숙로향의 흙내와 초코렛 부케가 특징이다.
- 맛: 벨벳처럼 부드럽게 입안에 머무는 진한 타닌이 압권이다.
- 궁합: 소고기, 강한 향을 가진 치즈 등과 어울림

종합 의견

잉카 문명에 경의를 표하기 위해 선택한 이름 이스까이는 잉카어로 "둘"이라는 뜻을 지니고 있다. 두명의 세계적인 와인메이커 미셸 롤랑과 다니엘 피에 의해 만들어진 명품 와인이라는 자긍심과 최고의 기술로 생산된 와인이다. 말벡과 메를로의 두 품종을 50대 50으로 블렌딩한 트라피체의 도전정신이 담겨 있다
특히 국내에서 프로포즈 및 각종 기념일에 각광받고 있다. "둘 이라는 와인이름, 두 개의 품종, 두 명의 와인 메이커"

### 2) 산 후안

아르헨티나에서 두 번째로 큰 와인재배지역이다. 해발 약 1,200미터에 포도밭이 조성되어 있다. 위니블랑, 샤르도네, 비오니에, 말벡, 메를로, 피노누아, 카베르네소비뇽 등이 재배된다(강찬호, 2013:192; 고종원외, 2013: 251).

### 3) 기타

고급산지로 부각되며 말벡생산이 많은 살따(Sslta)지역, 아르헨티나 고유품종인 토론테스(Torrontes) 품종이 주요 재배지인 라 리오하(La Rioja), 가장 남부에 위치하며 말벡이 생산되며 향후 견고하고 섬세한 와인생산 가능성이 예견되는 파타기나아(Pataginia), 아르헨티나에서 가장 보편적인 품종인 크리오야를 생산하며 피노누아도 주목받는 세계 최남단에 위치한 와인생산지인 리오 네그로(Rio Negro)지역이 아르헨티나의 주요산지이다(고종원외, 2013; 251~252).

## 5 유명 브랜드 및 생산자

국내에서는 Catena Zapata, Norton, Trapiche가 많이 수입되고 있다. Cheval des Andes, Lopez 등도 유명하다. 알타비스타 와인도 가격대비 품질이 좋은 와인으로 국내에도 수입되어 좋은 평가를 받고 있다.

CHAPTER 12

# 남아프리카공화국 와인

## 1 지역 개관

아프리카 공화국의 와인 역사는 350년이 넘는다. 남아공 와인[1]은 300년이 넘는 와인 제조 전통과 역사는 절제된 기품을 가진 올드 스타일과 과일 맛이 강한 현대적인 와인을 추구하는 신세계 스타일이 적절히 조화되어 있다(www.wosa.co.za;www.thedi.gov.za)는 평가를 받고 있다. 또한 대량 생산에서 벗어나, 좋은 포도품종과 질 높은 와인 생산을 위해 노력하고 있다. 결국 국제적인 경쟁력을 도모하기 위해서이다.

현재, 남아공 와인은 와인생산에 있어서 세계 6위~8위에 랭크되어 있다. 생산된 와인의 20% 정도를 수출하고 있으며 가장 많이 수출하는 국가는 영국이다(Ed McCarthy, 2003; 215).

1) 남아공 와인은 복합적인 맛을 띠지만 부담이 없고, 정제된 깔끔함 속에서도 강력한 인상을 남긴다는 평가를 받는다. 특히 케이프주의 독특한 토양과 기후, 그리고 사람들의 특성이 와인에 뚜렷이 반영되어 있다. 궁극적으로 남아프리카공화국의 와인산업은 고품질의 와인 생산을 지향하고 있다(남아공와인협회; www.wosa.co.za)는 평가를 받는다.

# Wine Regions of South Africa

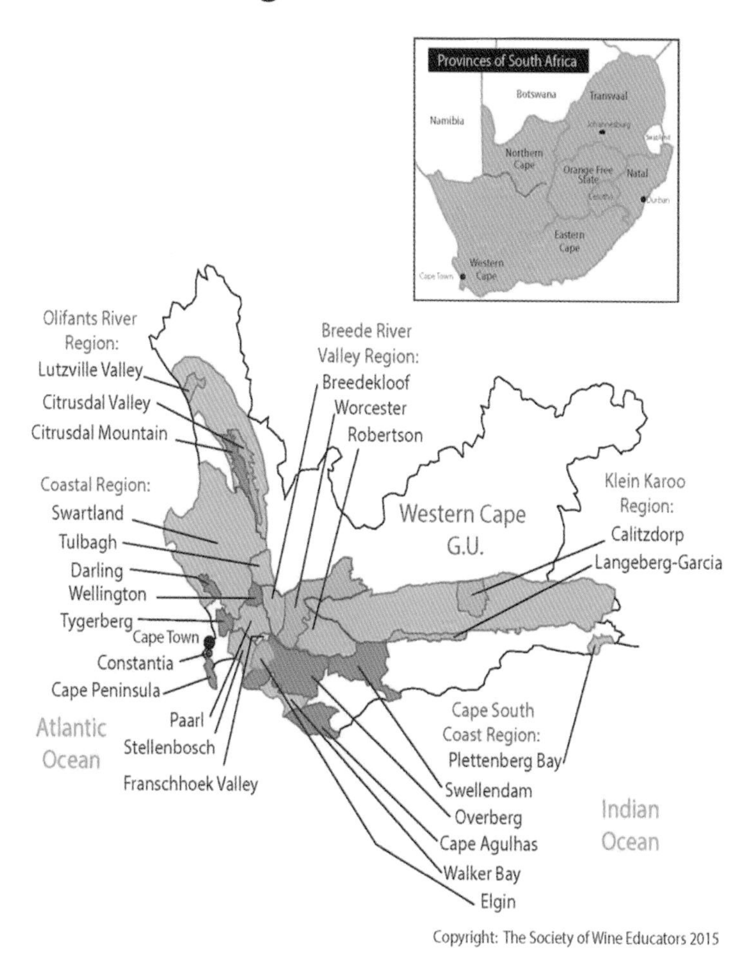




## ② 남아프리카 와인의 특징

지리적으로는 신세계에 속해 있다. 그러나 스타일은 유럽의 와인을 떠올리게 한다. 남아공의 까베르네 소비뇽은 프랑스의 까베르네 소비뇽과 비슷한 맛을 낸다. 반면에 미국의 캘리포니아와인과 호주 와인가 같이 신세계의 레드와인과는 또 다른 맛을 전해 주고 있다는 평가이다. 남아공 와인은 캘리포니아 와인의 매혹적인 향과 프랑스 와인의 미묘함이 그럭저럭 어우러졌다고 할 수 있다는 평가이다. 즉, 신세계와 구세계의 중간에 있거나, 아니면 독특한 그들만의 와인을 만든다고 생각해도 좋을 것이다(Ed McCarthy, 2003; 215)라는 평가가 시사하는 바가 의미있게 다가온다. 이러한 평가를 통해 남아공 와인의 독자적인 스타일을 발견할 수 있다.

아울러 대표적인 품종 피노타지(pinotage)를 통해서 프랑스 스타일을 추구하는 것을 알 수 있다. 프랑스 전통품종인 피노누아(Pinot noir)와 프랑스 남부지방의 품종 쌩소(Cinsaut)를 결합하여 새로운 남아공의 대표품종 피노타지를 생산한 것을 볼 때 도전적인 신세계의 정신도 같이 엿볼 수 있는 사례라고 하겠다.

**남아공 와인**

17세기 망명한 프랑스인들에 의해 본격적으로 와인이 생산되면서부터 300년의 생산 역사를 자랑하게 된 남아공의 와인은 프랑스와 견줄 정도로 그 품질이 뛰어나다. 특히 남아공의 인기 관광지 중 하나인 컨스텐시아 지역에서 생산되는 와인은 세계적으로도 유명하다. '오만과 편견'의 작가 제인 오스틴은 컨스텐시아 디저트 와인을 너무 좋아해 그의 작품에도 소개했으며, 나폴레옹 또한 이 와인의 매니아였던 것으로 유명하다. 남아공의 와인은 복합적이면서도 부담이 없는 편안함과 섬세하면서도 강한 맛으로 표현되며, 남아공의 쇼비뇽블랑과 쉬냉블랑 등은 국제적인 상을 수상하며 세계적으로 그 뛰어남을 인정받고 있다(http://sports.media.daum.net/cup2010/news).

Klein Constantia, Vin de Constance

## 3 포도 품종

### 1) 화이트 와인

최근 백포도가 점차 감소하는 추세로 보고 있다. 쇼비뇽 블랑, 샤르도네를 포함하여 좋은 품종들의 재배가 증가하고 있다. 특히 슈냉 블랑(Chenin Blanc)[2)]이 유명하다. 무스카

2) 남아공에서 스틴(Steen)이라고 불린다. Chenin Blanc은 드라이한 스타일로부터 스위트한 와인까지 다양하게 만들어진다. 수확기는 대체로 늦은 편이다. 모과잼향, 사과, 계피향 등(고종원 외, 2013;50) 이국적

트 드알렉산드라가 생산된다. 기타 클레레트 브랑쉬, 케이프 리슬링, 에메랄드 리슬링, 그레나쉬, 무스카델, 누벨, 빨로미노, 피노 그리, 위니 블랑, 비오니에 등(남아공 와인협회)의 다양한 화이트 품종이 있다.

남아공 와인[3]은 화이트와인이 80%를 차지할(마이클 슈스터, 2007; 239) 정도로 비중이 높다.

### 2) 레드 와인

최근 레드와인 생산이 증가하는 추세이다. 피노타지[4]가 가장 대표적인 레드 품종이다. 까베르네 쇼비뇽, 쌩소, 메를로, 쉬라즈도 대표적인 레드품종이다. 그밖에 까베르네 프랑, 까리냥, 가메, 말벡, 므드베드그, 무스카델 등 다양한 품종이 생산된다.

## 4 주요 생산지

지중해의 더운 날씨를 연상시키는 대표산지[5]들은 한낮의 찌는 듯한 더위를 피해 고지대로 향하는 경사면에 위치한다. 대서양과 인도양에서 불어오는 해풍이 더위를 식혀주고 있다.

### 1) 스텔렌보쉬(Stellenbosch)

가장 대표적인 남아공의 대표적인 와인산지이다. 케이프타운에서 50Km 거리에 있다. 엘스테 강의 영향으로 상류는 화강암질 토양에서 레드와인, 하류에서는 사력질 토양에서 품질이 좋은 화인트 와인이 생산된다. 연간 강우량이 600~800mm이며 전체 남아공 산지의 재배면적 15%를 차지한다. 샤르도네, 까베르네 소비뇽, 소비뇽블랑, 피노타지, 메를로, 쉬라, 쉬냉블랑 등 좋은 품질의 와인을 재배한다.

---

이며 아로마가 훌륭하며 바디감도 좋다. 현재 중동의 유수의 항공사들이 와인서비스에 공을 들이는데 남아공의 슈냉블랑을 서비스하여 좋은 평가를 받고 있다.

3) 남아공 와인은 세계 생산량의 3.2%를 차지한다(마이클 슈스터, 2007; 239).

4) 새로운 품종을 만들어 내기 위해 교잡 시도가 이뤄졌고 가장 대표적으로 유명한 것이 피노 누아와 쌩소의 교잡으로 탄생된 적포도 품종이다(www.wosa.co.za).

5) 가장 오래된 산지이며 사질토양으로 배수가 잘되며 샤르도네가 주로 재배되는 기후가 서늘한 편인 콘스탸샤(Constantia), 프란스후크 계곡, 팔, 스텔린보쉬 지역으로 케이프타운을 둘러싸고 있다(고종원 외, 2011;224).

## 2) 팔(Paarl)

프랑스에서 종교 박해를 피해 이주해 온 위그노 교도들에 의해 포도재배가 시작되었다. 대표적인 품종은 까베르네 소비뇽, 피노타지, 시라, 샤르도네, 슈냉블랑 등이다(고종원 외, 2011; 224~225).

## 3) 기타

서늘한 기후로 세련되고 현대적인 와인에 이상적인 지역으로 평가되는 더면빌(Durbanville), 석히질이 풍부하며 샤르도네 등 화이트 와인이 재배되는 로버트슨(Robertson)지역이 있다. 새로운 산지로는 인도양 오른편에 위치한 모셀만, 케이트 타운 가까이 있는 워커만, 엘진 지역이다. 엘진은 소비뇽블랑을 주로 생산하는 것으로 알려져 있다(고종원 외, 2011; 222).

### 와인 투어

케이프주 와인 생산 지역은 전 세계적으로도 가장 아름다운 관광지 중의 하나로 손꼽히고 있다. 케이프타운에서 약 한시간 거리에 위치한 대표적인 와인 생산지역으로 콘스틴샤(Constantia), Durbanville, Darling, Stellenbosch, Helderberg, Paarl, Franschhoek, Franschhoek, Wellington(Walker Bay) 등을 따라가는 관광코스가 인기를 얻고 있다고 한다. 시간적 여유가 있으면 조금 더 떨어져 있는 Breederkloof, Worcester, Robertson, Litte Karoo, Tulbagh, Swatland 등을 방문할 수 있다. 아름다운 와인농장과 와이셀러, 생산과정 등을 견학하며 현지 유명 레스토랑의 특별메뉴를 산지 와인과 함께 맛보는 것이 추천된다. 말타기, 산악자전거, 하이킹 등 다양한 체험도 함께 할 수 있다. 이러한 와인 농장과 마을에는 18세기와 19세기 크게 번성했던 고풍스러운 네덜란드식 건축 양식의 가옥들이 아름답게 보존되어 있어서 보는 즐거움을 더해 준다는 지적이다(www.wosa.co.za).

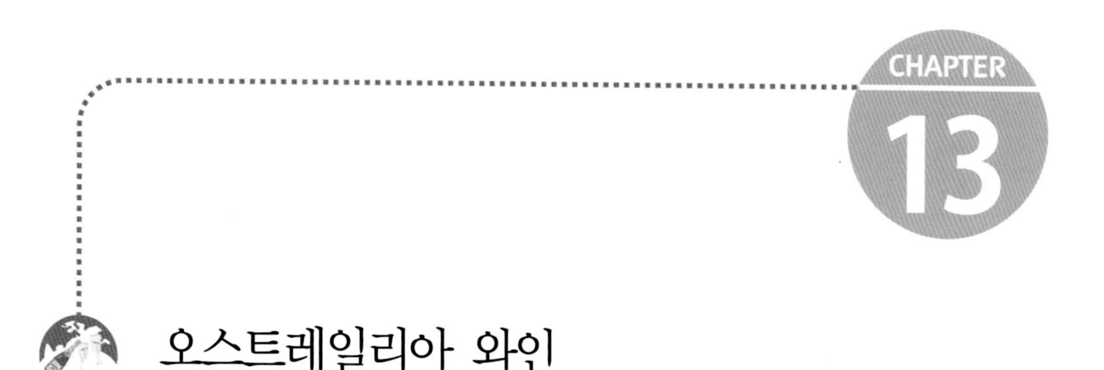


# 오스트레일리아 와인

## 1 지역 개관

다른 와인생산국에 비해 호주는 와인산업이 발달하기에 좋은 떼루아나 좋은 조건을 갖고 있는 나라라고 볼 수 없다.

토착 품종이 있어 자생적으로 번식되던 포도밭도 없었고 국토의 대부분이 사막과 고원지대로 이루어져 있어 대부분의 기후 또한 무덥고 건조한 대륙이기 때문이다. 전 세계 5대륙 가운데서도 강우량이 제일적은 곳이다.

게다가 다른 나라들은 종교적인 이유로 어떻게 하든지 자국의 포도품종을 심어 와인을 만들려고 노력한 것과 대비하여 호주를 개척한 영국은 와인의 소비 및 평가로는 예나 지금이나 세계 최고이지만 와인 생산의 역사와 전통에 대해서는 부족한 점이 많았다.

이 때문에 17세기 유럽 이민자들에 의해 미국, 스페인에 의해 칠레에서 상업적 와인생산을 하고 남아프리카 공화국이 1659년 첫 와인을 생산하는 등 다른 신세계 국가들이 와인생산을 시작한 후 한참이 지난 1788년에 이르러서야 아서 필립(Arthur Phillip) 총독에 의해 지금의 시드니 근교에 최초의 포도나무가 심어졌다는 기록이 전해진다.

이후 유럽에서 362종의 포도나무를 가져와 시드니 식물원에 심은 스콧(Scot), 제임스

버즈비(James Busby)에 의해 이 포도나무 가지들이 전역으로 흩어져 오스트레일리아 와인 산업의 기반이 되었다.

1830년대 선구자격에 해당했던 사람들의 이름은 라벨을 통해 내려온다. 1836년 윈덤(Wyndham), 1840년대 의사로서 치료제로 사용했던 린더만(lindeman)박사 등을 예로 들 수 있다. 또 다른 의사인 펜폴드(penfold)박사가 사우스 오스트레일리아 그랜지 농원에 병원을 설립하고 1840년 무렵 와인을 만든 목적도 약으로 활용하기 위해서이다. 와인에는 철분이 많기 때문에 오스트레일리아 까지의 먼 뱃길로 빈혈에 걸린 이주민 치료에 제격이었다.

종교박해를 피해 독일출신의 루터교도 들이 애들레이드 북쪽 바로사 밸리(Barossa Valley)에 정착하고 독일 라인 지방의 리슬링(Riesling) 품종을 제이콥스 크릭(Jacob's Creek)에 심으며 포도재배 산업은 일대 전환기를 맞게 되지만 내수 시장이 전무한 상황이기에 유럽 수출을 활로로 모색하게 된다.

1851년 런던 박람회를 시작으로 1855년 파리 만국 박람회에서 프랑스 와인들과 품질 경쟁을 벌였으며 1882년 보르도 국제 박람회, 1889년 파리 국제 박람회에서 금메달을 받기에 이른다.

19세기 후반 대형 압착기와 냉각 처리 과정 등 현대적인 시스템을 갖추는 등 와인 양조 기술의 발달로 와인 생산은 폭발적으로 증가하였다. 19세기 초반의 와인이 가내공업품이라면 19세기 후반은 공산품의 성격을 띄게 된다. 산업으로서 오스트레일리아 와인 산업은 두 차례의 세계대전 이후로 주 시장인 영국시장을 개척하고 1960년 중반 이후로 발전일로로 들어선다.

이시기부터 오스트레일리아 현대 와인산업의 시기로 보는데 당시 영국 시장에 맞추어 와인 산업은 주정을 강화한 알코올이 높고 달달 한 주정강화 와인에 집중 되어있었다.

1970년대에 마가렛 리버, 모닝턴 페닌슐라, 야라 밸리와 같은 서늘한 기후대를 선별해 고급 와인생산을 생산하려는 현대 와인산업이 시작되었다.

이 시기에 현재의 호주 대표적 와인회사인 사우스콥와인스(Southcorp wines), 베린저 블라스(Beringer Blass), 올랜도 윈덤(Orland Wyndham)이 인수합병을 통해 규모를 키우기 시작했다.

현대적인 호주 와인산업의 기술을 상징하는 스테인리스 통이 널리 이용되어 발효 온도를 조절하였고 더운 지역에서 화이트 와인 생산 등 지금의 오스트레일리아 와인의 초석을 닦는 시기를 맞이한다.

1980~1990년대에 와인산업은 나날이 발전하여 1994년 지리적표시 제도(G.I: Geographic Indications)를 도입하여 떼루아(Terroir) 개념을 도입하여 전세계로 수출시장을 넓히게 된다.

## 2 오스트레일리아 와인의 특징

오스트레일리아 북부와 중앙부는 기후적으로 포도재배에 적합하지 않다. 이들 지역 중에서도 특히 호주 중심부에 해당하는 지역은 극단적으로 건조하여 포도밭은 주로 남부 인도양 연안지역에 많이 분포하며 와인생산의 대부분은 오스트레일리아 동남부에 집중되어 있다. 총 생산량의 절반 이상은 사우스 오스트레일리아(South Australia)이다.

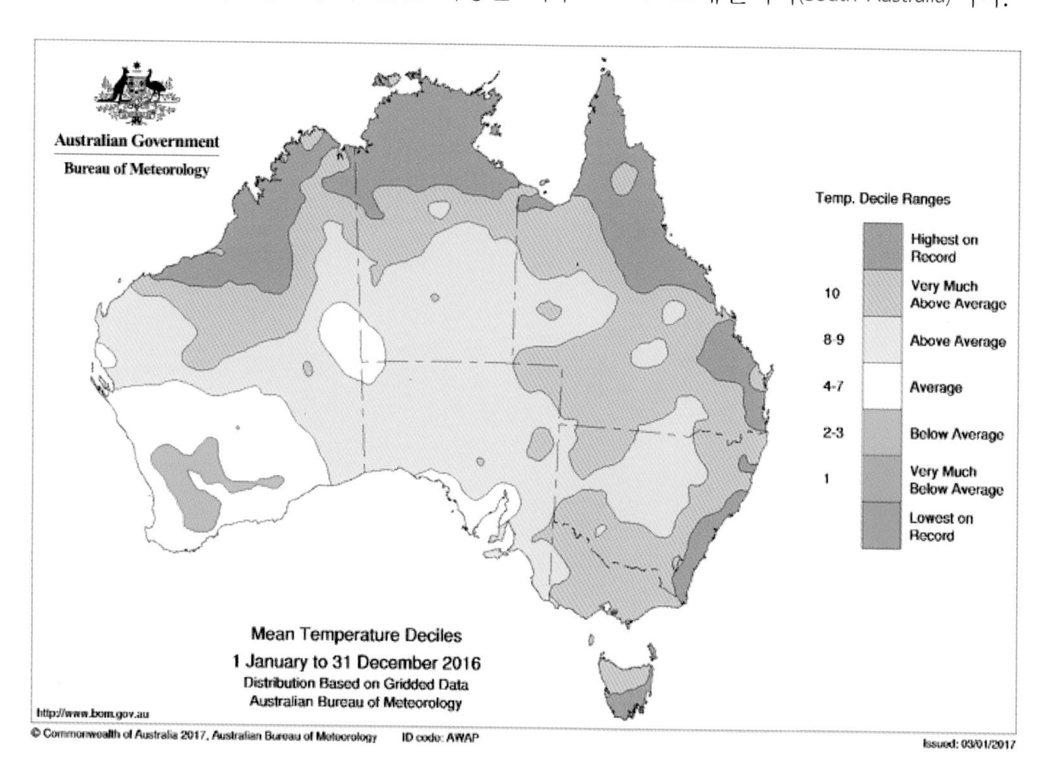


남반구에 위치하기 때문에 오스트레일리아의 수확은 2월과 3월경에 시작된다. 광대한 국토 안에서 포도재배지와 와인 양조장이 상당히 멀리 떨어져 있기 때문에 포도를

1600km 이상 운반하는 일도 흔하다.

특별히 높은 평가를 받고 있는 와인의 경우에는 여러 개의 다른 산지의 포도를 사용해 만들어 라벨에는 사우스 오스트레일리아(South Australia)라고 표기하는 경우가 있는데 대표적인 예가 펜폴즈 그랜지(Penfold Grange)이다.

펜폴드 그랜지

이러한 브렌딩 방식을 지역간 브렌딩(Inter-Regional Blending), 크로스 브렌딩(Cross State Blending), 멀티 빈야드 브렌딩(Multi-Vineyard Blending) 등이라 부르는데 이 방법을 통해 특정 지역의 빈티지가 좋지 않더라도 서로 다른 지역의 우수한 포도를 가져다 브렌딩을 통해 약점을 보완하는 방식으로 품질의 균일성을 유지할 수 있는 호주 특유의 양조방식이라 할 수 있다.

이것이 펜폴드 그랜지가 슈퍼 프리미엄 와인이면서도 사우스 오스트레일리아(South Australia)가 원산지인 이유이다. 마치 프랑스 보르도 지방의 1등급 와인이 가장 저렴한 A.O.C 보르도(Bordeaux)로 출시되었다고 볼 수 있다.

영국 시장에 본격적으로 수출하기 시작한 1980년대 중반이래 오스트레일리아 와인의 수입이 지속적으로 늘어나 지금의 신세계 와인 비중에서 선두를 차지하고 있다. 그리고 또 하나의 특징으로는 스크류 캡의 사용이 다른 신세계 와인 생산국에 비해 월등히 높다는 점이다.

이는 호주의 지리적 위치 때문이기도 하다. 코르코 나무의 대표적인 생산국인 포르투갈(Portugal)에서 호주로 코르크가 수입되려면 다른 와인생산국과 달리 장시간을 적도인근에 노출되어야 하는데 이로 인한 코르크의 변질 우려가 심하고 실제로 호주에서의 코르크로 인한 와인 변질이 다른 생산국보다 월등히 높다.

이 이유로 스크류 캡을 선호하고 이웃에 위치한 뉴질랜드도 같은 이유로 스크류 캡을 월등히 많이 사용하고 있다.

스크류 캡

## 3 오스트레일리아 와인 라벨 및 와인법규

### 1) 오스트레일리아 와인 라벨

와일 라벨 표기시 품종 85% 이상, 원산지명 85% 이상, 수확년 85% 이상 함유해야 하며 포도 품종이 브렌딩 표기시 함유 품종 비율이 많은 순으로 라벨에 표기해야 한다.

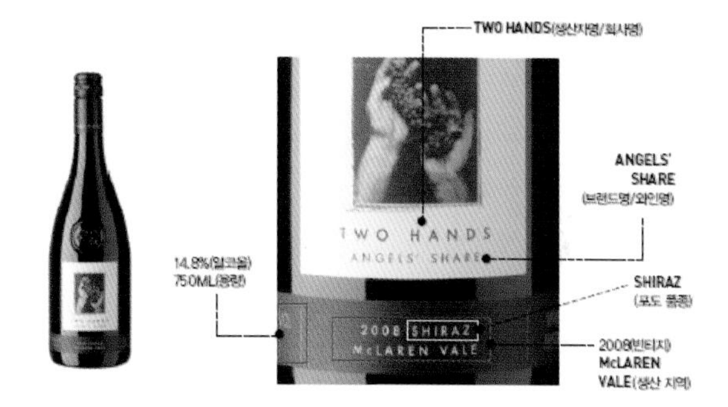


### 2) 와인 법규

#### (1) 지리적 호칭 제도(G. I: geographical Indicate₩ion)

오스트레일리아의 와인 법은 와인의 명산지인 프랑스의 브르고뉴(Bourgogne), 샤블리(chalbis), 보르도의 끌레렛뜨(Claret), 독일의 호크(Hock) 등의 용어를 호주 국내시장에서 사용하는 것이 아직까지 허가되어 있듯이 엄격한 명칭제도를 따르고 있지 않고 있다.

그러나 와인 라벨에 포도명을 표기하는 경우에는 그 포도가 와인 중에 85% 이상 포함해야 하며 수확한 해를 표기한 경우에는 그 해의 포도가 85% 함유되어야 한다. 최근 원산지를 표시하는 경우 그 산지의 포도를 적어도 85% 이상 포함해야 한다는 원산지 체계가 확립되었다.

이것이 바로 지리적 호칭 제도(G. I: geographical Indicate₩ion)이며 떼루아(Terroir)를 중요시하는 유럽수출을 목적으로 만들어진 원산지 체계이다.

## 4 주요 생산지

### 1) 사우스 오스트레일리아(South Australia)

#### (1) 바로사 밸리(Barossa Valley)

오늘날 오스트레일리아 와인산업의 중심부이다. 대기업 와인메이커가 모여 있는 와인 생산의 거점지로서 1800년대 중반 다양한 인종의 초기 정착민들과 1847년 독일 이민자들이 종교 박해를 피해 이민 오면서 와인생산이 시작되었다.

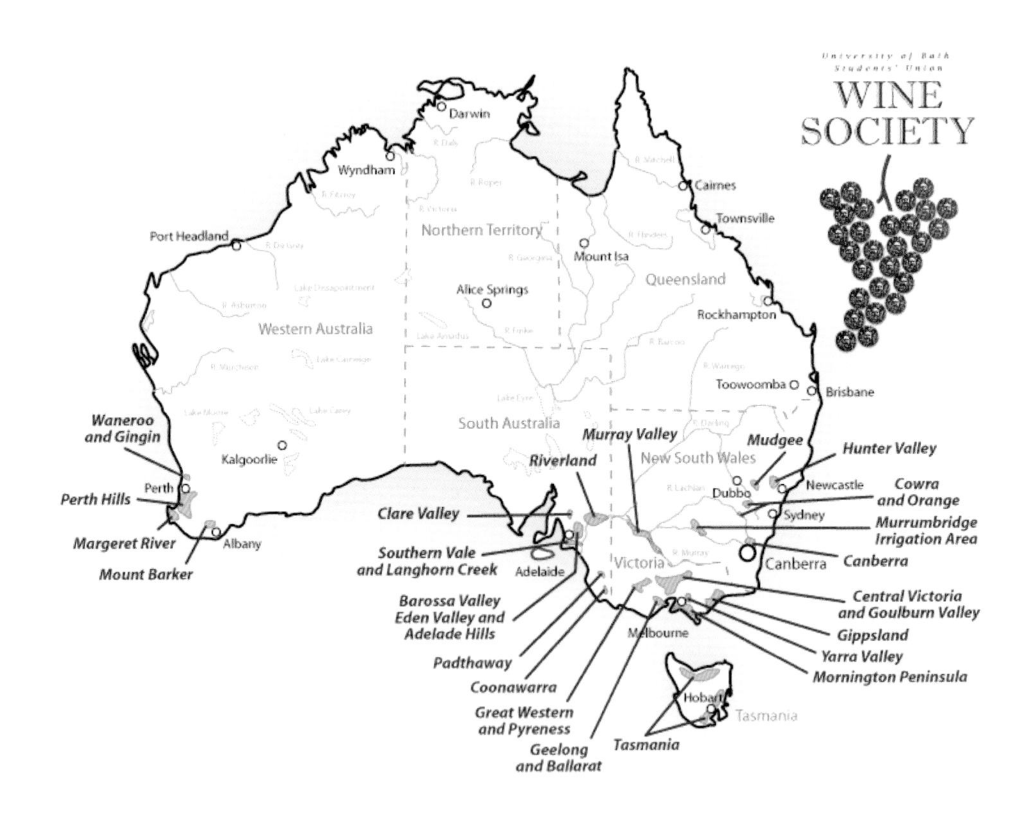


떼루아가 다채롭고 낮과 밤의 일교차가 크며 높은 곳에 위치한 포도밭에서는 리슬링이 재배되고 풀 바디 레드 와인까지 다양하게 생산한다.

이곳의 쉬라즈(Shiraz)는 다른 호주의 어떤 지역에서의 쉬라즈(Shiraz)보다 강렬한 과일 풍미를 자랑한다. 1951년 처음 만들어진 최초의 프리미엄 드라이 와인 펜폴즈 그랜지

(Penfolds Grange)의 원료로도 사용하였다.

### (2) 클레어 밸리(Clare Valley)

온난한 대륙성 기후로 오스트레일리아 최고의 리슬링(Riesling) 생산지이다. 이든 밸리(Eden Valley)와 함께 리슬링으로 유명한 산지이다.

크레어 밸리의 리슬링은 미네랄이 풍부하고 시트러스 과일류의 라임(Lime) 아로마가 풍기는 상쾌한 스타일로 장기숙성이 가능하다. 더불어 꿀처럼 달콤한 세미용(Semillon) 품종도 높은 평가를 받는다.

### (3) 맥라렌 밸리(McLaren Valley)

1838년을 거슬러 올라가는 오래된 와인산지로 장기 숙성형 와인을 생산하며 새로운 품종의 재배도 활발히 이루어지고 있다.

애들레이드 힐스(Adelaide Hills) 외곽지역에 있으며 서쪽으로 빈센트 만(bay)의 해풍이 더운 포도밭을 식혀주고 동쪽으로 마운트 로프티 산맥의 높은 고도에 포도밭이 위치하고 있어 품질 좋은 포도를 생산한다. 주요 품종으로는 샤르도네(Chardonnay)와 쉬라즈(Shiraz)이다.

### (4) 애드레이드 힐스(Adelaide Hills)

1970년대 서늘한 기후(Coolclimate)에서 포도재배가 활성화된 이후 부상한 와인 산지이다. 애드레이드 근교의 400m~500m의 높은 곳에 위치한 포도밭에서 생산한 포도로 만든 고급 드라이 와인과 고급 스파클링 와인산지로 떠오르고 있는 산지이다.

레드는 피노 누아(Pinot Noir), 화이트는 샤르도네(Chardonnay) 쏘비뇽 블랑(Sauvignon Blanc)이 주목받고 있다.

테라 로사(Terra Rossa) & 쿠나와라(Coonawarra) 카베르네 쏘비뇽 와인

#### (5) 쿠나와라(Coonawarra)

보르도 지방과 비슷한 해양성기후대로 까베르네 쏘비뇽에 가장 적합한 붉은 토양인 테라로사(Terra Rossa)로 유명한 명산지이다. 구대륙에서는 신대륙의 떼루아(Terroir) 중 토양을 대체로 인정하지 않는 경향이 있으나 이곳의 테라로사는 전형적인 떼루아로 인정받고 있다.

포도 성숙기 서늘한 시기에 까베르네 쏘비뇽의 탄닌 성분이 강하고 농축되어 보르도의 포도와 유사해진다.

#### (6) 패서 웨이(Pathaway)

1990년대에 뒤늦게 인정받은 산지로 쿠나와라에 이어 해양성 기후의 산지로 고품질의 샤르도네, 까베르네 쏘비뇽이 재배되고 있다.

#### (7) 리버랜드(Riverland)

마레 강 유역의 대량 생산지로 캐스크(Cask)에 담긴 일상적인 와인과 벌크 와인의 공급지이다. 주정 강화 와인으로 잘 알려져 있다.

### 2) 뉴 사우스 웨일즈(New South Wales)

#### (1) 헌터 밸리(Hunter Valley)

헌터 강을 중심으로 하류의 로우 헌터 밸리(Low Hunter Valley)와 상류의 어퍼 헌터 밸리(Upper Hunter Valley)로 나눈다.

1820년 오스트레일리아 와인 산업의 개척지로 해양성 기후이고 고급 화이트, 레드 와인부터 주정강화, 귀부 와인까지 생산하는 와인의 종류가 다양하다.

로우 헌터 밸리는 전형적인 오스트레일리아 스타일로 알려진 전통 산지로 화이트는 헌터 밸리의 세미용이, 레드는 강인한 스타일의 쉬라즈로 유명하다.

어퍼 헌터 밸리는 헌터 밸리 지역 최북단의 신생 포도재배 지역으로 1960년 이후로 개척된 지역이다. 화이트는 버터 풍미의 샤르도네, 레드 와인은 짙은 까베르네 쏘비뇽의 특색 있는 와인을 생산한다.

#### (2) 머지(Mudgee)

"머지"는 "언덕의 보금자리"라는 원주민어이다. 1850년대부터의 오래된 역사를 갖는 생산지로 유칼립투스(Eucalyptus) 풍미의 특징을 갖는 쉬라즈, 까베르네 쏘비뇽이을 생산한다.

#### (3) 리베리나(Riverina)

리베리나는 오스트레일리아에서 2번째로 큰 와인생산지로전국 생산량의 15%가 생산되는 벌크 와인을 생산한다.

### 3) 빅토리아(Victoria)

#### (1) 골번 밸리(Goulburn Valley)

비오니에(Viognier), 마르산(Marsanne), 루산(Rousanne), 쉬라즈(Shiraz), 무르베르드(Mourvédre)는 프랑스 론 밸리(Rhone Valley)의 품종이자 호주 골번 벨리 와인의 강점이기도 하다. 쉬라즈는 1860년대부터 마르산은 1930년대부터 골번에서 재배되었으며 나머지 론 품종들은 이후에 재배되기 시작하였다.

#### (2) 절롱(Geelong)

오스트리아 와인역사에서 1875년 필록세라의 상륙지로 기록된다. 현재의 절롱은 해양성기후의 보르도와 대륙성 기후의 브르고뉴 두 곳을 모두 닮은 지역으로 따뜻한 내륙인 아나키 지역에서 쉬라즈를 서늘한 해양성기후의 벨라린 반도에서는 피노 누아와 샤르도네를, 이 두 지역 사이의 배녹번에서는 개성 강한 피노 누아를 생산하고 있다.

#### (3) 야라 밸리(Yarra Valley)

1920년경 명맥이 끊겼던 와인 산업이 1960년대 예링버그 와이너리의 부활을 거쳐 1990년대에 부흥하였다. 야라 벨리는 피노 누아, 샤르도네, 까베르네 쏘비뇽, 쉬라즈에서 스파클링 와인까지 좋은 품질의 와인을 생산한다.

이것은 이 지역이 서늘한 와인 산지(Coolclimate)이면서도 야라 밸리 북쪽은 따뜻하고 건조한 반면 남쪽은 서늘하고 습하는 등의 미세기후(Microclimate)가 다양하기 때문이다.

멜버른에 가깝고 부띠끄 와이너리가 많으며 섬세한 탄닌과 장기숙성 가능한 까베르네 쏘비뇽, 깔금하고 우아한 쉬라즈와 함께 스파클링과 피노 누아의 산지로 유명하다.

#### (4) 모닝턴 페닌쉴라(Mornington Peninsula)

1970년대에 이르러 와인산지로 개발되기 시작한 새로운 와인 생산 지역이다. 삼면이 바다로 둘러 쌓인 반도에 위치하고 있고 해양성 기후의 서늘한 산지로 산미가 강하고 좋은 샤르도네가 생산한다. 해풍이 열을 식혀주어 브르고뉴의 주요 품종인 샤르도네와 피노 누아에게 최고의 환경을 제공해 준다.

#### (5) 히스코트(Heathcote)

주요 와인 품종은 까베르네 쏘비뇽과 쉬라즈, 샤르도네이다. 레드 와인은 힘 있고 탄탄한 탄닌 성분이 강하며 특히 최고급 쉬라즈의 산지로 알려져 있다.

#### (6) 킹 밸리(King Valley)

빅토리아의 북부 알프스 산기슭에 위치한 산지로 호주 최고 높이인 800m에 포도밭이 위치하고 있다. 여러 품종의 포도를 대량으로 생산하며 국내 각지에 와인 원료로 제공하고 있다.

바르베라, 돌체토, 네비올로, 산지오베제 등의 이탈리아 품종을 비롯하여 따나, 쁘띠 멍상, 템프라니요 등의 품종도 도입하여 생산을 시도하고 있다.

### 4) 웨스턴 오스트레일리아(Western Australia)

#### (1) 스완 디스트릭(Swan District)

1829년 웨스턴 오스트레일리아 와인 발생의 산지로서 내륙의 고온 건조한 기후로 1920년대에 두각을 나타낸 주정강화 와인 생산에 적합한 지역이다.

현재는 레드 보다는 화이트 와인이 각광받는 산지로 베르델호(Verdelho)와 슈냉 블랑(Chenin Blanc)이 유명하다.

#### (2) 마가렛 리버(Margaret River)

1970년대 초에 탄생한 인기 와인산지로 좋은 일조량과 차가운 해류로부터 오는 시원한 기류가 포도밭의 열기를 식혀주는 좋은 떼루아를 갖고 있다. 마가렛 리버는 오스트레일리아에서 가장 바다의 영향을 많이 받는 지역이다.

1965년 존 글래드 스톤즈 박사에의 해 마가렛리버와 보르도의 비교 분석 이후 여러 면에서 보르도와의 비슷한 연관성이 나타났다.

전통적인 보르도의 화이트, 레드 품종이 마가렛 리버에서 뛰어난 결과를 내보였다.

마가렛 리버의 까베르네 쏘비뇽 설명에 자주 등장하는 말인 "세련되고 우아하다."라는 표현이 잘 만든 보르도의 까베르네 쏘비뇽에서 자주 등장하는 표현과 일치함에서 잘 알 수 있다.

르윈 에스테이트(Leeuwin Estate)

1967년 하나뿐이었던 와이너리(벡스 펠릭스 포도원) 이곳에 현재는 백여개가 넘는 와이너리가 존재한다.

#### (3) 그레이트 사우던(Great Southern)

이 지역은 웨스턴 오스트레일리아에서 가장 큰 포도 생산지역으로 남서부 해안을 따라 200km 구간에 펼쳐져 있다.

### 5) 퀸스랜드(Queensland)

1863년부터 와인을 생산해온 와인산지로 다른 생산지와는 다르게 대부분의 지역이 열대 기후에 속하는 지역이다. 이 곳 생산자들은 열기와 습기를 피하기 위해 바다 바람이 불어오는 높은 지역에 포도를 재배한다. 퀸즈랜드 남부 화강암 벨트 Granite Belt지역의 포도밭은 높이 810m 위치에 위치하고 있다.

### 6) 태즈메니어(Tasmania)

오스트레일리아에서 가장 서늘하고 해양성 기후의 영향을 많이 받으며 늦봄의 서리나 돌풍의 피해를 많이 입는 섬으로 포도를 재배하고 와인양조에 어려운 섬이다. 때문에 장소 선정의 전문화가 이루어졌고 태즈매니어 섬 북부, 동부, 남부 해안가를 따라 포도밭이 형성되었다. 피노 누아와 샤르도네, 리슬링이 주류를 이루며 스파클링 산지로도 유명하다.

## 5 호주 와인 마케팅

### 1) 펜폴즈(Penfolds)의 Bin 시리즈(Bin Series)

호주는 최초에 영국의 형무소의 역할로 개척되었다. 최초의 포도나무를 심은 이도 이곳의 초대 총독이었으며 남아도는 죄수들의 인력을 동원하여 포도나무를 재배, 와인을 양조하기 시작하였다.

초기 죄수들의 문맹률이 높아 글자를 읽지 못해 포도품종 구별 없이 섞이게 되었고 이후 이를 막기 위해 문자 대신 누구나 알고 있는 아라비아 숫자 표기로 포도 품종 구획을 구분하여 수확, 양조하게 되었다. 여기서 Bin은 술 창고를 의미한다.

이렇듯 BIN 222 chardonnay, Bin 444 cabernet sauvignon, Bin 555 shiraz, Bin 888 cabernet merlot 등은 각각의 품종을 해당 숫자로 구분 지어 표기한 와인에서 유래한 것이다.

현재 호텔 레스토랑 리스트에서 와인 품목 앞에 "F 145" 등 간략하게 알파벳과 숫자가 간략하게 적혀 있는 경우가 많은데 고객입장에서도 간략하게 부를 수 있으며 관리자의 입장에서도 간편하게 관리할 수 있는 방법으로 사용하고 있다.

펜폴드 빈(Bin) 시리즈 와인

이러한 번호를 Bin넘버라고 부르는데 그 이유에는 이러한 역사적 유례가 있다.

### 2) 울프 블라스의 컬러 라벨(Wolf Blass Color Label)

울프 블라스의 독창적 마케팅으로 라벨 색상으로 상품을 각인하는 방법으로 홍보를 하였다. 품종을 기억하지 않아도 색상만 기억하면 와인을 선택할 수 있는 소비자 친화적 마케팅 방식이다.

울프 블라스 와인

울프 블라스 최고 와인의 컬러는 블랙 라벨(Black Label)과 플래티넘 라벨(Platinum Labe)이다.

### 3) 블루 오션 개척자 옐로 테일(Blue Ocean Pioneer-Yellow Tail)

"옐로 테일(Yellow Tail)의 신화를 이루다" 값싸면서도 소비자들이 원하는 와인을 만들기 위한 아이디어로 출발한 저가 와인 프로젝트로 비용을 최소화하면서 소비자들의 기호에 맞춘 와인이다. 가장 호주적인 자유로운 와인으로 평가받았고 옐로 테일의 블루 오션 전략에 관한 논문이 쓰여지기도 하였다(논문: Wag That Tail Australia's Yellow Tail has quickly grown to become the top-selling imported wine in the U.S., and could be No. 3 overall by year's end. - Hein, K.).

값 비싼 오크 통 대신 오크 칩으로 맛을 내고 대중이 좋아하는 과일의 응축 미를 높이고 바닐라 에센스 첨가하는 등 저가 가격과 입맛에 맞춘 맞춤형 와인으로 전세계적으로 돌풍을 일으킨 와인이다.

옐로우 테일 시리즈

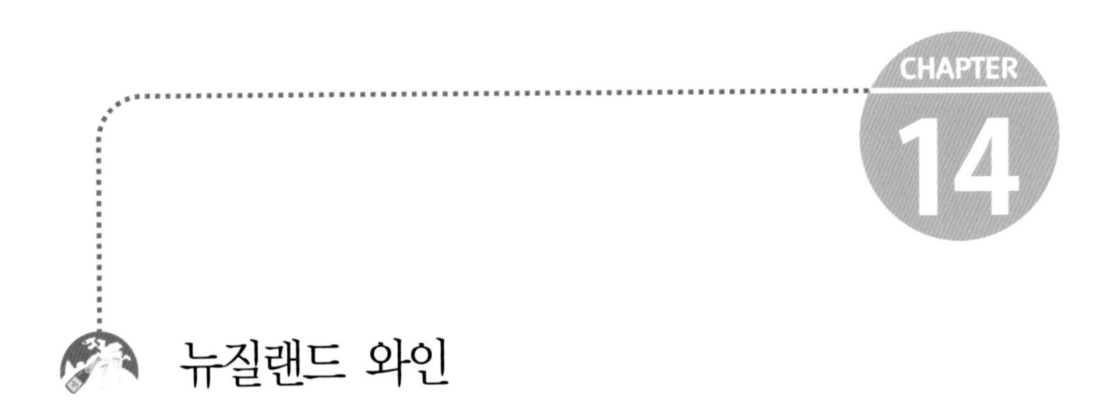


# 뉴질랜드 와인

## 1 지역 개관

뉴질랜드는 2009년 기준 와이너리가 650여개로 재배면적 32,000ha로 프랑스의 브르고뉴, 샹파뉴지방의 면적과 비슷하다. 영국내 수입에 있어서 평균가격 기준으로 가장 고가로 판매되는 만큼 선호도가 매우 높은 와인으로 보면 된다.

우리나라는 뉴질랜드와 FTA체결을 기다리고 있다. 체결후에는 보다 가격경쟁력과 많은 와인이 추가적으로 국내에 소개되어 경험할 수 있게 될 것으로 예상된다.

뉴질랜드는 와인생산의 혁신과 훌륭한 포도재배 지역으로 세계적인 명성을 가지고 있다. 총 700여 개의 와이너리가 소재하고 있다(호텔앤레스토랑, 2014: 60).

## 2 뉴질랜드 와인의 특징

### 1) 기후

남위도 34~47도, 1,600km에 걸쳐 있다. 풍부한 일조량을 갖고 있는 지역이다. 약 2,200

시간의 일조량을 보인다. 시원한 해풍이 와인의 숙성과 산도를 높이는 역할을 한다. 서늘한 밤기온은 일교차로서 와인의 산도를 형성케 한다.

남북으로 길고 다양한 지형은 다양한 기후조건을 갖는다. 오클랜드, 기스본, 혹스베이 등의 북부지역은 풍요로운 일조량과 열을 보인다. 아열대기후대를 보여준다.

말보로[1], 넬슨, 와이라라파 지역은 가장 높은 일조량을 자랑한다. 센터럴 오타고 등 남부지역은 해가 잘 비치나 기온은 서늘한 곳이다. 지구의 최남단 산지이다.

REGIONS

- Northland
- Auckland
- Waikato & Bay of Plenty
- Gisborne
- Hawke's Bay
- Wairarapa
- Nelson
- Marlborough
- Canterbury & Waipara Valley
- Central Otago

## 2) 토양

토양은 생성된지 10,000년 이내의 유년기 토질이 대부분으로 침전물이 부족하다. 해안으로 흐르는 강에 의해 운반된 자갈과 모래, 침적토와 충적토로 구성되어 있다. 풍부한 화산토로 구성되어 있다(손진호, 2010: 16).

1) Marlborough지역은 뉴질랜드에서 일조량이 가장 좋은 지역(10월부터 4월까지 약 2448시간)이며 2006년 기준으로 뉴질랜드에서 가장 넓은 와인재배 지역(11,488ha)을 형성하고 있다(손진호, 2010: 11,15).

## ③ 포도 품종

### 1) 레드와인

#### (1) 피노누아

뉴질랜드에서는 소비뇽블랑 다음으로 많이 생산하는 품종이다. 흙냄새가 나는 스타일이며, 스파클링 와인에서도 이품종이 사용된다. 말보로지역과 마틴보로 지역의 피노누아가 좋은 품질을 갖고 있고 센트럴오타고의 피노누아도 주목을 받고 있다.

뉴질랜드의 피노누아는 구세계의 섬세함과 신세계의 풍부한 과일향을 갖추고 농축미가 좋다는 평가를 받고 있다. 산딸기, 레드커런트, 체리, 제비꽃, 아니스, 감초, 버섯, 트리플, 사향이 느껴지며 뉴질랜드의 피노누아는 특히 밀짚과 흙, 토양이 느껴진다는 평가를 받는다(고종원 외, 2013: 269).

#### (2) 기타

레드와인은 피노누아 외에도 혹스베이 지역 등에서 카베르네소비뇽이 잘 생산된다. 그리고 메를로 등이 생산되고 있다.

## 2) 화이트와인[2)]

### (1) 소비뇽블랑

뉴질랜드의 대표적 품종이다. 아마도 세계시장과 국내시장에서도 뉴질랜드의 명성과 경쟁력을 부각시킨 품종이라고 해도 과언이 아닐 것이다. 가격대비 품질이 우수하고 개성적인 특성을 잘 느낄 수 있다. 말보로(Marborough)지역이 유명하다.

**뉴질랜드의 대표주자로 부각**

뉴질랜드의 화이트 와인은 일반적으로 참나무통을 사용하지 않는다. 이로 인해 굉장히 신맛과 함께 풍부한 향을 전해 준다. 뉴질랜드의 소비뇽블랑은 아스파라거스, 라임, 잘려진 푸른잔디향에 비유할 수 있는 자극적이고 진한 향을 낸다. 이러한 특이함으로 거의 하루 아침에 새로운 소비뇽 블랑 와인의 전형으로 등극 할 수 있게 되었다. 특히 클라우디 만에 있는 양조장이 진한 향의 소비뇽 블랑으로 세계적인 명성을 얻었는데, 1985산은 가장 좋은 수확연도로 평가된다(Ed McCarthy, 2003; 214).
뉴질랜드 소비뇽블랑은 뉴질랜드 와인을 세계시장에서 경쟁력을 끌어 올린 주역이다. 가격대비 밸류와인으로 평가받는다. 저자의 경우, 강렬하며 독특하며 산도가 강해 처음에는 뚜렷한 개성적인 특성으로 선호도가 적었지만, 오히려 그러한 특성으로 인해 색깔이 분명하다는 이유로 선호하게 된 와인이기도 하다.

### (2) 샤르도네

북섬의 오클랜드(Auckland), 호크만(Hawkes Bay)에서 주로 생산한다. 소비뇽블랑에 못지 않게 경쟁력을 지닌 화이트 와인이다. 남섬에서는 말보로에서도 생산된다.

### (3) 기타

북섬의 오클랜드 호크만 주변 포도농장에서 밀러 투르가우가 생산된다(Ed McCarthy, 2003:214~214). 그밖에 소량으로 생산되는 피노그리, 최근 주목받고 있는 리슬링이 있다.

---

2) 뉴질랜드 화이트 와인이 73%를 차지하고 있다. 뉴질랜드 와인은 세계생산량의 0.13%를 차지한다(마 이클 슈스터, 2007;241).

## 4 주요 생산지

### 1) 북섬

#### (1) 혹스베이

Hawke's Bay지역은 샤도네이가 유명하다. 좋은 와인이 생산되는 지역으로 알려지고 있다.

#### (2) 기스본

Gisborne지역은 프리미엄 레드와인이 알려져 있다(호텔앤레스토랑, 2014: 60).

#### (3) 마틴버러

Martinborough는 Wairarapa로도 불린다. 소비뇽블랑, 피노누아를 생산한다. 특히 피노누아가 유명하다.

## 2) 남섬

### (1) 말보로

전술한 바와 같이 말보로 지역은 소비뇽블랑이 유명한 지역이다. 물론 피노누아도 많이 생산되는 지역이다.

### (2) 센트럴오타고

뉴질랜드에서는 가장 고도가 높은 지대, 즉 약 220m정도에서 재배된다. 시원하고 서늘한 이곳은 피노누아의 최적의 재배지이다. 이지역의 피노누아의 가격은 대체로 높다. 구조감이 있고 섬세하다. 타닌도 세련되고 단단하다. 과일향이 많이 나는 와인이 생산된다. 이지역에서는 샤르도네, 리슬링, 쏘비뇽블랑도 재배된다. 서늘한 지역(고종원외, 2013: 271~272)이며 와인이 재배되는 지구의 최남단지역으로 의의가 있다.

# 5 유명 브랜드 및 생산자

뉴질랜드 최대업체인 몬타나, 여러 종류의 밸류와인을 생산하는 빌라마리아, 소비뇽블랑을 세계와 높이 인식시킨 말보로 지역의 클라우드 베이, 좋은 품질의 밸류와인 생산자인 킴 클로포드, 최근에 좋은 평가를 받고 있는 실레니, 농축된 와인으로 평가받는 도그 포인트, 마틴버러지역의 품질와인을 생산하는 펠리셔 등이 국내에 수입되어 좋은 평가를 받고 있다.

펠리셔 와인

# 미국 와인

## 1 지역 개관

미국 포도밭의 시작은 동부인가? 서부인가?

개척 당시 초기의 미국영토는 현재의 캘리포니아를 포함하고 있지 않았기에 동부가 시작점이라는 시각과 현재의 미국영토와 와인생산지의 요충지를 고려하면 서부가 시작점이라는 시각이 있으므로 여기서는 동부와 서부를 나누어 살펴보겠다.

미국 동부에서 최초의 포도밭은 1815년 나폴레옹 전쟁 패퇴 후 망명 온 퇴역 군인과 민간관료들이 프랑스 농업, 제조업 협회 결성 후 앨라배마에 유럽 포도 품종인 비티스 비니페라(Vitis Vinifera) 품종을 최초로 심었으나 1828년 포도밭은 황무지가 된다. 이후 독일에서 건너온 이주민들이 1800년대 초 리슬링(Reisling), 실바너(Sylvaner) 등 독일 품종으로 인디애나에 심었으나 역시 좋은 결과를 얻지 못하였다. 이러한 그간의 실패는 비티스 비니페라 품종 집착 때문이었다. 당시 미국의 와인소비층은 비티스 비니페라 품종이 아닌 와인은 상상할 수 없을 만큼 문화적인 열등감에 시달렸기에 이러한 집착 또한 사회적 배경임을 알 수 있다.

미국 와인 생산 지역 지도

이렇게 실패를 거듭한 후에야 토종 품종이나 변종 품종으로 눈을 돌려 상업적인 성공을 거둘 수 있었다. 이와 같은 성공사례는 변종이나 토종으로도 좋은 와인을 만들 수 있다는 사실이 증명하였고 이후 인디애나(Indiana), 오하이오(Ohio), 켄터키(Kentucky)가 미국 포도재배 산업의 선두주자로 떠오르게 된다.

이즈음 남부의 몇개 주(State)에서도 와인생산에 노력을 기울였지만 결과는 미미하였다. 현재 서부 캘리포니아와는 달리 동부 뉴욕(New York) 주에서 미국의 토착품종이 와인 생산에 주로 사용되는 이유도 이러한 역사적 배경을 바탕으로 하고 있다. 그러나 변종, 토착 품종만으로는 고급와인은 생산하지 못한다는 한계점에 다다르게 된다.

한편 현재의 캘리포니아의 남부 지역인 미국의 서부지역에서는 영국, 프랑스, 스위스, 독일, 네델란드에서 건너온 이주민들이 1769년 현재의 멕시코지방에서 온 스페인 출신의 프란시스코 수도회의 주니페로 세라(Junipero Serra)신부와 수도사들의 심은 미션(Misión)이란 비티스 비네페라 품종으로 대량 생산에 성공한다.

캘리포니아 골드 러시(Gold Rush)

이후 스페인 세력이 약화되면서 이 지역은 멕시코로 독립하였고 후에 미국에 합병되어 현재는 미국에서 가장 오랜 역사를 자랑하는 와인 명산지로 탈바꿈하게 되었다.

이렇게 넓은 국토와 다채로운 민족과 역사가 혼합된 캘리포니아를 중심으로 현재의 대표적인 와인 산지가 개발되고 발전되어 주목받게 되었다.

1848년 당시 골드 러쉬로 유입된 1,4000명의 인구가 1852년 224,000명으로 폭발적 증가한 것 또한 포도재배 산업이 발전하는 원동력이 된다. 골드 러쉬(Gold Rush)로 유입된 인구가 금광이 없는 것으로 판명된 땅에 이 시기 유입된 와인 제조 기술을 갖고 있는 프랑스, 이태리, 독일의 이주민들에 의해 포도밭을 일구는 그레이프 러쉬(Grape Rush)로 전환되어 와인산업에 힘을 불어넣게 된 것이다.

이제 캘리포니아 남부의 와인 붐은 북쪽으로 이어지고 1850년대 소노마(Sonoma)와 나파(Napa)를 중심으로 포도재배가 널리 확산되기에 이른다.

1860년에서 1880년 20년간 와인 산업은 급속도로 성장하였다. 이제 북부 캘리포니아 와인 사업은 10년만에 남부 캘리포니아를 추월하게 된다. 토양과 기후 조건이 뛰어난데다 가장 큰 시장인 샌프란시스코와 가까워 운송료도 남부 캘리포니아 와인에 비교 우위에 서게 된 것이다. 게다가 남부 캘리포니아에 병충해가 생기면서 수많은 포도밭이 폐허로 변했고 이후 대부분 와인용 포도가 아니라 건포도용 포도재배로 전환하게 된다.

1880년 캘리포니아 주립대학은 버클리에 주요 연구시설을 세우고 주의 여러 지역에 연구용 포도밭을 조성하여 캘리포니아 와인의 품질향상에 크게 기여한다. 이들 연구시설은 현재 세계적으로 유명한 와인 대학인 U.C데이비스(U.C. Davis)의 포도재배, 양조학과로 발전하게 되었다.

1869년 미대륙횡단 철도의 완공과 더불어 캘리포니아 와인은 미국 동부의 여러 주에 소개되었고 많은 와이너리들은 유럽에 수출을 시작한다. 1890년에 이르러 와인산업은 연간 1억리터의 와인을 생산하였고, 같은 해 파리에서 열린 파리박람회에서 경쟁부문에 출품된 캘리포니아 와인의 절반 이상이 금메달을 수상하는 등 캘리포니아 와인은 폭발적으로 성장하게 되지만 찬물은 끼얹는 상황이 발생하게 되었다.

금주법 시행 때 술을 버리는 장면

과거 유럽을 강타했던 필록세라(Phylloxera)라는 포도나무 최악의 전염병이 캘리포니아에 창궐하고 세기가 바뀔 때까지 많은 포도밭을 파괴하였다. 오래된 포도나무는 모두 뿌리가 뽑혀 나갔고 필록세라(Phylloxera)에 내성을 가진 미국 야생종 포도나무의 뿌리에 유럽 포도의 줄기를 접붙여 다시 심게 되었다.

하지만 캘리포니아 와인산업을 이보다 더 황폐화시킨 사건은 이후 1919년 발효된 금주법이었다. 이 법안은 미국 내에서의 술의 생산과 소비를 일체 금지시켰다. 교회의 미사용으로 소규모의 와인 생산은 유지되었지만 대부분의 포도밭은 제거되거나 일반 식용포도 재배용으로 전락한다. 다만 판매용이 아닌 가정에서 담그는 소량만은 허가되었다.

1933년 금주법이 폐지된 이후 와인산업은 모든 것을 처음부터 다시 시작해야 하는 매우 힘든 기간을 갖게 된다. 금주법 기간 동안 고급 와인 소비층은 사라졌고 싸구려 저가와인만이 생존의 대안이 된 상황이 1940년 후반에 이를 때까지 이어진다. 또한 계속해서 이어진 대공황(The Great Depression)과 2차 세계대전(World War II)이라는 악재가 와인산업의 재기를 힘들게 했다. 와인산업은 1950년대 초에 이르러서야 어느 정도 다시 일어설 수 있게 되었고 이즈음 연간 5억 리터의 와인을 생산하게 되었다.

1960년대를 통해 캘리포니아 와인산업은 다가올 1970년대의 와인 부흥기를 준비한다. 소비자의 기호가 변하기 시작하였고 단일 품종으로 만든 드라이한 와인이 단맛이 강한 와인을 제치고 더 많은 인기를 끌게 되었다. 또한 많은 수의 새로운 와이너리들이 소노마(Sonoma)와 나파 밸리(Napa Valley)지역을 중심으로 문을 열기 시작하였다.

이 시기 보리유 빈야드(Beaulieu Vineyard)의 앙드레 첼리스체프(Andre Tchelistcheff)와 마이크 글기치(Mike Grgich)의 등장은 1976년 파리에서 열린 프랑스와 캘리포니아의 최고 와인 비교 시음회에서 캘리포니아 와인의 극적인 승리를 이끄는 원동력이 된다.

1976년 파리의 심판 결과

| 순위 | 레드와인 | 빈티지 | 오리진 |
|---|---|---|---|
| 1 | 스택스 립 와인 셀러 | 1973 | 미국 |
| 2 | 샤토 무통 로트칠드 | 1970 | 프랑스 |
| 3 | 샤토 몽로즈 | 1970 | 프랑스 |
| 4 | 샤토 오브리옹 | 1970 | 프랑스 |
| 5 | 리지 빈야드 몬테 벨로 | 1971 | 미국 |
| 6 | 샤토 레오빌 라스 카즈 | 1971 | 프랑스 |
| 7 | 하이츠 와인 셀러 마르타스 빈야드 | 1970 | 미국 |
| 8 | 클로 뒤발 와이너리 | 1972 | 미국 |
| 9 | 마야카마스 빈야드 | 1971 | 미국 |
| 10 | 프리마크 아베이 와이너리 | 1969 | 미국 |
| 순위 | 화이트와인 | 빈티지 | 오리진 |
| 1 | 샤토 몬텔레나 | 1973 | 미국 |
| 2 | 뫼르소 샤름 롤로 | 1973 | 프랑스 |
| 3 | 캘론 빈야드 | 1974 | 미국 |
| 4 | 스프링 마운틴 빈야드 | 1973 | 미국 |
| 5 | 본 클로 데 무쉬 조지프 드루엥 | 1973 | 프랑스 |
| 6 | 프리마크 아베이 와이너리 | 1972 | 미국 |
| 7 | 바타르몽라셰 라모네 프루동 | 1973 | 프랑스 |
| 8 | 퓔리니몽라셰 레 퓌셀 도멘 르플레 | 1972 | 프랑스 |
| 9 | 비더크레스트 빈야드 | 1972 | 미국 |
| 10 | 데이비드 브루스 와이너리 | 1973 | 미국 |

JUNE 7, 1976

TIME

**Judgment of Paris**

Americans abroad have been boasting for years about California wines, only to be greeted in most cases by polite disbelief—or worse. Among the few fervent and respected admirers of *le vin de Californie* in France is a transplanted Englishman, Steven Spurrier, 34, who owns the Cave de la Madeleine wine shop, one of the best in Paris, and the Académie du Vin, a wine school whose six-week courses are attended by the French Restaurant Association's chefs and sommeliers. Last week in Paris, at a formal wine tasting organized by Spurrier, the unthinkable happened: California defeated all Gaul.

The contest was as strictly controlled as the production of a Château Lafite. The nine French judges, drawn from an oenophile's *Who's Who*, included such high priests as Pierre Tari, secretary-general of the *Association des Grands Crus Classés*, and Raymond Oliver, owner of Le Grand Vefour restaurant and doyen of French culinary writers. The wines tasted were transatlantic cousins—four white Burgundies against six California Pinot Chardonnays and four Grands Crus Châteaux reds from Bordeaux against six California Cabernet Sauvignons.

**Gallic Gems.** As they swirled, sniffed, sipped and spat, some judges were instantly able to separate an imported upstart from an aristocrat. More often, the panel was confused. "Ah, back to France!" exclaimed Oliver after sipping a 1972 Chardonnay from the Napa Valley. "That is definitely California. It has no nose," said another judge—after downing a Bâtard Montrachet '73. Other comments included such Gallic gems as "this is nervous and agreeable," "a good nose but not too much in the mouth," and "this soars out of the ordinary."

When the ballots were cast, the top-soaring red was Stag's Leap Wine Cellars' '72 from the Napa Valley, followed by Mouton-Rothschild '70, Haut-Brion '70 and Montrose '70. The four winning whites were, in order, Château Montelena '73 from Napa, French Meursault-Charmes '73 and two other Californians, Chalone '74 from Monterey County and Napa's Spring Mountain '73. The U.S. winners are little known to wine lovers, since they are in short supply even in California and rather expensive ($6 plus). Jim Barrett, Montelena's general manager and part owner, said: "Not bad for kids from the sticks."

Page 58

1976년 파리에서 열린 이 시음회는 참석한 당시 타임즈 기자의 의해 파리의 심판(Judgment of Paris)란 이름으로 기사화된다. 화이트와 레드 와인 모두에서 프랑스 최고와인을 누르고 일등을 차지한 캘리포니아 와인은 이로 인해 하룻밤 사이에 국제와인비평가들에 사이에 세계 최고의 와인 생산지역의 하나로 인정받게 되었다.

1970년대 후반에 이르러 이제 캘리포니아 와인은 생산량과 판매량이 연일 최고치를 경신하였고 국제적으로 그 이름을 드높인다. 수요를 충족시키기 위해 새로운 포도밭들이 조성되었고 1960년에서 1996년 사이에 총 포도밭의 면적이 40,000헥타르에서 135,000헥타르 이상으로 증가하고, 와인 양조장의 수도 227개에서 800개 이상으로 급증하였다.

1980년대 후반 캘리포니아에 필록세라가 다시 창궐하였으나 이번에는 그간의 지식과 자본을 바탕으로 손상된 포도밭을 효과적으로 복구시킬 수 있었다. 와인업계는 비록 포도밭을 다시 일구기 위해 엄청난 투자를 해야 했지만 이를 통해 단위 면적 당 와인생산량을 증가시키는 방법을 터득하게 되었고, 무엇보다도 기존의 포도 품종을 해당지역의 기후와 토양에 가장 적합한 포도 품종으로 교체하여 재배하게 된 계기가 되었다.

캘리포니아의 대규모 와인생산업체들은 주(State) 전역에 걸쳐 추가적인 포도밭과 양조시설을 건설하여 그 규모를 점차 증대시키는 반면 소규모의 와인생산업체들 및 새로이 산업을 시작한 업체들은 작은 규모이지만 높은 품질의 와인을 생산하는 쪽으로 방향을 바꾸었다. 또한 유럽의 와인업체 및 기술자들은 캘리포니아에 포도밭을 사고 와인을 생산하여 캘리포니아에서 자신들만의 새로운 와인생산의 욕구를 드러내고 있다. 현재 캘리포니아에는 900개 이상의 와인 양조장과 4,400명 이상의 포도재배업자가 224,000헥타르 이상의 포도밭을 경작하고 있다.

## 2 미국 와인 등급 체계

### 1) 제네릭 와인(Generic wine)

와인 라벨에 유명 산지 이름이나 색상을 붙인 저렴한 와인으로 예를 들자면 샤블리(Chablis), 버건디(Burgundy), 모젤(Mosel), 샴페인(Champagne), 캘리포니아 레드(California Red), 캘리포니아 화이트(California White) 등이 있다.

갤로 제네릭 와인

### 2) 버라이탈 와인(Varietal wine)

해당 와인에 사용된 포도 품종의 이름을 라벨이 명시한 와인으로 1960년대 이후 캘리포니아를 중심으로 발달했다.

### 3) 싱글 빈야드 와인(Single vineyard wine)

한 포도원에서 포도재배, 와인 양조, 병입까지 마친 와인으로 유럽의 모노폴(Monopole) 와인을 뜻한다.

하이츠 셀러 싱글 빈야드 와인

### 4) 프로프리어터리 와인(Proprietary wine)

회사의 독자적인 상표를 붙인 와인으로 일반적으로 한 회사에서 생산되는 가장 최상급 와인에 속한다. 대표적인 예로는 오퍼스 원(Opus One), 도미니우스(Dominus), 인시그니아(Insignia), 캐스크 23(Cask 23) 등이 있다.

오푸스 원

### 5) 메리타지(Meritage wine)

1988년 공모로 선택된 명칭으로 메러트(Merit)+헤리타지(Heritage)의 합성어이다. 브렌딩한 고품질 와인을 일반 테이블와인과 구별하기 위하여 사용되었다.

와인 법상 사용된 단일 포도품종의 비율이 75%를 넘지 못하여 품종 명을 상표를 붙이지 못하는 상황에서 고급와인에 붙여지기 시작했다. 현재는 캘리포니아에서 생산되는 보르도 스타일 브랜딩 와인을 뜻하며 대부분 생산되는 와이너리의 고급 와인이 이에 속한다. 최초의 메리태지(Meritage wine)으로는 1988년 조셉 펠프스(Joseph Phelps)의 인시그니아(Insignia)를 들 수 있다.

인시그니아

### 6) 컬트 와인(Cult wine)

대부분이 높은 가격대를 형성하는 와인이다. 고용된 컨셀턴트가 디자인한 와인으로 극소량만 생산한다. 대부분의 컬트와인은 포도의 집중도가 높고 오크 향이 진하며 높은 품질을 자랑한다. 때문에 특히 미국 평론가에게 만점에 가까운 점수를 받는다. 일 예로 2000년산 스크리밍 이글(Screaming Eagle)의 자선 경매 1병이 1만 달러에 팔렸다.

스크리밍 이글

## 3 미국 와인 법

### 1) 원산지 표시 제도(Appellation of Origin)

#### (1) 주(State) 명칭

사용된 포도는 100% 해당 주에서 생산된 포도를 사용해야 한다. 이경우 주(State) 내의 여러 지역에서 생산된 포도를 브렌딩 한 경우가 많다.

### (2) 카운티(County) 명칭

해당 카운티의 포도를 75%이상 사용해야 한다.

### (3) 미국 포도재배 지역(AVA: American Viticultural Area) 명칭

해당 A.V.A에서 생산된 포도 85%이상 사용해야 한다. 단, 오레곤(Oregon)의 경우 County, AVA, Vineyard 모두 100% 사용해야 한다

#### A.V.A(American Viticulture Area)

미국에서 포도재배지역(Viticultural area)의 개념은 1978년 이전에는 존재하지 않았다. 그 이전에는 와인업체들은 모호한 산지 표시규정에 따라 서로 다른 다양한 지리적 이름들을 상표 라벨에 사용하고 있던 상황이었다. 1978년 포도재배에 적합한 특정한 토양과 기후 조건에 따라 AVA 명칭을 제정하고 "미국 포도재배 지역" 제도(A.V.A: American Viticulture Area)는 1983년 1월 1일부터 규정으로 강제 시행하였다.

한 가지 중요한 것은 어느 지역을 AVA로 지정하는 것이 그 지역에서 생산되는 와인의 품질을 인증하는 것은 아니라는 점이다. 이는 그 지역이 다른 지역과 "다르다"라는 것을 의미하는 뿐 "더 우수하다"라는 것을 의미하는 것은 아니다.

또한 AVA 제도는 해당 지역에서의 와인 생산방법을 규정하지도 않는다. 이것은 다른 나라의 인증제도와는 달리 미국의 와인생산자는 자신이 정한 품질 기준과 소비자의 요구를 반영하여 자신의 땅에 가장 적합한 품종을 선택하고, 필요에 따라 물을 주고, 최상의 시기에 수확하며, 최적의 단일 면적 당 생산량을 결정할 자유를 가진다는 것을 의미한다.

"샤르도네나 카베르네 와인을 만드는데 정해진 매뉴얼은 없다. 단지 개괄적인 지침만이 있을 뿐이다. 와인 메이커는 다양한 방법을 사용하여 각 와인에 자신의 스타일을 최대한 표현하는 Chef와 같다".−Napa Valley Vintners Association(나파 벨리 양조자 협회)−

이렇듯 나파밸리 양조자 협회의 언급에서도 잘 표현하고 있다. 단 어떤 지역이 하나의 A.V.A로 지정되기 위해서는 해당 지역이 인근의 지역과는 다른 자연 환경적 요소(기온, 토양 구조, 강우량, 안개 등)에서 현격한 차이가 있음을 과학적인 데이터(data)로 증명해야만 한다.

고품질의 와인생산을 보장하기 위해 A.V.A에도 와인의 발효과정에서 설탕의 첨가가 금지되어 있고 포도밭에서의 농약의 사용, 생산공정의 위생관리 등 와인의 생산을 관리하는 엄격한 법 규정이 존재한다.

2) 미국 와인 라벨

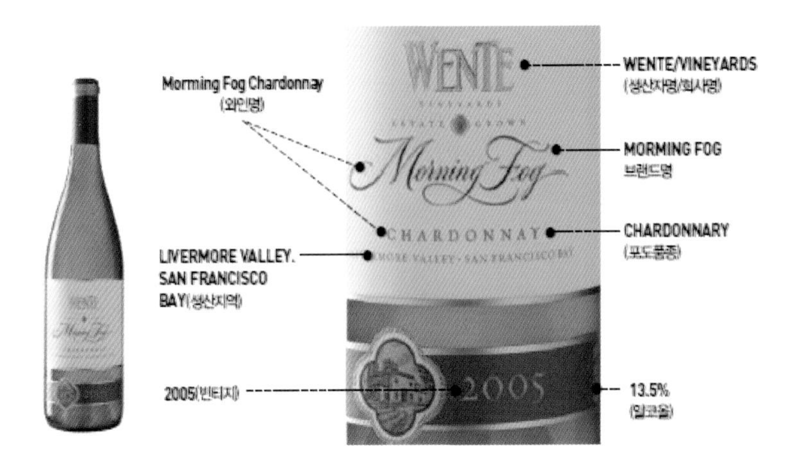


## 4 주요 와인산지

미국의 와인 생산지는 서부의 캘리포니아, 워싱턴, 오레곤, 동부의 뉴욕 이렇게 4곳으로 크게 나누어지며 이중 90%가 캘리포니아에서 생산된다.

### 1) 캘리포니아(California)

위도는 북위 38~40°에 위치하고 높이는 20~700m까지로 해수면 높이부터 소노마와 멘도치노의 높이 600m까지 이르는 등 다채롭다. 포도밭은 대부분 북에서 남으로 이어지는 산맥의 계곡, 낮은 구릉에서 재배되며 토양은 매우 다양하고 여름은 매우 더우며 가을은 대체로 시원하며 건조하고 겨울에 비가 많이 내리는 등 천혜의 자연 혜택을 받는 지역이다.

프랑스, 이탈리아, 스페인 원산지의 비티스 비니페라 품종은 물론 U.C 데이비스에서 개발한 품종과 새로운 비티스 비니페라 품종을 포함해 100여종 이상의 품종이 재배되고 있다. 그 중에서 샤르도네, 까베르네 쏘비뇽, 진판델, 멜롯, 피노누아, 쏘비뇽 블랑이 대표적인 품종으로 가장 많이 재배되고 있다.

주목받는 품종으로는 이태리에서 건너와 미국 캘리포니아주의 상징적 포도품종이 된

진판델(Zinfandel), 뮈스까 블랑(Muscat Blanc), UC 데이비스에서 개발한 화이트 교잡종 에메랄드 리슬링(Riesling) (뮈스까뗄×리슬링) 등을 들 수 있다.

캘리포니아 와인 지역

### (1) 캘리포니아 북부 해안지역(The Northern California Coast Region)

#### ① 나파 카운티(Napa County)

나파는 와포 인디언어로 "풍부한 땅"을 뜻한다. 1838년에 죠지 욘트(George Yount)와 같은 초기 탐험가들이 나파에 포도나무를 재배하였다. 찰스 크룩(Charles Krug)이 1861년 첫 와인 양조장을 세운 것으로 인정받았고, 1966년에 미국 와인의 아버지라 추앙받는 로버트 몬다비 와인 양조장이 나파 밸리에 와인 붐을 일으켰다.

샌프란시스코에서 동북쪽으로 1.5시간 거리에 위치하고 있어 가깝고 캘리포니아 전체의 8% 차지하고 있다. 나파 밸리는 길이45km, 평균 넓이가 5 km의 구역의 길죽한 모양을 하고 좌우에 산맥을 끼고 있으며 토양의 종류가 40여종으로 다채롭다.

AVA 15개 지역은 나파 밸리, 하웰 산, 챠일스 밸리, 스프링 산, 세인트 헬레나, 루더포드, 오크 빌, 아틀라스 피크, 스탭스 립, 마운트 비더, 욘트빌, 와일드 호스, 로스 카네로스, 다이아몬드 마운틴과 오크 놀이 있다.

② 소노마 카운티(Sonoma County)

1812년에 러시아 식민지 개척자가 로스 요새 포트 로스Fort Ross)에서 처음 포도를 재배하였고 1823년 호세 알티메라(Jose Altimera) 신부가 프란체스카 수도원에 포도를 재배하기 시작하였다.

1857년에 캘리포니아 와인 사업에 대부라 불리는 헝가리의 아고스톤 하라스티(Agoston Haraszthy) 공작이 소노마에 있는 포도원을 매입하여 부에나 비스타(Buena Vista) 포도원을 설립하였다. 소노마에서는 포도나무 수령이 오래된 올드 바인 진판델(Old Vine Zinfandel)이 유명하다.

태평양과 나파 밸리 사이, 샌프란시스코에서 북쪽으로 한시간 거리에 위치하고 있다. AVA 13개 지역은 알렉산더 밸리, 베넷 밸리, 쵸크 힐, 드라이 크릭 밸리, 나이츠 밸리, 로스 카네로스, 소노마 북부, 러시안 리버 밸리, 록키파일, 소노마 해안, 소노마 카운티 그린 밸리, 소노마 산과 소노마 밸리이다.

③ **멘도시노**(Mendocino County)

첫번째 포도원은 골드 러시 이후 1850년에 세워졌다. 1970년도와 1980년도에 와인 양조장 파두치 와인 셀러(Paducci Wine Cellar)와 펫저 빈야드(Fetzer vineyard)가 국제적인 호평을 얻었다.

이곳의 앤더슨 밸리(Anderson Valley)는 소노마 밸리의 북쪽에 위치한 곳으로 기후는 서늘하며 기온은 샹파뉴와 비슷하지만 위도가 낮아 일조량이 풍부한 곳이다. 게다가 차가운 해풍의 영향으로 서늘함이 유지되어 발포성 와인을 만드는데 이상적인 곳이다

미국의 차세대 피노 누아와 스파클링 와인 생산지로 각광을 받고 있으며 현재 프랑스의 샴페인 명가 루이 뢰더러(Louis Roederer)가 이곳에 진출해 있다.

샌프란시스코에서 북쪽으로 150km 거리로 울퉁불퉁한 산지와 빽빽한 숲들이 들어선 지역으로 멘도치노 지역은 거의 숲으로 덮여 있다. AVA 10개 지역은 멘도시노, 앤더슨 밸리, 콜 랜치, 맥도웰 밸리, 레드우드 밸리, 포터 밸리, 멘도시노 릿지, 요크빌 하이랜드, 유키아 밸리, 사넬 밸리이다.

④ **레이크 카운티**(Lake County)

1870년에 와인 양조가 시작된 이 지역은 멘도시노의 오른쪽에 있고 캘리포니아에 있는 천연 호수 중에 가장 큰 클리어 호수를 둘러싸고 있다. 코녹티 산 주변의 바위가 많

은 붉은 화산성 토양에서 포도들이 재배된다. AVA 4개 지역은 밴모어 밸리, 클리어 호수, 궤노크 밸리, 하이 밸리이다.

⑤ **로스 카네로스**(Los Carneros)

1870년 최초의 와인 양조장 설립되고 1983년에 정식적으로 만들어진 로스 카네로스는 소노마 카운티와 나파의 남쪽 끝에 위치하고 있다. 샌프란시스코 만의 바로 북쪽에 위치하여 안개, 바람과 적절한 온도가 특징으로 피노 누아와 샤르도네를 재배하기 좋은 기후이다.

(2) **중앙 캘리포니아 해안 지역**(The Central California Coast Region)

중앙 캘리포니아 해안 지역은 샌프란시스코에서 몬테레이를 지나 산타 바바라까지 이어진다. 프란체스코 수도사들이 "엘 카미노 리얼: 왕의 길"이라고 불렀던 곳으로 가면 리버모어 밸리, 산타 크루즈 산, 몬테리 카운티, 파소 로블레스, 산 루이스 오비스포 카운티 그리고 산타 바바라 카운티에 있는 다수의 분지 위치한 다양한 종류의 와인 양조장에 다다른다. 27개의 AVA를 갖고 있다.

① **산타 크루즈 산맥**(Santa Cruz Mountains)

1981년에 공식적으로 확립된 포도재배지로 샌프란시스코에서 80km 거리로 유명한 실리콘 밸리의 바로 남쪽에 위치하고 있다. 이 산맥 지역은 태평양을 바라보는 피노누아에 적합한 기후의 서쪽의 절반과 샌프란시스코 만을 바라보는 카베르네 소비뇽에 적합한 기후의 동쪽 절반으로 나뉠 수 있다.

② **리버모어 밸리**(Livermore Valley)

1840년에 로버트 리버모어가 첫 상업성 포도나무를 재배하였다. 1800년도에 웬트(Wente)와 컨캐논이 첫 와인 양조장을 시작한 사람들에 포함된다. 샌프란시스코에서 45km거리 동쪽에 위치하여 해안 안개와 바닷바람이 분지의 따뜻한 낮 공기를 식혀 줄 수 있는 캘리포니아의 분지에 위치한다

③ **몬터리 카운티**(Monterey County)

200년전 프란체스칸 수도사들이 첫 와인 포도를 재배하였다. 1960년 UC 데이비스가 몬터리를 포도를 제배하기에 알맞은 시원한 해안과 온도의 분지라고 분류했고 웬트, 미

라쏘, 폴 메슨, 제이 롤 그리고 클론 와인 양조장들이 포도원을 지었다. 해안에 있는 샌프란시스코에서 남쪽으로 2시간 떨어진 곳에 위치하고 있다. AVA 7개 지역은 아로요 세코, 카멜 밸리, 헤임즈 밸리, 몬터리, 산 루카스, 산타 루시아 하이랜드 그리고 클런이다.

④ **산 루이스 오비스포 카운티**(San Luis Obispo County)

1820년 호세 산체스 신부가 400통의 와인을 만든 기록이 있다. 보리유 빈야드의 안드레 첼리스체프(Andre Tchelistcheff)의 지도로 1970년대 초반부터 근대적 와인산업이 시작되었고 80년도 말에 이 와인 지역이 부흥하기 시작했다. 파소 로블레스 바로 남쪽으로 에드나 밸리가 샤르도네 품종으로 높은 평가를 받고 있고 빠른 속도로 성장 중이며 진판델의 새로운 명산지로 떠오르고 있다. AVA 5개 지역은 에드나 밸리, 요크 산, 산타 마리아 밸리, 아로요 그란데 밸리 그리고 파소 로블레스이다.

⑤ **파소 로블레스**(Paso Robles)

1797년에 첫 포도원 설립하였다. 샌프란시스코와 로스 엔젤레스 중간 사이 산 루이스 오비스포 카운티의 북쪽 부분에 위치하고 포도원들 거의 대부분이 진판델, 카베르네 소비뇽과 론 품종 같은 레드 와인용 포도를 재배하고 있다.

⑥ **산타 바바라 카운티**(Santa Barbara County)

1960년도에 현대적인 와인 양조가 시작되었다. 로스 앤젤레스에서 북쪽으로 150km 지점에 위치하고 있으며 샤르도네와 피노 누아로 가장 유명하다. 산맥이 남동쪽으로 쭉 뻗어 있어 내륙 깊숙한 곳까지 태평양의 한기가 들어올 수 있다. AVA 3개 지역은 산타 네즈 밸리, 산타 마리아 밸리 그리고 산타 리타 힐스이다.

### (3) 시에라 네바다(Sierra Nevada Region)

시에라 네바다 또는 시에라 풋 힐스(Sierra Foot Hills)라 불리는 이 지역은 1849년 골드러시의 고향이다. 대부분의 방문자들은 순식간에 금을 찾아 부자가 된다는 꿈이 남아있는 역사적인 현장을 느낄 수 있다. 멋진 경관의 아침과 풍부한 야외 활동, 아마도어, 칼라베라스와 엘도라도 카운티에 있는 여러 종류의 와인 양조장들이 어우러진 곳이다. 샌프란시스코에서 동쪽에 위치하고 있으며 오래된 포도에서 재배되는 그윽한 맛의 진판델 와인으로 유명하고 품질 좋은 소비뇽 블랑을 생산한다.

### (4) 센트랄 밸리(The Central Valley)

센트랄 밸리는 해안의 작은 언덕들과 시에라 네바다 산맥의 왼쪽 경사지대 사이에 위치 하고 있고 캘리포니아 농업의 중심부이다. 와인 주산지는 로디(Lodi)와 산 호아킨 밸리(San Joaquin Valley)이다. 새크라멘토의 남쪽 분지에 위치하고 있고 이 지역에서 50% 이상의 많은 캘리포니아의 와인이 생산되고 있다.

### (5) 남부 캘리포니아(Southern California)

남부 캘리포니아는 로스 앤젤레스 남쪽부터 샌디에고까지이다. 현재 이 지역은 햇빛, 모래 해변, 서퍼, 놀이공원 그리고 영화 사업으로 유명한 지역이다. 과거 캘리포니아의 와인산업이 시작되었던 곳이지만 현재는 소수의 사람들만이 테메큘라와 같은 고유한 와인 산지를 기억한다. 5개의 AVA를 갖고 있다.

## 2) 워싱턴(Washing) & 오레곤(Oregon)

워싱턴은 북위 45~ 48.5°, 오레곤은 북위 42~ 45.5°에 위치하고 해발 높이는 워싱터은 0~270m의 비교적 낮은 지형인데 반해 오레곤은 90~800m로 매우 높은 지역에 위치하고 있다. 워싱턴은 캐스캐이드산맥이 태평양의 습하고 온화한 해양날씨를 막아주어 연평균 강우량이 200mm에 불과한 반면 해안 산맥과 캐스캐이드 산맥 사이에 위치하는 오레곤은 강우량은 연평균 1,100mm로서 대조적인 차이를 보여주고 있다.

산맥을 넘어 매우 건조한 워싱턴의 여름은 덥지만 큰일교차 덕분에 포도가 산미를 간직한 채 천천히 익게 되는 좋은 건조 기후를 갖게 되고 오레곤은 태평양의 영향으로 여름에는 시원하고 가을에는 습한 기후를 갖게 된다.

### (1) 워싱턴(Washington)

워싱턴은 현재 미국에서 두번째로 생산량이 많은 주이며 끊임없이 내리쬐는 태양 덕분에 다양한 포도품종이 잘 자라며 샤르도네, 리슬링, 까베르네 쏘비뇽, 멜롯, 시라를 중점적으로 생산한다.

워싱턴 리슬링 와인

(2) 오레곤(Oregon)

오레곤은 대부분의 와이너리가 해안의 영향으로 서늘하고 습기가 많은 윌라미트 밸리 내 캐스캐이드 산맥 서쪽에 모여 있으며 서늘한 기후를 좋아하는 피노 누아, 피노 그리, 쏘비뇽 블랑, 게브르츠 트라미너, 리슬링을 주로 생산한다.

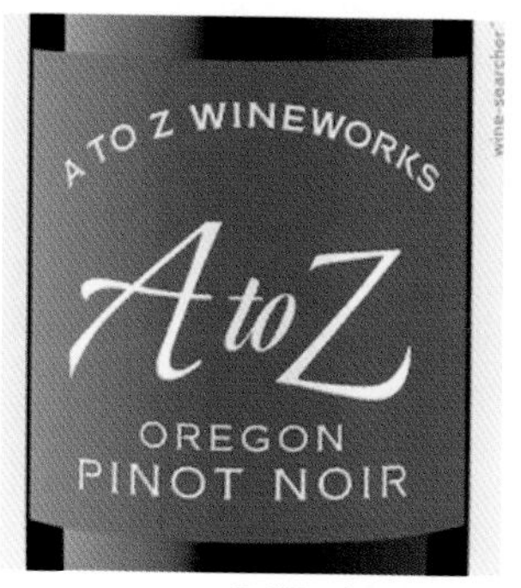

오레곤 피노 누아 와인

3) 뉴욕(New York)

아메리카 대륙의 야생 포도 품종인 비티스 라브루스카(Vitis Labrusca)의 원산지로 한랭한 대륙성 기후의 내륙부와 대서양에 인접한 롱 아일랜드지역으로 2개의 기후대에 걸쳐 있는 산지이다. 포도는 특이하게 아메리카 토착 품종과 유럽계 품종, 프렌치 하이브리드(프랑스와 아메리카의 교배종) 3개의 비티스(Vitis)계 품종을 재배한다.

1950년대 닥너 플랭크(Dr. Frank)에 의해 핑거 레이크(Finger Lake) 지방에서 샤르도네와 리슬링을 재배한 것이 비티스 비니페라 품종이 심어진 최초 기록이며 1970년부터 비티스 비니페라 품종을 본격적으로 재배하기 시작하였다.

주요 품종인 토착품종으로는 레드 와인용 콩코드(Concord), 스투벤(Stuben), 카토바(Catawba)가 있고 화이트 와인용 나이아가라(Niagara), 델라웨어(Delaware), 이자베라(IZabera)가 있다.

교배종으로는 레드 와인용 바코 누아(Baco Noir), 카스카드(Cascard)와 화이트 와인용 세이벨 블랑(Seybel Blanc), 울로라(Ourola), 비그노엘(Vignole)이 있다.

최근 도입되기 시작한 비티스 비니페라 품종으로는 레드 와인용 피노 누아(Pinot Noir), 멜롯(Merlot), 렘베르거(Lemberger)가 있고, 화이트 와인용 샤르도네(Chardonnay), 리슬링(Riesling), 피노 블랑(Piont Blanc), 피노 그리(Pinot Gris)가 있다.

주요산지로는 핑거 레이크(Finger Lakes) 내륙부에 위치하고 있으며 뉴욕 주의 와인의 85%를 생산한다. 토착품종과 프렌치 하이브리드 품종이 많으며 점점 비티스 비니페라 품종이 증가하고 있다.

롱아일랜드(Long Island)는 동부인 대서양에 인접한 곳에 위치하며 비교적 새로운 산지로 이곳 또한 서서히 비티스 비니페라 품종이 증가하고 있다.

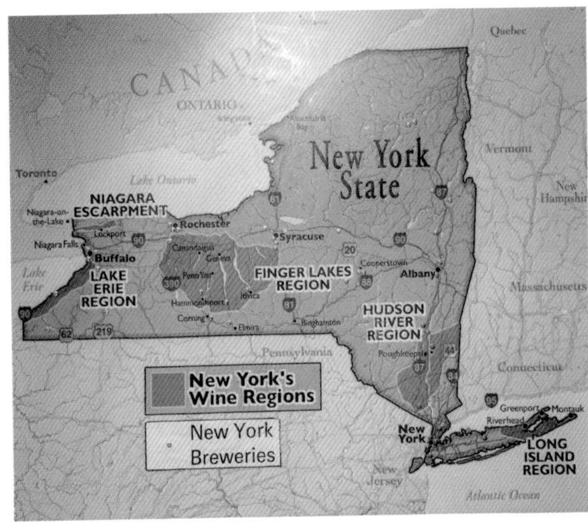
CANADA
ONTARIO
New York State
Toronto
Lake Ontario
NIAGARA ESCARPMENT
Niagara-on-the-Lake
Lockport
Rochester
Syracuse
Niagara Falls
Buffalo
LAKE ERIE REGION
Lake Erie
FINGER LAKES REGION
Cooperstown
Albany
HUDSON RIVER REGION
Quebec
Vermont
New Hampshire
Massachusetts
Connecticut
Pennsylvania
New York's Wine Regions
New York Breweries
New York
Greenport
Montauk
Riverhead
LONG ISLAND REGION
New Jersey
Atlantic Ocean

Wiederkehr
NIAGARA
AMERICAN-GROWN
B.W.C. No. 8

뉴욕 와인 산지 지도

CHAPTER
16

# 동유럽 지중해 와인

## ① 헝가리 와인

### 1) 지역 개관

헝가리를 대표하는 와인은 토카이로 세계적으로 유명하다. 헝가리 와인은 세계 생산량의 1.6%를 차지하며 화이트가 75%로 비중이 높다. 주요 적포도 품종이 카다르카, 케크프랑코스이며 주요 청도도 품종이 푸르민트, 하르쉬레벨류, 레아니카 등이다(마이클 슈스터, 2007; 236). 국내에는 대부분 스위트한 디저트용

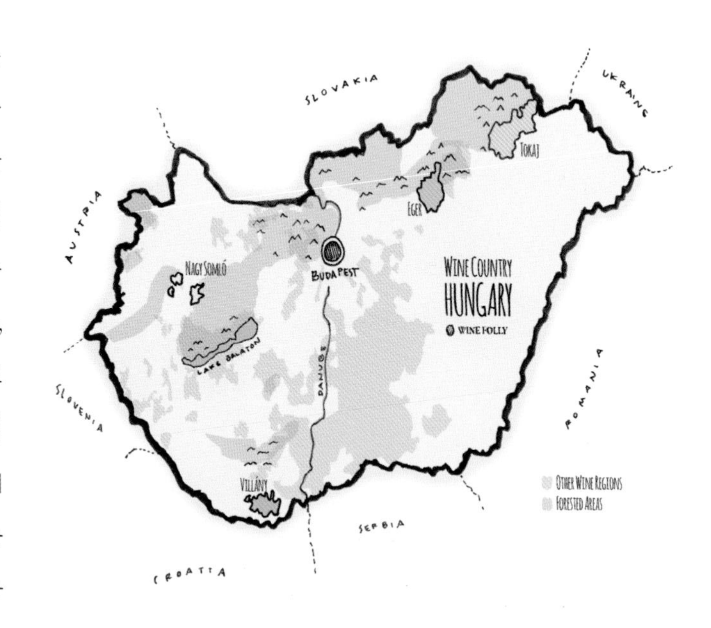

토카이 와인이 수입되어 유통되고 있지만 드라이한 스타일의 와인도 종종 경험할 수 있다.

## 2) 대표 와인

### (1) 토카이 아수

타트라의 남부에 있는 토카이 헤잘리아 포도재배지는 퓌르민트, 린덴블라트리거, 노란 뮈스카, 오레무스를 숙성시켜 만드는 것으로 유명한 토카이 와인의 원산지이다. 전통적으로 달콤한 맛을 내는 토카이 이수를 만들기 위해서는 완숙 시점이 지난 포도를 일정 부분 첨가해야 한다. 껍질이 쪼글쪼글해진 포도는 먼저 으깬 다음 건조시키고, 하얀포도즙과 섞어서 함께 숙성된다. 와인은 대개 얇은 효소층 아래에서 일정 양의 산소와 접촉하면서 5-12년 동안 작은 통에 담겨, 벽에 이끼가 두껍게 낀 동굴에서 숙성된다. 20년까지 숙성되는 경우도 있다. 전통적인 맛을 내는 방식이라 하겠다(베르너 오발스키, 2005; 151).

### (2) 토카이 와인

헝가리 동북부 티서강유역에서 생산되는 백포도주인데 호박색 귀부 와인은 당도가 높은 것으로 유명하다. 귀부 와인은 곰팡이로 변질된 포도로 건포도처럼 쪼그라들어 건조된 포도상태일 때 응축된 당분이 30~50%나 함유되어 있다. 토카이 귀부 와인은 독일의 라인가우, 프랑스 보르도 지방의 소떼른과 함께 세계 3대 귀부 와인이므로 헝가리에 가면 맛보는 것이 추천된다(한국교직원신문, 2017.3.6; 7면).

### (3) 에게르 비커베르 와인

일명 황소의 피 와인이다. 헝가리 북동부 산간에서 생산되는 적포도주로 황소의 피 와인이 유명하다. 16세기 중반 헝가리가 오스만 튀르크 군에게 점령당한 시대의 와인인데, 튀르크 군 8만 명이

공격해 왔을 때 에게르 성을 지키는 병사와 시민은 불과 2,000명이었다고 한다. 에게르 성의 영주가 병사들에게 술 저장고를 개방해 병사들이 에게르의 적포도주를 마시고 술의 힘으로 적을 공격하게 하였다. 입 주위와 의복이 핏빛으로 물들어 있는 이들을 보고 황소의 피를 마시고 힘을 얻었다고 생각한 오스만 튀르크 군이 달아났다는 일화에서 유래된 적포도주(한국교직원신문, 2017.3.6; 7면)로 스토리텔링이 접목된 와인으로 재미있다.

## ② 그리스 와인

### 1) 와인 개요

그리스 와인은 전통이 있는 와인이라고 평가한다. 기원전 2000년에 그리스에 와인이 유입[1]되어 재배되어 왔다. 토착품종[2]만 350종으로 알려져 있다. 새로운 향과 맛을 찾는

1) 세계 최초로 와인이 생산된 곳은 중동지역으로 추정되고 있다. 그리스에는 중동에서 이집트를 거쳐 그리스에 기원전 2000년으로 추정되고 있다. 성경에는 포도나무의 원산지가 이란 북쪽 카스피 해와 흑해 사이 소아시아 지방으로 알려져 있다. 이곳은 구약 성경에 나오는 노아가 홍수가 끝난 뒤 정착했다는 아라라트 산(지금의 터키의 해발 5185미터의 빙하로 덮여 있는 산)으로 추정된다.

와인애호가들에게 그리스 와인은 새로운 기회를 제공한다. 세계에서 가장 오래된 와인 생산국의 하나로 평가된다.

특히 접하기는 쉽지 않지만 그리스 와인을 알게 되면 애호가가 되기 쉽다는 이야기도 있을 정도로 평가가 좋다. 그리고 그리스는 Retsina 와인이 유명하다. 그리스의 송진을 첨가한 와인으로 소나무로 만든 오크통에서 발효, 19세기 이래로 계속 만들어져 온 산토리니에만 있는 하나뿐인 와인이다(고종원 외, 2011; 354).

## 2) 음식과의 마리아주

그리스 사람들은 전채요리, 본 요리를 즐기는 만큼 거기에 맞는 와인을 선택하면 보다 훌륭한 식사를 할 수 있다. 그리스식 샐러드에 맞는 화이트 와인, 문어요리, 올리브오일, 레몬즙이 뿌려지는 요리, 고기나 생선류와도 와인이 잘 매칭된다는 평가이다. 또한 그리스 와인은 한식과도 잘 어울린다는 평가를 받고 있다.

2) 그리스 토종포도는 2000년에 들어 와서 연구 대상이 되었다. 토종 포도로 빚은 와인은 맛이 진하고, 향기가 풍부하며, 순하고, 세계적으로 명성을 얻고 있는 국제적 와인의 훌륭한 대체 상품으로 인식되고 있다(베르너 오발스키, 2005; 145)는 평가이다.

### (1) 송진이 섞인 토속주 레찌나(Retsina) 와인

옛날 와인을 담는 용기는 항아리[3]가 아니면 양가죽으로 된 주머니였다고 한다. 그러나 늘 따라다니는 문제가 있었다. 아무리 마개를 꽁꽁 막아도 돈잔 바깥 공기가 들어가 와인의 맛이 변하는 일이었다. 산화작용이 쉽게 일게 된 것이다. 이를 방지키 위해 고안해 낸 것이 당시 쉽게 얻을 수 있었던 송진을 마개에 발라 공기의 유입을 차단하는 것이었다. 한참 지나서 마개에 발라 놓은 송진이 녹아 와인 속에 젖어들면서 종전과는 달리 솔 향이 나는 와인으로 바뀐 것을 알게 되었다. 이에서부터 와인을 빚기 이전, 또는 발효 중에 송진을 첨가해서 레찌나라는 새로운 형태의 와인을 얻게 되었다고 한다. 그리고 널리 사람들의 사랑을 받아오게 되었다 레찌나에 쓰여지는 대표적인 품종은 사바티아노(Savatiano)이다. 그리스의 전통주 85%가 이 포도종으로 빚어진다고 한디, 그리스의 대부분 와이너리들은 레찌나를 생산한다. 질이 좋은 것에서부터 저렴한 레찌나에 이르기까지 다양한 수준의 것이 있다(출처: 최훈, 유럽의 와인; 338-339).

### (2) 그리스 와인의 경쟁력

영국의 세계적인 평론가 잰시스로빈슨은 현재 우리가 마시는 형태의 와인은 그리스에 기원이 있다고 언급했는데, 양조용 포도재배기술과 와인 생산기술이 그리스에서 개발된 것이 많다는 것으로 해석할 수 있다. 포도밭 단위면적당 포도 수확량을 제한해 포도의 당도를 끌어올린다거나, 어떤 포도품종이 어떤 토양에서 잘 자라는지를 면밀히 관찰해 적용함으로써 와인의 품질을 높이는 기술 등 고대 그리스인들이 개발하고 체계화시켰다는 평가를 받고 있다.

---

3) 레치나는 그리스어로 송진을 의미한다. 여기서 항아리는 암포라를 말한다. 포도주를 암포라에 담아 숙성시키고 이동하는 과정에서 새거나 흐르지 않도록 암포라 안쪽과 뚜껑에 소나무 수액을 발랐는데, 송진냄새가 밴 와인을 오히려 사람들이 좋아하게 되어서, 레치나와인을 생산하게 되고 전통이 되었다고 한다. 솔잎 음료냄새가 난다는 평가이다. 천년의 전통을 지닌 와인이다.

그리스 사람들은 포도재배와 와인 양조 기술을 유럽전역에 전파했다고 한다. 프랑스, 스페인, 이탈리아 등 지중해와 흑해 연안에 식민지를 건설시 포도나무를 가져다 심었고 자신들의 식생활에 필수품이던 와인을 만들었다고 한다. 이후 비잔틴 제국의 멸망으로 400년 동안의 침체기를 거쳐 1980년 이후 다시 유학파 와인생산자들에 의해 발전하기 시작하였다고 한다.

현재도 토종품종이 강세를 보이는 그리스 와인은 최대 400품종까지 존재하는 것으로 평가되고 있다. 전통에 기초하여 자연에 순응하는 방식의 포도를 생산하여 국제적인 폼종과의 연계를 하고 있다(출처: 김성윤, 그리스와인기행, 조선일보; D4면).

### 3) 산토리니 쿨루라 전통방식

산토리니 전통 포도재배방식을 쿨루라라고 한다. 바다의 강한 바람과 태양으로부터 포도를 보호하기 위해 포도나무가지가 땅바닥에 눕혀 바구니처럼 둥글게 말려 있는 형태를 보인다. 그리스의 섬인 산토리니 섬에서 보여지는 일반적이지 않은 형태의 포도재배방식으로 자연에 순응하는 방식을 볼 수 있다.

### 4) 생산지역과 품종

생산되는 와인이 대부분 뮈스까(Muscat)로 사모스(Samos)섬의 와인이 유명하다.

#### (1) 주요 적포도 품종

아지오르이티코, 시노마브로, 림니오, 마브로다프네 등이 있다(마이클 슈스터, 2007; 233). 일반적으로 잘 알려진 품종이기 보다는 전통적인 토착품종들이다.

#### (2) 주요 청포도[4] 품종

사바티아노, 아씨르티코, 로디티스, 모스코필레로 등으로(마이클 슈스터, 2007; 241) 전통적인 토착품종이다.

---

4) 그리스는 화이트 와인이 74%를 차지한다. 세계생산량의 1.5%를 차지하는 나라이다(마이클 슈스터, 2007; 233).

# 3 키프로스 지역 와인

예전에는 셰리 타입의 주정강화 와인이 대부분이었다. 오래전부터 만들어 오고 있는 스위트 와인인 코만다리아(Commandaria)가 키프로스[5]의 일품와인으로 평가받고 있다. 스틸와인도 생산이 증가되며 수출되고 있다(Kenshi Hirokane, 2006: 190).

# 4 일본 와인

## 1) 지역 개관

일본의 와인 양조는 메이지 유신 시기(1870년) 서구문명의 유입과 함께 시작되었다. 한편으로 일본 토착 야생 포도품종이나 코슈 품종등의 역사(718년 대선사 유래설)는 깊지만 일본에는 와인 외의 니혼슈(일본주: 日本酒)가 확고히 자리잡고 있어 포도는 식용으로만 머물며 양조 발전이 없었다.

수입 와인도 쌀밥 중심의 식 문화 특성 속에 스위트 와인이 대중적으로 각광받게 되었다. 달콤하면서 마시기 쉬운 와인은 당시 일본에서 서양 이미지를 동경하는 이미지로 생활에 스며들었다. 그러나 이후 본격적인 와인 시장 확대 시기에는 오히려 장벽이 되는 원인이 되기도 하였다.

이와 같은 시기 야마나시 대학교 부설 와인 연구소 등이 설립되어 일본에서 가장 오래전부터 재배되어온 품종 중 하나인 코슈(Koshu) 품종을 비롯하여 육종 연구로 교배종 육성을 힘을 기울이고 포도재배와 와인 양조를 습득하기 위하여 프랑스에 인력을 파견한다.

그 결과 머스켓 베일리 A(Muscat Bailey A), 블랙 퀸(Black Queen) 등을 개발하였고 이러한 연구 성과를 바탕으로 포도재배자와 일본 와인 양조자의 양조기술이 발전하여 현재는 세계에서 인정받는 품질의 와인을 생산하고 있다.

---

5) 지중해에서 세 번째로 큰 섬이다. 사이프러스라고 불린다. 수도는 니코시아이다. 터키의 남쪽 지중해상에 위치한다. 인구는 1백18만9천197명(2015년 기준), 1960년 영국으로부터 독립하였다. 지중해성기후(여름에는 고온건조하며 겨울에는 시원한편)이다. 그리스인 77%, 터키인 18%, 영국인 5%이다. 그리스정교 78%, 이슬람교 18%로 구성되어 있다(시사상식사전; 한국학중앙연구원).

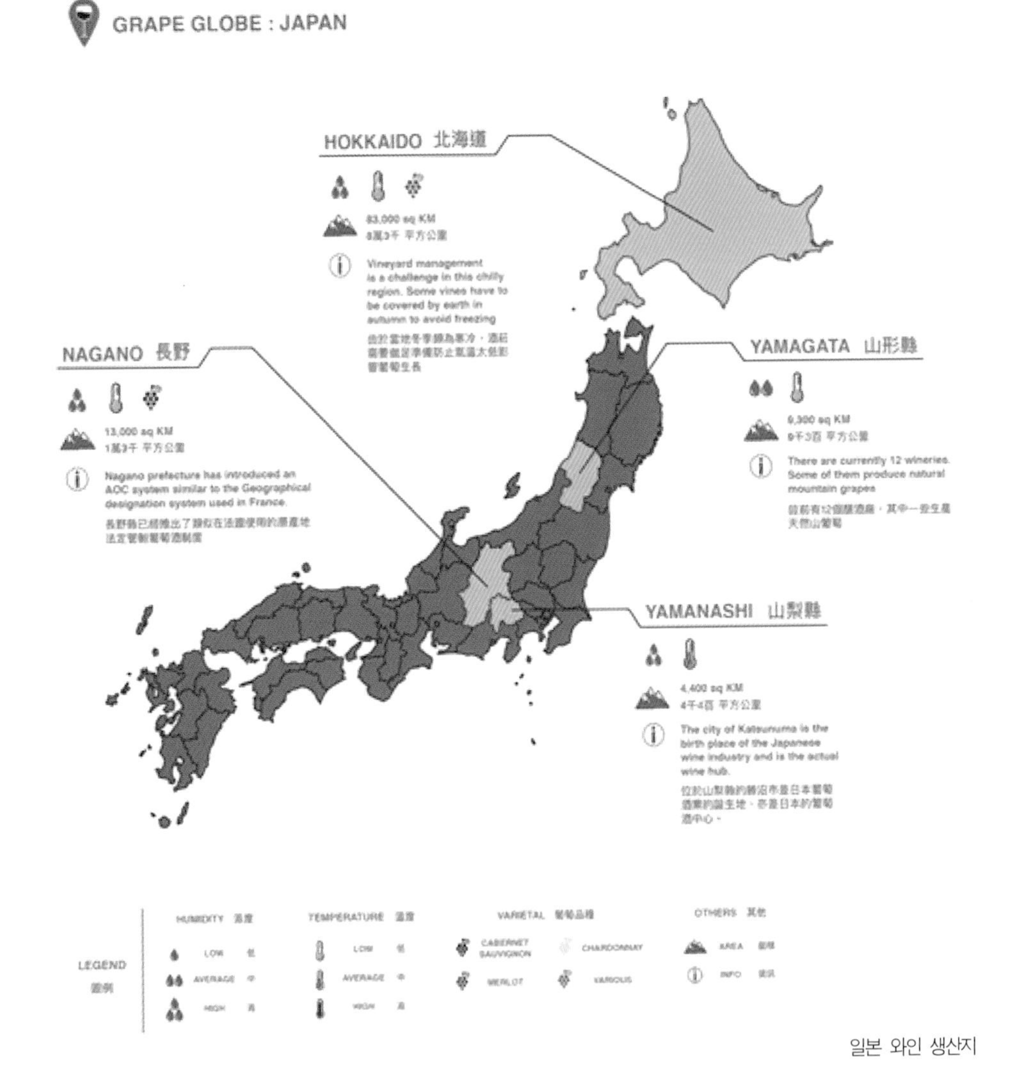


일본 와인 생산지

## 2) 포도재배 환경과 주요 포도 품종

### (1) 포도재배 환경

흔히 일본을 작은 섬나라로 묘사 하지만 일본 전체 면적은 한반도의 4배의 면적을 갖고 있으며 북에서 남으로 길게 위치하고 있고 산맥 등과 함께 다양한 기후대를 가지고 있다.

일본의 양조용 포도재배는 북부 홋카이도에서 남부 큐슈까지 폭넓게 분포하고 있으며 포도 품종에 적합한 테루아(Terroir)에 맞는 품종을 생산한다. 또한 최근의 경향으로 보다 서늘한 조건을 찾아서 고도가 높은 포도밭에 재배가 시작되고 있다.

#### (2) 주요 포도 품종

##### ① 코슈(Koshu)

코슈 품종은 껍질은 적자색을 띄고 있으며 향기와 미감이 부드럽고 강렬한 특징은 없다. 감미가 있는 와인을 만드는 경우가 많지만 최근에는 포도에 부족한 산미를 효모로 보충하고 그후 쉬르 리(Sur Lie) 등의 양조 법을 적극적으로 사용하여 바디감과 풍미를 보강한 좋은 품질의 드라이 코슈 와인을 생산하고 있다.

코슈 와인 홈페이지

##### ② 머스캣 베일리 A(Muscat Bailey A)

Bailey(베일리)* Muscat Hamburg(머스캣 함부르그)을 교배해서 만든 품종으로 병충해에 강하고 일본 기후에 적응한 양종용 포도 품종이다.

##### ③ 유럽 & 미국 품종

유럽계 비티스 비니페라(Vitis Vinifera) 품종으로는 샤르도네, 쏘비뇽 블랑, 리슬링, 뮐러 트르가우, 케르너 등의 화이트 품종과 까베르네 쏘비뇽, 까베르네 프랑, 멜롯 등의 레드 품종이 있으며 미국계 비티스 라부르스카(Vitis Labrusca) 품종으로 나이아가라(Niagara) 등의 품종도 다량 재배하고 있는 것이 이색적이다.

그 외에 계발된 육종 포도로는 까베르네 산토리, 야마 쏘비뇽 등이 있어 각각의 개성 있는 와인을 생산하고 있다.

### 3) 와인 구분과 원산지 통제 호칭 제도

#### (1) 일본 와인 구분

전체를 과실주류 호칭하며 과실주, 감미과실주로 구분한다. 과실주(果實酒)는 과실을 원료로 발효시킨 술로 알코올 20도 미만인 술을 지칭하고 감미과실주(甘味果實酒)는 과실주에 당분, 브랜디를 첨가하여 스위트 하면서 알코올이 높은 주정강화 와인을 가리킨다.

### (2) 원산지 호칭 제도

특이하게도 일본은 주요산지별 협동조합을 중심으로 원산지 호칭 제도를 만들었다. 야마나시 현, 야마카타 현 와인 주조 조합 인증 실, 나가노현 원산지 호칭 관리 제도 등이 있다.

## 4) 주요산지

포도 생산량은 전체에서 야마나시 현 26%, 나가노현 14%, 야마카타현 10% 순이다.

### (1) 야마나시(Yamanashi)

일본 와인의 중심지로 최근 코슈 품종으로 쉬르 리 양조 기법, 오크 통 숙성 등을 도입이 성공적 평가를 받고 있으며 그 외 멜롯, 까베르네 쏘비뇽, 등 유럽계 포도품종과 육종 품종, 머스켓 베일리 A의 와인도 생산하고 있다. 또한 "야마나시 누보 축제"를 매년 동경, 오사카, 야마나시 현에서 개최해 일식과의 마리아주 등을 통해 적극적인 홍보를 하고 있다.

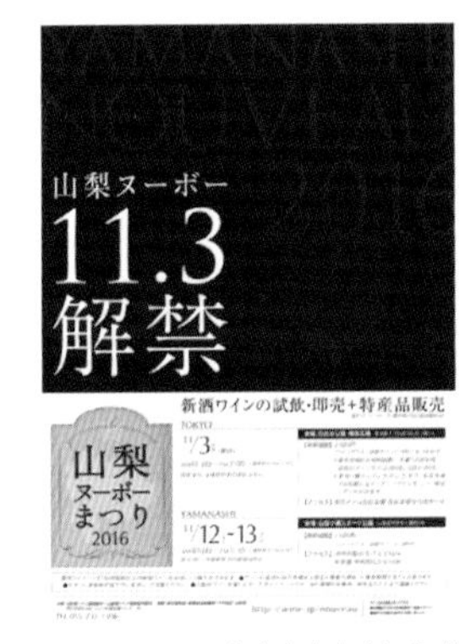

야마나시 누보 축제

### (2) 나가노(Nagano)

원산지 호칭 관리제도를 일본 최초로 도입한 곳으로 전통적으로 비티스 라부스카(Vitis Labrusca) 종인 나이아가라, 캠벨, 콩코드 등 미국계 품종이 많다. 최근 멜롯과 샤르도네 품종이 증가 추세이다.

### (3) 동북부 지방(Eastern North)

야마카타 현에 와이너리가 집중 되어있다. 품종은 머스켓 베일리 A가 대량 재배되고 유럽계 비티스 비니페라 품종도 재배하고 있다.

## 5) 일본 와인의 현황

### (1) 산토리(Suntory)의 프리미엄 와인 토미(Tomi)

일본 와인은 특유의 장인 정신을 기반으로 산토리 등 특정 와이너리가 높은 발전을 이루어왔지만 일반적으로 같은 비티스 비니페라 품종으로 생산되는 유럽 와인과 비교해서 비교 우위를 갖기는 힘들다.

또 가격에 세금을 부과하는 한국과 달리 총 중량에 세금을 부과하는 종량세의 주세 법으로 가격적인 면으로도 수입 와인과 가격 경쟁력에서 떨어지는 것이 현실이다. 하지만 일본내의 자국 와인소비는 메르시앙, 산토리 같은 대형 주류 회사가 와인너리를 소유 생산하여 세계의 유명 품평회에서 많은 상을 수상하고 양질의 대표 와인을 생산하는 등 와인 문화 산업을 발달시키고 있다.

토미(Tomi)

또한 한편으로는 지방의 중소 생산자들과의 공조, 더불어 단순한 외국 브랜드 선호가 아닌 "일본 와인에는 일본 와인"이라는 미식 개념과 높은 문화 수준의 소비자 인식이 와인 기반산업을 잘 받쳐 주고 있다.

메르시앙 와인

산토리 와인

## 5 한국 와인

### 1) 지역 개관

우리나라에 처음 포도주가 전파된 것은 고려 충렬왕 11년인 1285년에 원나라의 황제 원제가 고려의 왕에게 포도주를 보낸 것이 시초로 문헌에 전해지고 있다.

1969년 사과로 만든 사실상의 과실주인 애플 와인 파라다이스가 최초 생산하였다. 아이러니하게도 현재 가장 경쟁력 있는 과실 와인으로 오미자로 만든 오미 로제 스파클링 와인, 감으로 만든 감 그린 등이 손꼽히는데 과거에 이런 이력이 있어 더욱 흥미롭다.

우리나라에서 포도를 원료로 한 최초의 와인은 1977년 5월, 동양맥주(東洋麥酒)에서 국산 1호 와인 "마주앙"을 선보였다. 당시에는 국세청에서 술 이름에 외래어 표기를 일절 사용하지 못하도록 하여 '마주앉아 즐긴다'라는 뜻으로 "마주앙"이란 이름을 지었다고 한다.

'마주앙 스페셜 화이트'와 '마주앙 레드' 두 종류의 초기 마주앙이 출시되었으며 마주앙 스페셜 화이트는 로마 교황청의 승인을 받아 한국 천주교 미사주로 봉헌되었고 지금까지 미사주로 쓰이고 있다. 당시 마주앙은 높은 인기를 끌며 출시 약 4개월만에 35만병을 팔며 판매 호조를 보였다.

1978년 워싱턴 포스트지는 마주앙을 '신비의 와인'으로 소개하였고 1985년에는 독일 가이젠하임 대학의 와인 학술 세미나에서 마주앙이 '동양의 신비'라며 극찬을 받았다. 88올림픽을 앞둔 1987년 와인 수입 개방화 이후 주문자 상표 부착 생산(OEM 방식) 상품으로 구성하였으나 점차 시장을 수입와인에 잠식당하게 된다. 이후 오랜 기간 침체기를 보낸 한국 와인은 현재 영동, 영천, 대부도를 중심으로 재편되었다.

## 2) 주요 포도 품종

국내 포도 품종의 대부분인 70%가 식용 포도인 캠벨 얼리이며 나머지가 머스캣 베일리 A(Muscat Bailey A), 거봉 등이다. 대부도, 영동에서는 상당 부분을 캠벨 얼리로 와인을 양조하며 영천에서는 레드는 머스캣 베일리 A, 화이트는 거봉으로 양조한다.

### 3) 한국 와인의 특징

포도를 원료로 한 와인 과 포도 이외의 원료로 만드는 과실 와인 두 가지 형태로 초기부터 발달해 왔다. 근래에 이르러 과실 와인 호평이 높았지만 몇 년 사이에 포도로 만든 와인의 질적 수준 향상이 빠르게 상향 평준화되고 있다.

미국계 비티스 라브르스카(Vitis labrusca) 품종인 켐벨 얼리, MBA(머루), 거봉 등의 포도를 주로 사용하여 와인을 생산 있다. 비티스 비니페라(Vitis vinifera) 품종과는 달리, 잡종과 비티스 라부르스카(Vitis labrusca) 품종은 추운 겨울과 덥고 습한 여름을 잘 견딜 수 있기 때문에 우리나라의 기후에 적합하다. 그외 개발된 육종 품종으로 청수, 두누리, 나르샤 등이 있는데 이중 '청수'가 가장 주목받고 있다.

청수 두누리 나르샤

### 4) 주요 생산지

#### (1) 영동

전형적인 내륙 고원 분지형 기후로 포도 수확기에 강우량이 적고 낮에는 고온에 일조량이 많으며 밤낮의 일교차가 10℃ 이상이 되는 등 포도 숙성에 최적의 기후조건을 가지고 있다. 이 지역 포도밭의 면적은 전국의 11%에 해당하며 충북의 약 70%에 해당하는 포도밭이 있다.

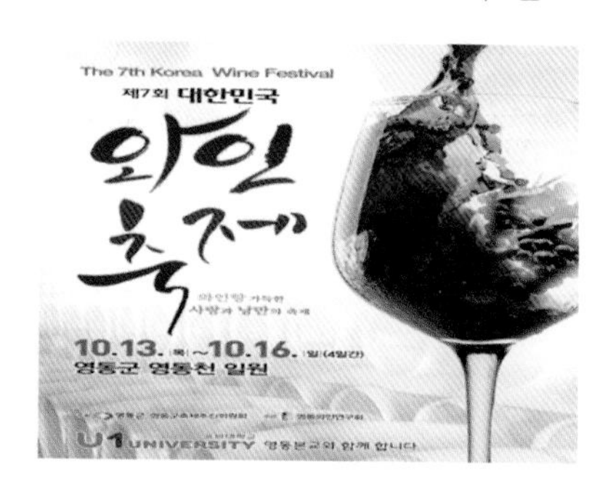


최근 재배 규모가 다소 줄었지만, 여전히 경북 영천, 김천과 더불어 국내 3대 포도산지다. 영동군은

2005년 포도 · 와인 산업 특구로 지정된 뒤 '101가지 맛을 내는 영동 와인'을 슬로건으로 내걸고 와이너리 육성에 나서 지금까지 43곳을 조성했다. 해마다 와인축제를 여는 등 와인산업 육성에 힘쓰고 있다.

### (2) 영천

강한 분지성 기후를 지니고 있어 여름과 겨울의 평균 기온이 가장 큰 곳이다. 연평균 강수량 역시 전국 평균 대비 약 300mm 적은 1,022mm로 해외 와인 생산국에 비해 다소 많은 편이며 여름에 비가 집중되는 단점이 있지만, 높은 연평균 기온의 차이, 적은 강수량, 여름의 높은 온도 등의 떼루아(terroir)적인 측면에서 국내 최적의 미세 기후 환경(microclimate)을 갖추고 있다.

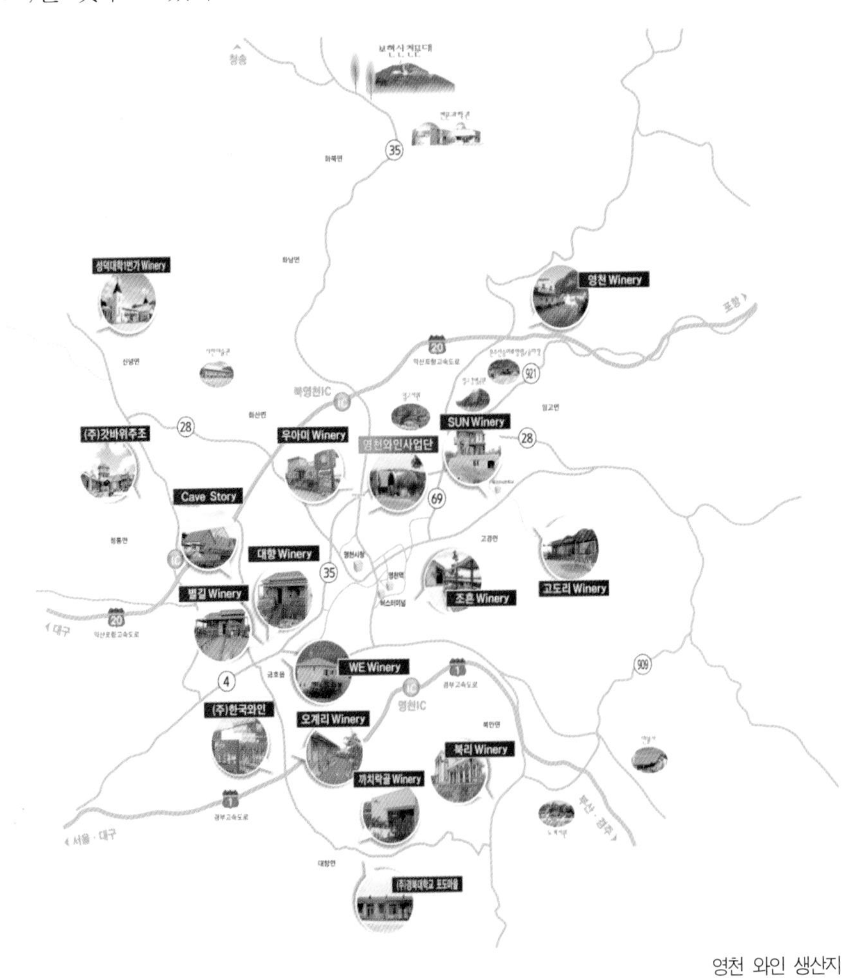


영천 와인 생산지

와이너리는 총 18개로 "까치락골"을 비롯한 11개 농가형 와이너리와 "까브 스토리"를 비롯한 3개 마을형 와이너리, '성덕대학'의 교육형 와이너리 1곳, '한국와인'을 비롯한 3개의 공장형 와이너리로 구성되어 있다.

농가형 와이너리 중에서 가장 오래 전부터 포도를 재배하고 있는 곳은 포도재배 경력이 22년인 '고도리' 와이너리가 있으며 이곳은 2008년부터 본격적으로 와인을 양조하기 시작했다.

(3) 대부도

대부도 와인은 경기도 안산시에서 그린영농조합에서 생산하는 와인을 총칭한다. 대부도 와인은 현재 32개 농가에서 와인을 생산하고 있으며, 포도는 재배 면적 2,000ha에서 재배하고 있다. 와인은 캠벨 얼리 품종으로 생산하고 있다.

대표적인 와인 브랜드 그랑 꼬또(Grand Coteau)를 보유하고 있으며, 대부도란 섬이름은 이곳이 서해안에서 제일 큰 섬으로 큰 언덕처럼 보인다고 해서 대부라는 이름을 얻었으며, 불어로 큰 언덕이라는 뜻을 가진 그랑꼬또(Grand Coteau)가 대부도의 와인 브랜드가 되었다.

바닷가의 뜨거운 열기와 강한 습도, 큰 일교차, 미네랄이 풍부한 토양과 시원한 바닷바람이 부는 친환경포도의 명산지로 유명하다. 그랑꼬또 와인은 레드와인, 화이트와인, 로제와인, 아이스와인으로 구분하며, 레드와인, 화이트와인, 로제와인의 알콜 함유량이 12% 정도이며, 아이스와인은 알콜 함유량을 10%이다.

## 5) 대표 와인 및 대표 과실 와인

(1) 와인

① **샤또 미소 스위트 레드 와인**(영동)

품종은 캠벨얼리, 산머루, 머스캣 벨리A를 사용하며 품종의 장점이 드러나도록 비율 블렌딩 하였다.

미디 엄 라이트 바디로 적당하면서 뒷맛이 깔끔하다.

샤또 미소
프리미엄 레드

② **그랑 꼬또 레드 와인**(대부도)

그랑 꼬뜨
와인

품종은 캠벨 얼리를 사용하며 껍질과 씨와 과육을 함께 넣어 발효하는 와인으로 밝고 경쾌한 장밋빛과 부드럽고 달콤함 향을 지니며 신맛과 단맛의 균형이 조화를 이뤄 가볍고 경쾌한 맛을 낸다.

어울리는 한식 음식으로는 보쌈, 김치전, 아구찜 등이다.

③ **고도리 드라이 화이트 와인**(영천)

고도리 화이트
와인

100% 친환경 거봉포도를 10월말 수확하여 당을 첨가하지 않고 발효한 와인이다. 풍부한 산미와 달콤한 과일향이 일품으로 저온에서 6개월 이상 2차 숙성을 거치면서 주석산을 제거하며 젖산 발효로 풍부한 부케향을 표출한다

오리고기, 닭고기, 신선한 회에 곁들이면 좋으며 그 외 식전주로도 훌륭하다.

(2) 과실 와인

① **오미 로제 스파클링 와인**(문경)

문경의 특산품인 유기농, 친환경 오미자를 원료로 정통 샴페인 공법으로 제조한 세계최초의 오미자 스파클링 와인이다. 향긋한 붉은 과일의 섬세한 거품이 코를 자극한다. 첫맛은 새콤달콤한, 뒤이어 향긋한 맛이 입안 전체를 감싸 안는다.

청와대 만찬에도 단골로 등장하는 와인이며 각 매체로부터 호평을 받는 한국을 대표하는 스파클링 와인이다.

문경 오미 로제 스파클링 와인, 청도 감그린 아이스 와인

② **감 그린 아이스 와인**(청도)

초겨울 서리 맞은 과숙 한 감을 엄선하여 언 상태(Iced)인 감을 착즙, 저온 발효하여 만든다. 달콤한 벌꿀향이 첫향에서 느껴지며 산뜻한 산도가 조화를 이루는 부드럽고 아로마와 부케가 풍부한 풀 바디 와인이다. 식전 또는 식후 음료로 좋으며 과일을 주재료로 사용한 디저트와 잘 어울린다.

③ **상떼 마루 화이트 와인, 아이스 와인**(영주)

건강을 뜻하는 불어와 최고를 뜻하는 우리말 마루의 합성어로 이를 마시면 건강해진다는 의미를 뜻한다. 아이스 와인과 드라이와인 2종으로 출시하였다. 알코올 12% 향토산업육성사업의 일환으로 '영주스타식품개발사업단'을 발족한 이래 3년 10개월의 개발 끝에 탄생한 와인이다.

상떼 마루 화이트 와인, 아이스 와인

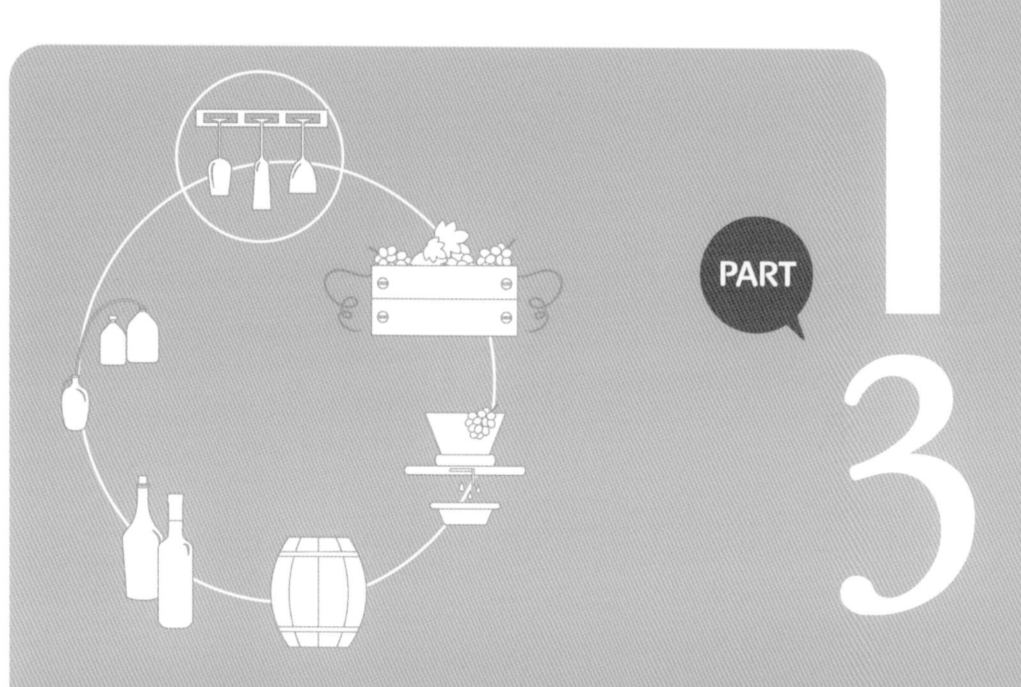

PART

# 3

# 와인 서비스 실무

CHAPTER 17

# 소믈리에 실무 Part-1

## 1 소믈리에의 정의

"소믈리에 Sommelier"란 무엇인가?

소믈리에(프랑스어: sommelier)는 레스토랑 등에서 협의적 의미로는 주로 와인만을, 광의적 의미에서는 모든 주류 및 음료에 관한 전문적 서비스를 제공하는 사람을 말한다.

본격적으로 소믈리에란 직업이 성장하기 시작한 시기는 18세기 말 프랑스에 많은 레스토랑이 등장하기 시작하면서 현재의 직업군이 형성되기 시작하였다.

오늘날에는 미식(美食), 즉 가스트로노미(Gastronomy) 산업에서 전문직으로 각광받는 직업으로 성장하게 되었다.

## 2 소믈리에의 업무

소믈리에란 직업을 단지 레스토랑에서 와인 추천, 오픈하고 디켄팅 서비스를 제공하고 와인과 음식이 마리아주를 연출하는 일이 전부라고 생각하는 경향이 있는 것 같지만 그것은 소믈리에의 업무에서 일부분이라고 말할 수 있다. 소믈리에의 업무를 크게 다음 몇 가지로 나눌 수 있다

### 1) 레스토랑 소믈리에

#### (1) 와인 구매자의 소믈리에

전세계 와인 중 해당 레스토랑에 어울리는 와인을 마리아주, 고객 성향, 품질, 가격 등 다각도로 선별할 능력이 있어야 한다. 와인 리스트의 작성은 해당 레스토랑의 음료 매출을 좌우하는 첫 단추이다.

#### (2) 경영자의 소믈리에

소믈리에는 레스토랑의 음료 매출을 담당하는 음료 전문 담당 디렉터이다. 총괄하는 경영자라 하더라도 음료에 대한 지식이나 매니지먼트를 할 수 있는 능력을 갖고 있는 경우가 많지 않기 때문에 음료 관련 매출에 가장 큰 영향력과 책임을 맡게 된다.

음료 마케팅을 통한 와인 및 음료 매출을 극대화하는 것이 가장 주요한 업무이다. 고객 층을 파악하고 레스토랑의 와인 구성을 어떻게 구비할 것인지, 와인 및 음료 재고를 어느 정도로 유지하여 재무 부담을 줄일 것인지, 적정량을 선물 구매하여 향후의 가격 충격을 회피할 것인지 등 재무적인 업무가 큰 비중을 차지하게 된다.

고객의 입장에서 생각하고 고객 서비스의 방법 등을 연구하여 고객 만족의 서비스를 제공하는 것도 소믈리에의 업무이지만 결국 그러한 업무를 통한 레스토랑의 음료 매출 활성화하여 이윤을 창출하는 것이 궁극적인 목표라는 점을 잊어서는 안 된다.

#### (3) 전문적 서비스 제공자

전문가이면서 접객 서비스 제공자로서 상황별 맞춤 와인을 제시할 수 있는 전문 지식과 접객 서비스 역량을 갖추고 있어야 한다. 영한 와인을 서비스하는 브리딩, 올드 와인

을 서비스하는 디켄팅 등 와인의 가치를 높여 고객의 만족도를 충족시키는 서비스 방법 등 와인 서비스의 전문성을 갖추어야 한다. 또한 시음 능력을 바탕으로 와인이 상품으로서 가치를 갖는 생명력의 주기를 판단하여 최상의 재고 와인 컨디션을 유지해야 한다.

#### (4) 트렌드 리더(trend leader)

전통적으로 와인을 생산하는 와인 생산국의 소믈리에는 전통을 지키는 것만으로도 클래식한 서비스를 제공하는 서비스 제공자가 될 수 있다. 그러나 와인 소비 국가의 소믈리에는 다양한 관점과 시대의 흐름을 읽는 자세가 필요하다.

현재에는 SNS(Social Media)를 통해 자신의 경험을 과시하는 소비 형태가 증가하고 있다. 이에 따라 전통적인 와인 글라스 리델에서도 자사의 와인 글라스의 스팀 부분에 색깔을 넣어서 블랙 타이, 레드 타이 등의 새로운 상품을 기존 글라스의 2배 이상의 가격으로 판매하고 있다.

레스토랑에서는 특정 가격 이상의 와인 주문 시 특별 글라스 제공 등 소비자의 필요보다 가치를 자극하는 마케팅이 필요하다. 가치가 소비를 창출하는 시대이다.

리델 소믈리에 레드 타이 시리즈

## 3 소믈리에 고객 서비스의 사이클

### 1) 고객 최초 접점 서비스

고객과의 접점에서 가벼운 인사와 함께 주문을 함께 받는다. 테이블의 호스트에게 메

뉴와 함께 와인리스트 및 음료리스트를 먼저 제공하여 음료를 권한다. 가벼운 대화를 통하여 테이블의 흐름을 파악하고 가볍게 추천 음료를 제안한다.

주문을 받을 경우 상황을 최우선 고려하며 와인과 음식의 조화를 알기 쉽게 설명하면서 추천하여 고객의 신뢰를 얻으면서 음료 매출 활성화를 추구한다. 이 과정을 통한 고객의 기호도 파악 및 서비스 순서 숙지 등 테이블에서의 고객 정보를 직원들과 공유하여 이 후 서비스에 만전을 기하도록 한다.

서비스로 고객의 입장에서는 최고의 가치를 느끼게 하고 지속적 재방문 관계를 유지하여 매출이 발생하는 선 순환 구조를 최우선으로 고려해야 한다.

## 2) 글라스 선택

글라스를 투명하면서 무늬가 없는 것이 이상적이라고 설명하고 있는 경우가 많으나 가정이 아닌 레스토랑에서는 와인이 갖는 최대한의 매력을 표출해 내야 한다. 따라서 글라스 선정은 중요한 업무이다. 글라스에 따라 와인의 맛과 풍미가 확연히 달라진다.

일반적으로 레스토랑에서 사용하는 글라스는 립(Lip), 몸통(bowl), 스템(Stem), 받침(Base)로 이루어진 글라스이다. 이러한 글라스에도 해당 와인 및 품종에 적당한 여러가지 글라스가 있다. 립(Lip)이 얇을수록 보다 섬세한 미감을 느낄 수 있지만 그만큼의 깨지기 쉽기 때문에 주의 깊게 다루어야 하며 손망실 비용을 고려해야 한다.

### (1) 보르도 와인 전용 글라스

보르도 와인은 풍부한 탄닌이 매력적인 와인이다. 커다란 와인 글라스 안에서 스월링을 통해 공기와 접촉시켜 탄닌을 부드럽게 즐길 수 있도록 만들어졌다.

볼(bowl)이 클수록 향이 오래 지속되고 와인이 립쪽으로 모아지게 만들어진 튜립 스타일 글라스로 미감에서 탄닌의 깊은 맛을 즐길 수 있게 해준다.

(2) 브르고뉴 와인 전용 글라스

브르고뉴 와인은 향을 최우선으로 고려하는 글라스로 활짝 피어있는 특유의 아름다운 튜립 모양으로 제작된다. 브르고뉴 특유의 특징인 향을 충분히 즐길 수 있도록 만들어졌다.

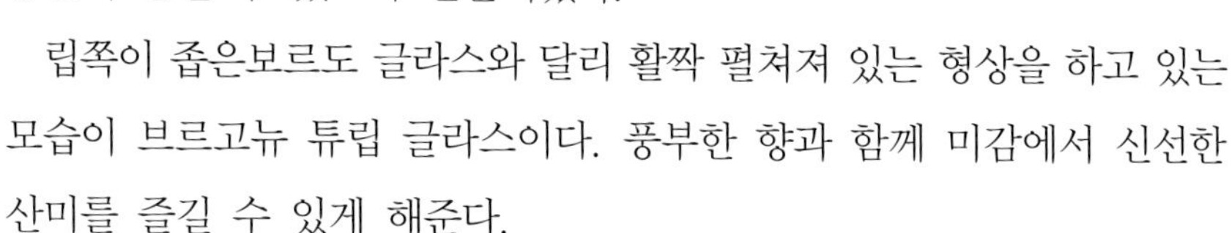

립쪽이 좁은보르도 글라스와 달리 활짝 펼쳐져 있는 형상을 하고 있는 모습이 브르고뉴 튜립 글라스이다. 풍부한 향과 함께 미감에서 신선한 산미를 즐길 수 있게 해준다.

(3) 키안티/리슬링 전용 글라스

상큼한 산미와 탄닌의 조화로움을 즐길수 있는 이태리 키안티 클라시코 전용 글라스이다. 부드러운 미감을 즐길 수 있어 화이트 와인 글라스로도 사용 가능한 다목적 글라스이다.

(4) 샴페인 플루트 글라스

샴페인을 비롯하여 발포 성 와인 전용 플루트 글라스로 끊임없이 솟아오르는 기포를 눈으로 즐기면서 입안에서는 상쾌한 버블감을 오래 동안 즐길 수 있다.

글라스에 세제가 남아있다면 샴페인의 기포는 즉시 사라져 버리기 때문에 샴페인의 경우 잔존 세제 유무 상태는 무엇보다 중요하다.

(5) 포트 와인 전용 글라스

3 Oz(90ml) 이하로 제공되는 글라스로

입구가 좁고 몸통 부분이 넓다. 잔 속의 향을 안쪽으로 모아주어 향을 즐기면서 달콤하고 묵직한 포트 와인의 맛과 향을 즐길 수 있다.

### (6) 리델 "O"시리즈(까베르네 쏘비뇽 전용)

스템(Stem)이 없는 아웃도어나 격식 없는 자리에 어울리는 글라스로 스템이 없을 뿐 볼(Bowl)과 립(lip)은 리델의 정수를 그대로 담은 테이스팅 전용 글라스이다.

- **글라스 선택, 관리 유의사항**

  글라스는 기본적으로 소모품임을 명심해야 한다. 아무리 좋은 글라스와 브랜드라 할지라도 관리 감당할 수 없다면 차 선택을 고려해야 한다.
  경영자의 재무관점으로 본다면 같은 브랜드의 스탠다드 급인 레스토랑 시리즈 정도를 선택하여 고객이 느끼는 가치를 유지하면서도 재무상황에 악영향을 끼칠 요소를 차단해야 한다.
  글라스 같은 경우 한번 구매를 한 후 다른 브랜드로의 전환이 쉽지 않다는 점이 고려되어야 하고 공급이 원할 해야 하며 앞으로의 가격 인상 폭 또한 예측을 해야 한다.
  보르도 레드, 브르고뉴 레드, 키안티/리슬링 전용 글라스 정도만 구비하면 여러 상황별 변주가 가능하다.

- **코케지(Corkage)**

  요즘 레스토랑 경영의 화두는 "코케지(Corkage: 고객 반입 와인(BYO))"허용 여부이다.
  음식과 음료를 판매하는 레스토랑에서 특히 이익을 남기는 음료 반입은 경영상 딜레마에 빠지게 하는 어려운 요소이다.
  1테이블에 1병, 1병 주문시 1병 코케지 프리 등 여러 경영 방식이 각 업장 별로 도입되고 있다. 또 다른 문제는 코케지 이용 시 글라스가 손 망실 되었을 때의 기준 또한 정립이 되지 않은 곳이 많다는 점이다.
  때문에 코케지 이용 시 손 망실에 대한 명확한 기준제시 및 코케지 이용 시 낮은 등급의 글라스를 제공한다 등의 영업 기준이 설정되어야 영업 외의 손실을 최소화할 수 있다.

## 3) 코르크 스크류

윙스크류는 일반 가정집에서 사용되는 초보자용 스크류이며 전동 스크류는 버튼을 누르면 자동적으로 코르크가 뽑히는 방식이다.

소믈리에 나이프는 소믈리에의 중요한 장비로 전문적으로 능숙하게 사용해야 한다. 올드 빈티지용 스크류에는 아 쏘(Ah So)라고 불리는 두개의 날을 갖는 두날 스크류가 있다.

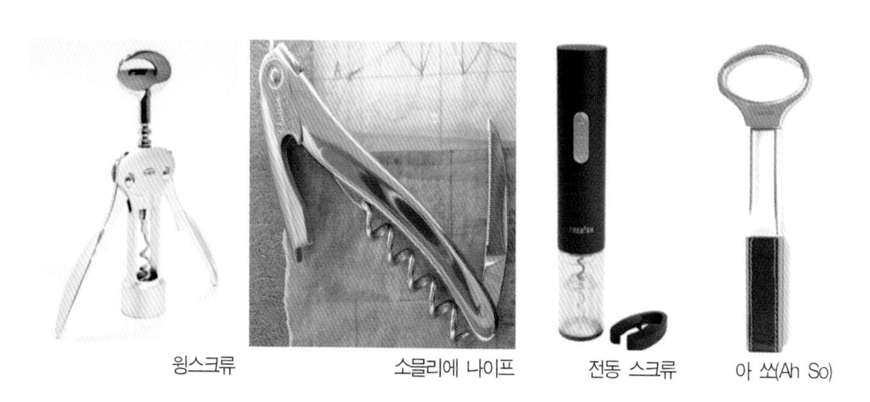
윙스크류 소믈리에 나이프 전동 스크류 아 쏘(Ah So)

와인의 상태에 따라 다르지만 20~30여년 정도 숙성된 와인의 경우 오픈시 코르크 마개가 잘게 부서지는 경우가 생긴다. 이 스크류는 정가운데를 꼽고 뽑는 방식이 아니라 병과 코르크 사이 양쪽에 날을 조심스럽게 꼽아 빼내는 형식으로 코르크에 손상 없이 오픈하는 방법이다.

"아 쏘(Ah So)"라고 불리는 이유는 와인을 오픈하는 모습을 보고 이렇게 말했다는 것에서 유래한다.

"Ah! So!!! It does works!!(아! 그렇게 쓰는 거구나!)"

## 4 와인 서비스 방법

서비스 방법을 결정하기 위해서는 우선 와인의 상태를 확인해야 한다. 적정 환경 안에서 보관되었는지 확인한다. 오래된 빈티지 일수록 내외부적 충격에 민감하기 때문에 이동되었거나 흔들린 정황이 있는지 유동성도 중요한 고려 사항이므로 더욱 세심한 확인이 필요하다.

육안으로 확인하기에는 한계가 있어 최종적으로 소믈리에 테이스팅 과정이 필요하다. 시음은 고객의 동의 하에 소믈리에 테이스팅을 실시한 후 설명과 함께 판단된 서비스 방법을 추천한다.

### 1) 일반적인 와인 서비스

고객이 와인 라벨을 볼 수 있는 위치에서 병을 세운 상태로 오픈한다. 소믈리에 나이프로 캡슐을 제거, 냅킨으로 마개 주위를 잘 닦는다.

스크류를 정중앙에 기준을 잡고 시계방향으로 돌리면서 밀어 넣는다. 이때 코르크를 관통하여 코르크 조각이 와인속으로 떨어지지 않게 주의한다.

스크류를 지렛대 형식으로 사용하여 코르크를 뽑고 스크류에서 제거한다. 코르크를 코로 확인후 고객에게 확인시킨다.

고객 허가 하에 소믈리에 테이스팅을 실시하여 와인의 이상여부를 확인한다. 마개 주위를 다시 잘 닦은 후 호스트 테이스팅을 시작으로 와인 서비스를 진행한다.

### 2) 영 빈티지(Young Vintage) 와인 서비스

영한 빈티지 중에서 탄닌이 거칠고 묵직한 스타일의 와인인 경우 공기와 접촉시켜 산화작용을 통해 아직 거친 와인의 맛을 부드럽게 만들어 즐길 수 있게 만드는 과정을 브리딩(breathing)이라고 말한다.

브리딩은 오픈한 와인의 산화를 촉진시켜 각성시키는 작업이라는 측면 외에도 음용에 적당한 온도로 끌어 올리는 수단이 되기도 하며 퍼포먼스를 통해 고객 서비스의 가치를 더해 주는 표현이 될 수도 있다.

이 과정을 통해 떫고 향이 닫혀진 와인의 경우 단순했던 향이 풍부해지고 복잡성이 강해지면서 미감에서는 탄닌은 부드러워지고 다채로운 풍부함이 강조되어 후각과 미감에서 전체적인 균형을 이루는 상태가 된다.

그러나 탄닌이 약하거나 충분히 숙성된 와인을 브리딩할 경우 향이 날라가고 와인의 신선함이 사라지게 되며 미감에서 절정을 지나 산미만 강조되는 시들은 맛을 부여함으로 주의하여야 한다.

와인에 대한 간단한 코멘트

와인 오픈

브리딩 서비스

### 브리딩 서비스 순서

① 고객 테이블에 와인에 어울리는 글라스를 준비한다.
② 브리딩에 필요한 부수기재(시음용 글라스, 코르크 용 접시, 냅킨, 칵테일 냅킨)등을 게리동에 준비한다.
③ 셀러에서 와인을 가져온 후 와인 프레젠테이션을 통해 고객에게 와인을 설명하며 확인을 받는다.
④ 캡슐 제거 후 마개를 닦고 코르크를 뽑는다.
⑤ 코르크 확인 후 다시 마개를 닦고 호스트께 확인시켜 드린다.
⑥ 고개의 허가 하에 소믈리에 테이스팅을 실시한 후 브리딩 여부를 제안한다.
⑦ 고객 승락 후 까라프 브리딩을 실시한다.
⑧ 호스트 테이스팅 후 와인을 순서대로 서비스한다.

### 3) 올드 빈티지(Old Vintage) 와인 서비스

장기간 병에서 숙성한 와인인 경우 자연적인 안정화 과정으로 앙금(세디먼트: Sediment)라는 결정이 생기게 된다.

디켄팅(Decanting)이라는 작업을 통해 이러한 앙금을 제거하여 맑은 와인을 고객에게 제공할 수 있다. 디켄팅의 목적으로는 앙금 제거가 주목적이며 숙성 중에 생긴 약간의 이취를 날려주면서 퍼포먼스(Performance) 효과로 가치를 극대화할 수 있다.

### 디켄팅 서비스 순서

① 고객 테이블에 와인에 어울리는 글라스를 준비한다.
② 디켄팅에 필요한 부수기재를 게리동(이동식 트롤리)에 준비한다.
(부수기재는 바스켓, 촛대, 초, 접시, 성냥, 냅킨 등을 들 수 있다.)
③ 와인을 셀러에서 바구니(Basket)로 세우거나 흔들리지 않게 담는다.
④ 바구니로 운반할 때는 아주 조심스럽게 운반한다. 특히 와인을 세우거나 크게 흔들리는 일이 없도록 한다. 앙금은 올드 빈티지의 와인일수록 연기처럼 액체에 녹아 있는 듯한 모습을 보이므로 가능한 한 진동이나 충격을 주어선 안 된다.
⑤ 촛불을 켠다. 성냥을 사용하는 경우 반드시 와인 오픈 전에 성냥을 켜야 성냥의 황 냄새가 와인에 영향을 주는 상황을 방지할 수 있다.
⑥ 조심스럽게 바구니에 담긴 와인을 오픈한다.
⑦ 오래된 와인일수록 캡슐 제거 후 코르크의 이물질을 잘 닦고 오픈 후 코르크 테이스팅 실시 후 호스트께 확인시켜 드린다.
⑧ 고객 허가 하에 소믈리에 테이스팅을 실시하고 디켄팅 여부를 제안한다.
⑨ 와인 병의 병목을 촛불 위에 위치하고 올드 빈티지 전용 오리 디켄터에 천천히 따른다.
⑩ 병목을 주시하면서 따르다가 병목 위에 침전물이 보일 때 침전물이 디켄터 안에 들어가지 않도록 즉시 멈춘다.
⑪ 디켄터 안의 맑은 와인을 호스트 테이스팅 후 순서대로 서비스한다.

"디켄팅"에서 가장 주의해야 할 사항은 와인이 디켄팅 과정을 견딜 수 있는가 하는 점이다. 아주 오래 숙성되어 자신의 생명력을 초과한 경우이거나 젊은 와인이라 하여도 유통 과정 등의 악조건으로 정상 퀄리티보다 약해진 경우가 있을 수도 있다. 때문에 소믈리에 테이스팅을 통해 알맞은 서비스 방법을 제안해야 한다.

디켄팅은 단순한 침전물을 거르는 작업이 아닌 소믈리에로서의 오랜 기간의 경험을 활용하여 와인을 최고의 상태로 서비스하는 세심한 전문 작업이다. 오래된 빈티지의 와인이라 할지라도 디켄팅으로 와인에 좋지 않은 영향이 예상되는 경우에는 고객에게 완곡한 표현으로 바스켓 서비스를 제안 드리고 의향을 여쭈어 본다.

단순히 보르도 와인 몇 년부터 디켄팅을 실시하고 브르고뉴 와인은 섬세하니까 브리딩을 하지 않는다. 이렇게 머리만으로 서비스해서는 안 된다. 소믈리에가 항상 시간과 비용을 투자하면서 항상 시음을 거르지 않아야 하는 이유 중 하나가 서비스 퀄리티를 항상 최고로 유지하기 위함이란 사실을 명심해야 한다.

바스켓 선택

조심스럽게 운반

디켄팅

## 5 디켄터(Decanter) 선택과 적정 서비스 온도 및 보관

### 1) 디켄터(Decanter) 선택

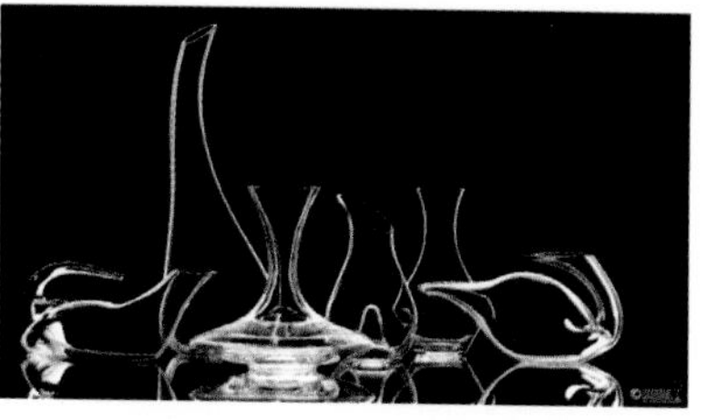

와인의 종류, 컨디션, 테이블의 성격 등 상황에 따라서 디켄터의(Decanter)의 종류도 달리 선택해야 한다.

A. **오리 디켄터**: 일반적인 올드 빈티지 전용 디켄터로 급격한 산소의 유입을 되도록 막아주는 기능을 갖고 있다.

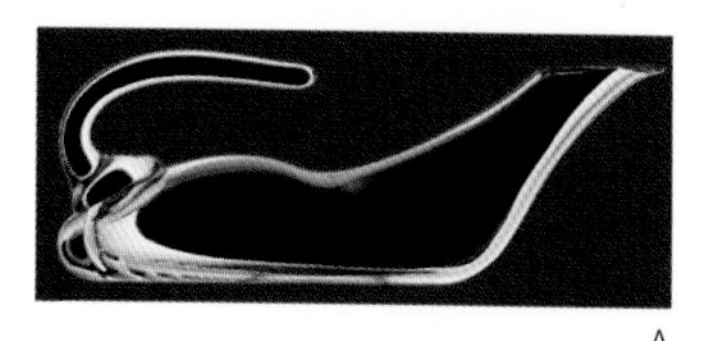
A

B. **까라프 디켄터**: 일반적으로 영한 와인의 브리딩 전용으로 사용하나 위대한 빈티지 등의 상황에 따라서 올드 와인을 브리딩할 경우에도 사용할 수 있다.

C. **뽀므롤 디켄터**: 올드 빈티지 중에서 특히 프랑스의 뽀므롤(Pomerol) 마을 와인 전용 디켄터로 과도한 산소 유입을 막아준다.

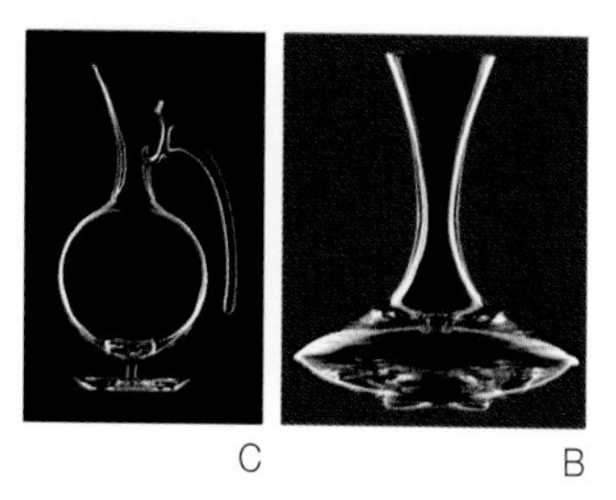
C B

## 2) 적정 서비스 온도 및 보관

와인을 적정온도보다 차갑게 제공할 경우 신선한 느낌의 과실 향 등 제1차 아로마가 첫 향에 강하게 표출된다. 전반적으로 드라이하고 신선하게 느껴지며 미감에서 균형미를 느낄 수 있다. 특히 화이트 와인의 경우 산미가 좀더 강하게 느껴진다. 반대로 레드 와인의 경우 향은 가라 앉으며 미감에서 떫은 맛, 쓴맛이 강하게 느껴지게 된다

온도를 적정온도보다 높게 제공할 경우 화이트, 레드, 스위트 모두 와인의 향이 더욱 강하게 발산되며 숙성된 풍미 등 복합성을 보다 강하게 느낄 수 있다. 스위트 와인의 단맛은 강해지고 이에 비해 산미는 상대적으로 부드럽게 느껴진다.

레드 와인의 경우 전체적으로는 섬세함이 억제되고 쓴맛, 떫은 맛이 더욱 부드럽게 느껴지게 된다. 일반적으로 낮은 온도에는 화이트 와인의 장점이 높은 온도에서는 레드 와인의 장점이 들어난다.

■ 일반적인 와인 추천 제공온도(저자 별 온도 상이함. 대략적인 참고사항으로 활용)

| 와인 분류 | 온도 | 대표 와인 |
|---|---|---|
| Sparkling Wine | 4~6 | |
| Champagne | 6~10 | Vintage Champagne 10°이상 |
| White Wine | | |
| Sweet, Semi Sweet Wine | 4~8 | Vouvray Moelleux, Sauterne |
| Dry | 6~12 | Muscadet, Chablis |
| Dry | 10~12 | Chablis Grand Cru |
| Orange Wine(Light) | 10~12 | |
| Dry | 10~13 | Montrachet, Corton Charlemagne |
| Vin Jaune | 14~16 | Arbois, Chateau-Chalon |
| Orange Wine(Full) | 14~16 | |
| Rose | | |
| Dry | 8~10 | Tavel |
| Semi Sweet | 6~8 | Anjou |
| Red | | |
| Light Red | 12~14 | Beaujolais, Macon, Vin Nouveau |
| Bourgogne | 14~16 | Bourgogne Red, Bourgogne Red Grand Cru |
| Rhone | 16~18 | Cote du Rhone |
| Bordeaux | 16~18 | Bordeaux Red |
| Port | 16~18 | |
| Bordeaux Grand Cru | 18~20 | Bordeaux Grand Cru, Pomerol |

레드 와인의 제공 온도는 예전부터 실온에서 라는 말이 전해 내려오고 있으나 여기서의 "실온"이란 실온(Chambre: 방안 온도)으로 특히 중세 시대 대리석으로 만든 대저택에서의 실내 온도를 뜻한다. 통상적으로 레드 와인이 너무 높은 온도에서 제공되는 이유는 이러한 오해에서 비롯되기도 한다.

보르도의 그랑 크뤼(Grand Cru) 와인 또한 20° 이하에서 서비스하기를 추천한다. 반면 화이트 와인은 너무 차갑게 서비스되는 경우가 많다. 이 경우에는 가끔씩 버켓Bucket)에서 병을 빼내어 적정 온도를 맞추면서 서비스하기를 추천한다. 와인 서비스시 이런 이유를 곁들여 설명하며 제공한다면 스몰 토크(Small Talk)의 역할로 특별한 케어를 받는 인상을 주어 테이블의 분위기가 더욱 좋아진다.

와인 보관하기 이상적인 보존 조건으로는 온도는 12~14°, 습도는 70~75°, 진동이 없고 냄새가 없는 어두운 곳에서 에티켓을 위쪽으로 향하고 빛이나 바람이 코르크에 직접적으로 닿지 않도록 하며 병의 밑부분을 손으로 잡을 수 있도록 눕혀서 보관할 수 있는 곳이 최적이 보관 장소이다.

이러한 장소가 바로 까브(Cave: 와인 저장고)로 현실에서는 거의 불가능하니 와인 셀러(Wine Cellar)을 이용하는 이유이다. 혹시 자신의 집에 지하실이 있다면 아주 훌륭한 천연 개인 셀러 역할을 할 것이다.

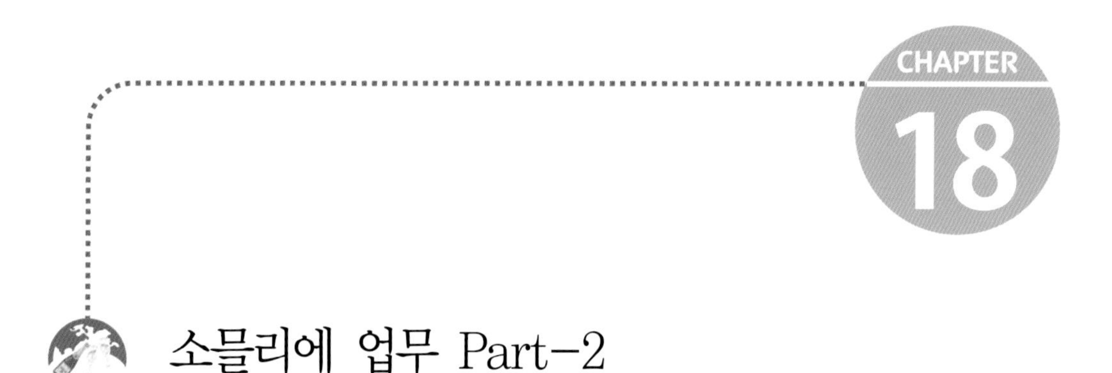


# 소믈리에 업무 Part-2

## 1 테이스팅(Tasting)의 정의

우선 와인을 즐긴다 개념의 단순 드링킹(Drinking)과 맛을 분석한다는 의미인 테이스팅(Tasting)으로 구분해보자.

드링킹(Drinking) 경우 와인은 음식이 있으면 마리아주를 즐기면서 더욱 좋은 상승효과를 즐길 수 있을 것이다. 하지만 테이스팅(Tasting)의 경우에는 빵 약간과 생수 1병이 제공된다.

와인을 분석하는데 감각을 집중하기 위하여 가급적 외부 환경을 철저히 통제해야 한다. 이 장에서는 전문 테이스팅을 다루고자 한다. 레스토랑의 테이블이 아닌 와인 전문가로서 소비자에게 정보를 전달하는 소믈리에의 업무를 살펴보자.

## 2 전문 테이스팅의 목적

전문 테이스팅의 목적은 각 평가의 주체에 따라 다르지만 품질 평가를 통해 주어진 상황과 목적에 맞는 와인을 소비자에게 추천하는 구매 가이드의 성격이 가장 강하다고 말할 수 있다.

주어진 와인을 시각, 후각, 미각, 테이스팅 통하여 품질을 판단하여 테이스팅 노트를 작성, 대중들이 보다 알기 쉽고 즐겁게 와인을 즐길 수 있도록 도와주는 기준을 제시한다. 점수로 평가하는 방법과 해설을 곁들이는 방법이 있다.

테이스팅은 선입관을 갖지 않고 개인의 취향이 반영하지 않는 중립적인 입장과 긍정적이고 열린 마인드로 임해야 한다. 와인 테이스팅을 통해 와인의 현재, 과거, 미래를 평가할 수 있다.

## ③ 테이스팅 환경

충분히 밝으면서 덥지도 않으며 냄새와 소음이 없는 곳으로 흰색 테이블 보, 백지, 타구 통(spited bowl) 등을 구비한 시음 환경이 필요하다.

아시아 와인 트로피 테이스팅 테이블

## ④ 와인 테이스팅 노트(Tasting Note)와 작성방법

■ 소믈리에 자격검정 블라인드 Sheet 세부선택항목

| 세부향기 선택항목 | | | | | | |
|---|---|---|---|---|---|---|
| 1. 꽃/과일 향 | | | | | | |
| 1-1. | 꽃향 | 1) 장미 | 2) 제비꽃 | 3) 아카시아 | 4) 엘더플라워 | 5) 꿀 |
| 1-2. | 녹색과일 | 6) 사과 | 7) 구즈베리 | 8) 서양배 | 9) 모과 | 10) 포도 |
| 1-3. | 감귤류 | 11)자몽 | 12) 레몬 | 13) 라임 | 14) 감귤류 껍질 | |
| 1-4. | 핵과일 | 15) 복숭아 | 16) 살구 | | | |
| 1-5. | 열대과일 | 17) 파인애플 | 18) 바나나 | 19) 패션 프루트 | 20) 리치 | |
| 1-6. | 붉은과일 | 21) 딸기 | 22) 레드커런트 | 23) 레드 체리 | 24) 라스베리 | 25) 자두 |

| | | | | | | |
|---|---|---|---|---|---|---|
| 1-7. | 검은과일 | 26) 블랙베리 | 27) 블랙커런트 | 28) 블랙 체리 | 29) 블루베리 | |
| 1-8. | 말린과일 | 30) 건포도 | 31) 말린 자두 | 32) 말린 무화과 | 33) 딸기잼 | 34) 체리 캔디 |
| **2. 야채/허브/스파이시** | | | | | | |
| 2-1. | 미성숙향 | 35) 피망 | 36) 토마토 | | | |
| 2-2. | 풀향 | 37) 잔디 | 38) 아스파라거스 | | | |
| 2-3. | 허브향 | 39) 민트 | 40) 유칼립투스 | 41) 라벤다 | 42) 회향풀 | |
| 2-4. | 스파이시 | 43) 계피 | 44) 정향 | 45) 육두구 | 46) 바닐라 | |
| | | 47) 후추 | 48) 감초 | 49) 바질 | | |
| **3. 발효/숙성/기타** | | | | | | |
| 3-1. | 견과류 | 50) 헤이즐넛 | 51) 구운 아몬드 | 52) 커피 | 53) 초콜릿 | |
| 3-2. | 구운향 | 54) 훈제향 | | | | |
| 3-3. | 나무향 | 55) 오크 | 56) 삼나무 | 57) 아카시아나무 | | |
| 3-4. | 발효향 | 58) 이스트 | | | | |
| 3-5. | 유제품향 | 59) 버터 | 60) 요거트 | | | |
| 3-6. | 숙성향 | 61) 야채 | 62) 버섯 | 63) 젖은 낙엽 | | |
| 3-7. | 동물향 | 64) 가죽 | 65) 사냥고기 | 66) 젖은 강아지 | 67) 부엽토 | |
| 3-8. | 미네랄 | 68) 페트롤 | 69) 돌 | | | |

| 포도품종 선택항목 | | | | |
|---|---|---|---|---|
| **1. 레드 or 로제 품종** | | | | |
| 1) 카베르네 소비뇽 | 2) 메를로 | 3) 말벡 | 4) 시라(쉬라즈) | 5) 피노누아 |
| 6) 산지오베제 | 7) 네비올로 | 8) 템프라니오 | 9) 그르나슈 | 10) 쌩소 |
| 11) 캠벨얼리 | 12) MBA | | | |
| **2. 화이트 or 스파클링 품종** | | | | |
| 1) 샤르도네 | 2) 소비뇽블랑 | 3) 리슬링 | 4) 글레라 | 5) 마카베오 |
| 6) 파렐야다 | 7) 샤렐로 | 8) 아르네이스 | 9) 아이렌 | 10) 위니블랑 |
| 11) 꼴롬바드 | 12) 청수 | | | |

■ 소믈리에 자격검정 블라인드 Sheet

| 시험날짜 | 2022. 00. 00 | 와인번호 | White / Sparkling 1 | 수험번호 | |
|---|---|---|---|---|---|

※ 해당되는 항목의 번호에 "∨" 표시를 하십시오.

| 평가항목 | | | | | | 배점 | 점수 |
|---|---|---|---|---|---|---|---|
| **1. 외관** | | | | | | | |
| 1-1. 투명도 | ① 아주 맑음 | ② 맑음 | ③ 흐린 | ④ 조금 탁한 | ⑤ 탁한 | 1점 | |
| 1-2. 색농도 | ① 옅음 | ② 중간(-) | ③ 중간 | ④ 중간(+) | ⑤ 진한 | 2점 | |
| 1-3. 색상 | ① 레몬-그린 | ② 레몬 | ③ 황금색 | ④ 황색(Amber) | ⑤ 갈색 | 2점 | |
| **2. 향** | | | | | | | |
| 2-1. 향의 상태 | ① 문제없음 | ② 곰팡이향 | ③ 휘발산향 | ④ 산화향 | ⑤ 이산화황 | 1점 | |
| 2-2. 향의 강도 | ① 가벼움 | ② 중간(-) | ③ 중간 | ④ 중간(+) | ⑤ 뚜렷한 | 2점 | |
| 2-3. 세부 향기 | ※ 세부향기 선택항목에서 3개를 선택하여 번호기입 ) | | | | | 7점 | |
| **3. 맛** | | | | | | | |
| 3-1. 당도 | ① 드라이 ② 오프 드라이 ③ 미디엄 드라이 ④ 미디엄 스위트 ⑤ 스위트 | | | | | 1점 | |
| 3-2. 산도 | ① 낮음 | ② 중간(-) | ③ 중간 | ④ 중간(+) | ⑤ 높음 | 2점 | |
| 3-3. 타닌 | ① 가벼움 | ② 중간(-) | ③ 중간 | ④ 중간(+) | ⑤ 높음 | 2점 | |
| 3-4. 알코올 | ① 4%~8.5% | ② 9%~11.5% | ③ 12%~13.5% | ④ 14%~15.5% | | 1점 | |
| 3-4. 바디 | ① 가벼움 | ② 중간(-) | ③ 중간 | ④ 중간(+) | ⑤ 무거움 | 1점 | |
| 3-5. 뒷맛 | ① 짧음 | ② 중간(-) | ③ 중간 | ④ 중간(+) | ⑤ 오래 지속 | 1점 | |
| 3-6. 균형 | ① 불균형 ② 보통 ③ 좋음 ④ 균형이 잘 잡힌 ⑤ 완전한 | | | | | 2점 | |
| **4. 평가** | | | | | | | |
| 4-1. 포도품종 | ※ 포도품종을 선택항목에서 선택하여 모든 번호기입 ) | | | | | 15점 | |
| 4-2. 생산국가 | ① 프랑스 ② 이탈리아 ③ 스페인 ④ 독일 ⑤ 미국 ⑥ 칠레 ⑦ 뉴질랜드 ⑧ 한국 ⑨ 호주 ⑩아르헨티나 | | | | | 15점 | |
| 4-3. 생산연도 | ① 2015 ② 2014 ③ 2013 ④ 2012 ⑤ 2011 ⑥ 2010 ⑦ 2009 ⑧ NV | | | | | 15점 | |
| 4-4. 숙성잠재력 | ① 너무 어림 ② 적정함 ③ 장기숙성가능 ④ 노화 | | | | | 10점 | |
| 4-5. 음식과 와인 | ① 붉은 육류 ② 흰 육류(가금류 등) ③ 생선 ④ 갑각류 ⑤ 채소 ⑥ 구운 채소 ⑦ 흰 송로버섯 ⑧ 소프트 치즈 ⑨ 중간 치즈 ⑩ 하드 치즈 ⑪ 절인 고기 ⑫ 밀가루 음식 ⑬ 디저트 | | | | | 10점 | |
| 4-6. 서비스온도 | ①6~8℃ ②8~10℃ ③10~12℃ ④12~14℃ ⑤14~16℃ ⑥16~18℃ ⑦18~20℃ | | | | | 10점 | |
| **총 계** | | | | | | **100점** | |

■ 소믈리에 자격검정 블라인드 Sheet

| 시험날짜 | 2022. 00. 00 | 와인번호 | Red 1 | 수험번호 | |
|---|---|---|---|---|---|

※ 해당되는 항목의 번호에 "∨" 표시를 하십시오.

| 평가항목 | | | | | | 배점 | 점수 |
|---|---|---|---|---|---|---|---|
| 1. 외관 | | | | | | | |
| 1-1. 투명도 | ① 아주 맑음 | ② 맑음 | ③ 흐린 | ④ 조금 탁한 | ⑤ 탁한 | 1점 | |
| 1-2. 색농도 | ① 엷음 | ② 중간(-) | ③ 중간 | ④ 중간(+) | ⑤ 진한 | 2점 | |
| 1-3. 색상 | ① 자주색<br>⑥ 연어색 | ② 루비색<br>⑦ 핑크 | ③ 벽돌색 | ④ 석류석 색 | ⑤ 갈색 | 2점 | |
| 2. 향 | | | | | | | |
| 2-1. 향의 상태 | ① 문제없음 | ② 곰팡이향 | ③ 휘발산향 | ④ 산화향 | ⑤ 이산화황 | 1점 | |
| 2-2. 향의 강도 | ① 가벼움 | ② 중간(-) | ③ 중간 | ④ 중간(+) | ⑤ 뚜렷한 | 2점 | |
| 2-3. 세부 향기 | ※ 세부향기 선택항목에서 3개를 선택하여 번호기입 ) | | | | | 7점 | |
| 3. 맛 | | | | | | | |
| 3-1. 당도 | ① 드라이 ② 오프 드라이 ③ 미디엄 드라이 ④ 미디엄 스위트 ⑤ 스위트 | | | | | 1점 | |
| 3-2. 산도 | ① 가벼움 | ② 중간(-) | ③ 중간 | ④ 중간(+) | ⑤ 높음 | 2점 | |
| 3-3. 타닌 | ① 가벼움 | ② 중간(-) | ③ 중간 | ④ 중간(+) | ⑤ 높음 | 2점 | |
| 3-4. 알코올 | ① 4%~8.5% | ② 9%~11.5% | ③ 12%~13.5% | ④ 14%~15.5% | | 1점 | |
| 3-4. 바디 | ① 가벼움 | ② 중간(-) | ③ 중간 | ④ 중간(+) | ⑤ 무거움 | 1점 | |
| 3-5. 뒷맛 | ① 짧음 | ② 중간(-) | ③ 중간 | ④ 중간(+) | ⑤ 오래 지속 | 1점 | |
| 3-6. 균형 | ① 불균형 ② 보통 ③ 좋음 ④ 균형이 잘 잡힌 ⑤ 완전한 | | | | | 2점 | |
| 4. 평가 | | | | | | | |
| 4-1. 포도품종 | ※ 포도품종을 선택항목에서 선택하여 모든 번호기입 ) | | | | | 15점 | |
| 4-2. 생산국가 | ① 프랑스 ② 이탈리아 ③ 스페인 ④ 독일 ⑤ 미국 ⑥ 칠레 ⑦ 뉴질랜드<br>⑧ 한국 ⑨ 호주 ⑩아르헨티나 | | | | | 15점 | |
| 4-3. 생산연도 | ① 2015 ② 2014 ③ 2013 ④ 2012 ⑤ 2011 ⑥ 2010 ⑦ 2009 ⑧ NV | | | | | 15점 | |
| 4-4. 숙성잠재력 | ① 너무 어림 ② 적정함 ③ 장기숙성가능 ④ 노화 | | | | | 10점 | |
| 4-5. 음식과 와인 | ① 붉은 육류 ② 흰 육류(가금류 등) ③ 생선 ④ 갑각류 ⑤ 채소 ⑥ 구운 채소<br>⑦ 흰 송로버섯 ⑧ 소프트 치즈 ⑨ 중간 치즈 ⑩ 하드 치즈 ⑪ 절인 고기<br>⑫ 밀가루 음식 ⑬ 디저트 | | | | | 10점 | |
| 4-6. 서비스온도 | ①6~8℃ ②8~10℃ ③10~12℃ ④12~14℃ ⑤14~16℃ ⑥16~18℃ ⑦18~20℃ | | | | | 10점 | |
| 총계 | | | | | | 100점 | |

# ⑤ 블라인드 테이스팅(Blind Tasting)

## 1) 시각적 평가(Sight)

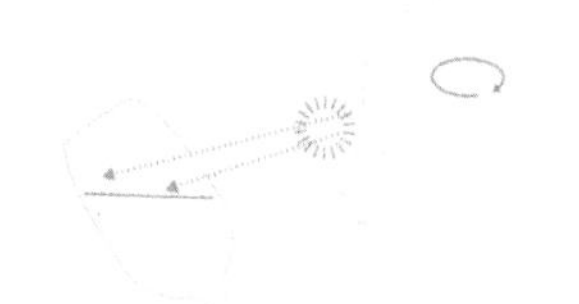

시음용 글라스에 1~2oz(30~50ml 이하)의 와인을 따른 후 와인의 외관과 후각 미각적 검사로 와인의 특성을 확인한다.

시각으로 확인할 수 있는 사항은 색조에서는 색상과 깊이, 투명도 및 광택을 눈물에서는 점도 등으로 와인의 외관적 상태를 추정할 수 있다. 단 때에 따라서는 시각적 정보를 주지 않기 위해 육안으로 확인 불가능한 블랙 글라스를 사용하기도 한다.

### (1) 색조

와인의 중심부와 가장자리의 색조를 비교해서 보면 와인의 전반적인 생산지와 숙성 정도를 추정할 수 있다.

원산지는 구대륙 와인일수록 서늘한 기후로 같은 품종이라도 일반적으로 더운 기후의 신대륙 와인에 비해 색조의 깊이가 덜 한 것을 알 수 있다.

숙성도에서 일반적으로 화이트 와인은 최초 노랑, 초록빛을 띈 노랑색 등에서 시작되어 숙성이 진행될수록 색상이 연노랑 빛이나 황금빛에서 탁한 갈색의 노화된 레드 와인의 색조로 진행된다. 레드 와인은 최초 보라 빛을 띈 레드, 진한 레드, 밝으면서 생기를 띈 루비 레드 색 등에서 시작되어 숙성이 진행될수록 석류 빛 가넷, 벽돌색으로 색상이 점점 탁해지면서 연한 색조의 노화된 화이트 와인의 색조로 진행된다.

숙성에 따른 화이트 와인 색조 변화

숙성에 따른 레드 와인 색조 변화

위의 색조 변화에서 보듯이 화이트와 레드 와인의 색조가 숙성이 진행될수록 화이트는 레드의 색조로 레드는 화이트의 색조로 변하는 과정을 볼수 있다. 일반적인 화이트나 레드인 경우 숙성 마지막 단계의 색조인 진한 갈색에 이르면 와인이 생명력을 잃은

갈변 상태로 예상한다. 하지만 예외적으로 고급 스위트 화이트 와인, 주정강화 레드 와인에서는 완전히 숙성된 와인의 깊은 맛을 즐길 수 있다.

화이트 와인에서는 샤또 디켐, 헝가리 토카이 에센시아, 독일의 트로켄 베렌아우스레제 등의 귀부와인과 아이스 와인을 예로 들 수 있으며 레드 와인애서는 주정강화 와인인 포르투갈의 포트, 포르투갈의 마르살라, 프랑스의 천연 감미 와인(V.D.N), 리꿰르 와인(V.d.L) 등을 들 수 있다.

샤또 디켐

(2) 색상의 강도

와인 색의 농축도 와 색조의 변색 정도로 집중도와 숙성도를 추정하는 순서이다. 일반적으로 색상이 진하고 깊다면 일반적으로 구조감 있거나 비교적 영한 와인이고 색상이 연하고 변색이 진행되었다면 일반적으로 구조감이 약하거나 숙성이 진행된 와인으로 추정할 수 있다.

(3) 투명도

와인이 외관상 깨끗한지 보관상태의 문제점은 없는지 알 수 있다. 현재에는 와인의 변질 보다는 양조상의 성격을 추청 하는 순서이다. 일반적인 컨벤셔널 와인(Conventional Wine)이라면 와인은 투명할 것이고 내추럴 와인(Natural Wine)의 경우에는 탁한 경우도 있을 것이다.

(4) 광택

와인의 빛나는 정도를 말하며 와인의 산도와 알코올을 추정할 수 있다.

(5) 점도

스월링(Swirling: 사전적 의미로 "소용돌이, 소용돌이치는 모양"을 뜻하며, 와인용어로 "와인을 잔에 따른 후 공기와 섞어 향을 발산시키기 위해 그 잔을 둥글게 돌려주는 행동"을 말한다.)후 벽면을 타고 내려오는 와인의 눈물(Tears), 다리(Legs)라고 부르며 이 형태를 보고 알코올함량과 글리세린의 정도를 추정할 수 있다.

## 2) 후각적 평가(Nose)

향은 아로마(aroma)와 부케(Bouquet)로 나뉜다. 향은 휘발성을 가진 화학적 입자로서 공기를 타고 코에 전달되고 부케는 여러 가지 아로마가 융합된 상태를 말한다.

일반적으로 영한 와인일수록 아로마가 표출되는 경향이 있으며 숙성된 와인의 경우에는 숙성된 부케가 먼저 표출되고 아로마가 가려져 있다가 나중에 서서히 표출되는 경우도 있다.

향을 구성하는 요소로는 여러 가지가 있지만 향을 판단하기 위해서는 하나하나의 요소를 단독적으로 잡아내기 보다는 대분류, 중분류, 소분류의 구분으로 서서히 좁혀 오는 방법이 좋은 방법이다.

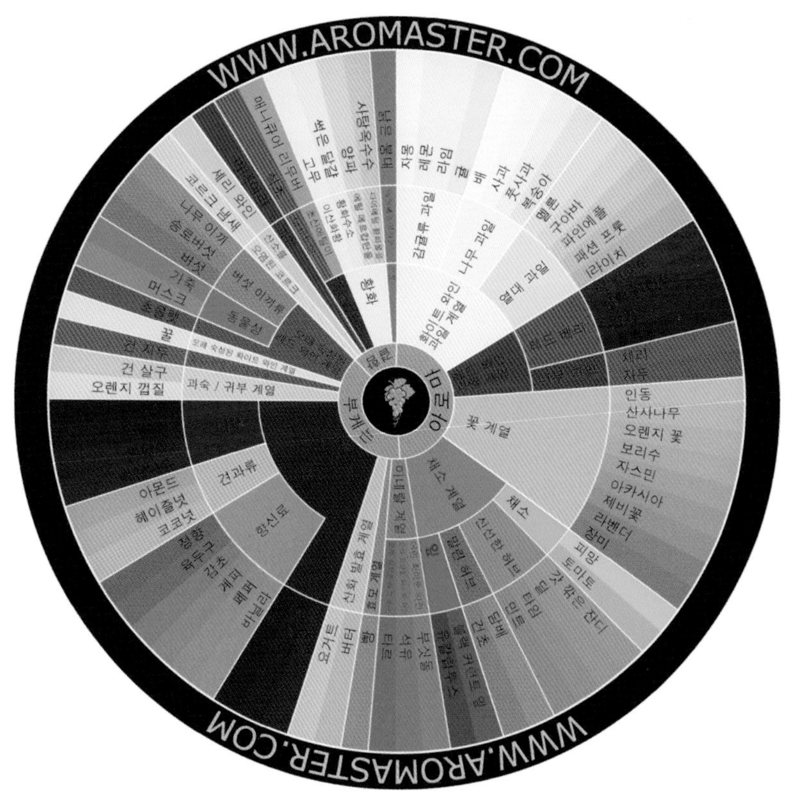


아로마 휠

예를 들자면 화이트 와인 풍미 → 화이트 와인 과일 계열 → 감귤 계열 → 레몬 순을 들 수 있다. 최종적으로는 지식을 바탕으로 그 향이 포도 품종 자체에서 유래했는지 양조에서 유래했는지, 떼루아(Terroir)에서 유래했는지 여러 가지 이유를 분석한다.

향기는 큰 테마로 나눌 수 있다. 첫번째 과일과 꽃 향, 둘째 야채와 허브의 스파이시 계열, 셋째 발효와 숙성, 넷째 기타 향 계열로 나누어진다.

### 3) 미각적 평가(Palate)

첫번째로 당도, 산도, 탄닌, 알코올 표현 등이 있다. 다음은 전체적인 미각의 표현과 평가로 당도, 산도, 탄닌, 알코올 간의 발란스, 와인의 무게감을 표현하는 바디, 마지막으로 피니쉬(Finish)에서 뒷맛여운(aftertaste)의 길이를 참고해 전반적인 품질을 평가한다

시각, 후각, 미각에서 얻어진 정보를 종합적으로 고려하여 논리적으로 와인의 원산지, 품종, 빈티지, 양조 방법 등을 추론한다. 또 앞으로의 숙성 잠재력 및 서비스 온도 및 서비스 방법을 선택하며 최상의 페어링을 위한 요리를 추천한다.

CHAPTER 19

# 소믈리에 실무 Part-3

## ① 시음회 및 와인 품평회 참가

소믈리에는 정기적인 시음회와 세미나, 와인 품평회에 참가해야 한다. 주요 와인 생산국의 소믈리에와 달리 와인 소비국의 소믈리에는 와인이라는 상품과 소비자와의 연결을 도와주는 가교의 역할이 무엇보다도 중요하다.

아시아 와인 트로피 국제 심사위원단

불특정 다수의 소비자에게 와인을 소개하는 역할은 와인의 저변을 확대할 수 있는 중요한 기회이다. 항상 주기적인 품평회에 참석을 통해 항상 일정 수준이상의 테이스팅 능력을 유지하면서 새롭게 조명되는 와인산지, 토착 품종, 와인메이커, 새로운 양조기술 및 국제 흐름 등에 귀를 잘 기울이고 습득하는 탐구심과 적극성을 가져야 한다.

### 1) 아시아 와인 트로피(Asia Wine Trophy)

아시아 와인 트로피는 대전마케팅공사가 세계적으로 권위 있는 베를린 와인 트로피와의 협력을 통해 개최하는 국제적인 와인 품평회이다. 아시아 와인 트로피는 국제와인기구 OIV의 엄격한 규정에 따른 철저한 블라인드 테이스팅 결과에 따라 그랜드 골드(Grand Gold 92점 이상), 골드(Gold 85점 이상), 실버(Silver 82점 이상) 기타 특별상(80점 이상)을 부여하며, 전체 출품 와인의 30%까지 입상할 수 있다. 심사위원은 다양한 분야의 와인 관련 전문가들로서 국제와인기구 OIV의 규정에 따라 과반수는 외국인으로 구성된다.

유럽에서도 접하기 힘든 각국가의 지역 토착 포도품종 테이스팅 경험을 할 수 있다. 참가하는 심사위원은 다양한 테이스팅을 경험을 하고 생산자는 블라인드 테이스팅(Blind Tasting) 심사로 자신의 와인이 140여 명으로 구성된 국제 심사위원으로 평가를 받는 기회를 갖게 된다.

아시아 와인트로피 수상 와인(몰도바, 루마니아 와인)

수상된 와인에는 아시아 와인 트로피의 그랜드 골드, 골드, 실버의 해당 스티커를 부착하며 같은 형제 품평회인 베를린 와인 트로피, 포르투갈 와인 트로피와 함께 시장에서 소비자들에게 공신력 있는 와인 품평회로 인정받고 있다.

### 2) 마리아주(Marriage: Food Fairing) 품평회

위에서 언급한 품평회가 와인만을 평가하는 품평회라면 이 품평회는 특정 재료, 음식을 선정하고 그 음식에 어울리는 와인을 출품한 와인 중에서 선별하고 선정 이유를 코멘트 하는 등 소비자의 직접적인 마리아주 가이드 역할을 하는 품평회 방식이다. 예를 들자면 치킨에 어울리는 와인, 해산물(대게, 흰살, 붉은 살 생선 부문)에 어울리는 와인, 중식에 어울리는 와인, 한우에 어울리는 와인 등의 마리아주 품평회를 들 수 있다.

수상한 와인들은 지정된 레스토랑에 리스트 업(list up)되어 소비자는 추천 가이드에 따라 마리아주를 즐길 수 있다.

제3회 와인 앤 한우 페어링 페스티벌

## ② 자기 계발

모든 산업이 그러하듯 와인 업계도 새로운 정보가 유입되고 산업에 반영되며 유행을 일으키고 발전한다. 때문에 지속적인 지식 습득은 물론 미식 산업관련 업계 동향과 소비자의 소비 형태 등 산업 전반의 흐름에 항상 주목하고 있어야 한다.

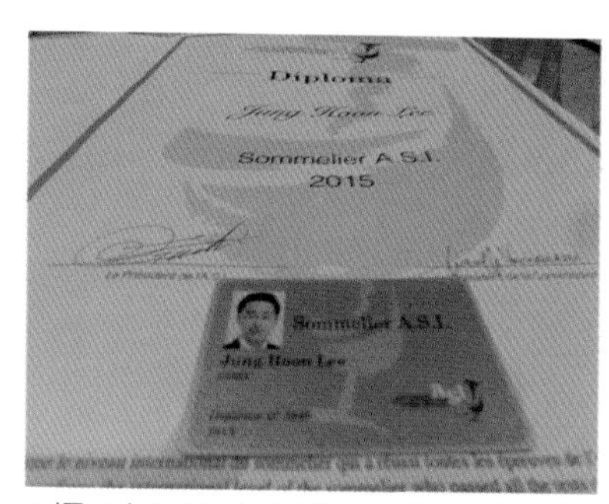


디플로마 소믈리에 ASI(Diploma Sommelier A.S.I)

지속적인 자기 계발이 필요하며 그 방법으로는 자격증 취득을 들 수 있다. 자격증 취득은 자신의 성취감을 달성하면서 실력을 쌓는 수단이 되며 이를 통해 소믈리에 대회에 도전하는 디딤돌이 될 수 있다.

**A.S.I.(Association de la Sommellerie Internationale): 국제 소믈리에 협회**

1969년에 설립되어 현재까지 57개의 회원국 약 5만여명의 소믈리에를 보유한 소믈리에 협회로서 세계 베스트 소믈리에 대회를 비롯하여 각 대륙별로 유럽 베스트 소믈리에 대회, 아메리카 베스트 소믈리에 대회, 아시아-오세아니아 베스트 소믈리에 대회를 주관하는 명실상부 가장 공신력 있는 소믈리에 협회이다. 위 협회에서 인증하는 Diploma Sommelier A.S.I는 국제 소믈리에 협회가 공인하는 디플로마 소믈리에임을 증명한다.

## 3 소믈리에 대회

현재 대한민국에는 3개의 소믈리에 대회가 있다. 소펙사(Sopexa)가 주관하는 한국 소믈리에 대회, 와인 비전과 영국의 C.M.S(영국 마스터 소믈리에 위원회)가 주관하는 Korea Sommelier of the Year, 그리고 한국 국제 소믈리에 협회(K.I.S.A)가 주관하는 한국 국가대표 소믈리에 경기대회이다.

한국 소믈리에 대회는 프랑스 와인 최고 소믈리에를 선발하는 대회이며 Korea Sommelier of the Year는 영국의 마스터 소믈리에 위원회의 심사로 올해의 한국 소믈리에를 선발한다.

한국 국제 소믈리에 협회(K.I.S.A)가 주관하는 국가대표 소믈리에 경기대회는 해마다 3명(1위, 2위, 3위)의 한국 국가대표 소믈리에를 선발하고 3년에 한 번씩 9명의 국가대표를 대상으로 왕 중 왕 선발전을 거쳐 A.S.I.(국제 소믈리에 협회)가 주관하는 대륙 별 대회인 "아시아 & 오세아니아 베스트 소믈리에 대회"와 전 세계 대회인 "세계 베스트 소믈리에 대회"에 출전하는 대한민국 국가대표를 선발하고 있다.

제3회 아시아 & 오세아니아 베스트 소믈리에 경기대회(홍콩)

### K.I.S.A.(Korea International Sommelier Association): 한국 국제 소믈리에 협회

(사)한국 국제 소믈리에 협회(K.I.S.A: Korea International Sommelier Association)는 국제 소믈리에 협회(A.S.I)의 회원국으로 한국을 대표하는 단체이며 1997년 7월 12일에 정식 회원국으로 가입된 한국 유일의 협회이다. 2002년 5월 2일에 정식으로 창립 총회를 개최하여 비영리 협회로서 국내

소믈리에들의 자질 향상과 와인, 전통주, 먹는 샘물, 티(茶)문화 정착에 목적을 두고 있다. 또한 국제 소믈리에 협회(A.S.I)와의 교류, 내외 국제 소믈리에 경기대회 시행 및 참여, 국내 민간 등록 소믈리에 자격 인증 제도 시행, 소믈리에 자격증 소유자의 전문적인 보수 교육, 전통주, 와인, 워터, 티(茶) 관련 연구 사업 및 와인 문화 보급, 전통주, 와인과 관련된 식품 위생과 식당의 위생 환경 지도, 와인관련 출판사업, 국제 와인 소믈리에 학술대회 등 기타 협회의 발전에 필요한 제반적인 사업을 전개하고 있다.

## ④ 소믈리에 영역 확대

대회를 통하여 입상한 소믈리에는 공신력 있는 소믈리에로 평가받는다. 근무 업장은 소믈리에 대회 입상을 대외 마케팅에 활용하고 고객들의 소믈리에 전문 서비스에 대한 신뢰로 추천 와인 주문 등 영업 매출 활성화 효과를 누린다.

**정하봉** 소믈리에
소피텔 앰배서더 서울

**안중민** 소믈리에
SPC 그룹

**노태정** 소믈리에
현대백화점

**최준선** 소믈리에
롯데쇼핑

**김민주** 소믈리에
신세계백화점

**김성국** 소믈리에
조선 팰리스 강남

**경민석** 소믈리에
롯데백화점

입상자 본인은 근무 업장에서의 연봉, 직급 승진은 물론 와인 품평회 심사위원, 강연, 저서 집필 등 자신의 능력을 발휘할 수 있는 기회를 갖게 되고 대외적으로 활동 영역이 넓어진다.

또한 레스토랑과 바에서 와인을 소개하고 서비스하는 정통적인 업무를 외에도 수입사, 대형 와인 샵, 대기업 구매부(백화점, 마트), 외식 사업체, 와인 관련 오픈 프로젝트 팀, 업계 스카우트 등 식음료 전반에 걸쳐 여러 방면으로 프로모션(Promotion)도 가능하다. 최근 와인 업계의 가장 큰 이슈는 현대 그린 푸드의 송기범 총괄 소믈리에의 비노에이치(Vino H) 대표 이사(CEO) 취임이다. 와인 업계의 후발 주자인 현대 백화점 그룹은 파격적인 인사를 통해 와인 업계에 성공적 안착을 노리고 있다. 이처럼 앞으로도 와인 시장의 성장과 함께 더 많은 기회를 가질 수 있다.

비노에이치(VinoH) 송기범 CEO

그리고 다방면으로 영역을 확장한 소믈리에로는 롯데 시그니엘 Bar 81을 총괄하는 양대훈 소믈리에, 호텔과 외식 사업부를 거친 후 대한민국 대표 제과 기업 오리온 F&B 사업부를 관장하는 사업부장 김정래 소믈리에, 여수 유탑 마리나 호텔 & 리조트 전체를 관장하는 총지배인 최정원 소믈리에, 다양한 행사 기획, 컨설팅 전문으로 사업하는 플래닝 안다즈의 대표 김협 소믈리에, 와인 매장뿐만 아니라 지역 와인 문화 전파에 힘쓰는 전주 와인 문화 아카데미 원장 박형민 소믈리에 등을 대표로 꼽을 수 있다.

양대훈 소믈리에
(롯데시그니엘 Bar 81총괄)

김정래 소믈리에
(오리온 F&B 사업부장)

최정원 소믈리에
(유탑 호텔&리조트 총지배인)

김협 소믈리에
(플래닝 안다즈 대표)

박형민 소믈리에
(전주 와인 문화 아카데미 원장)

# 소믈리에 실무 Part-4

## 1 와인과 음식

### 1) 마리아주(Marriage)

와인과 음식의 궁합을 말할 때 영어권에서는 푸드 페어링(Food fairing)이라고 말하지만 프랑스에서는 와인과 음식의 결혼. 즉 "마리아주(marriage)"란 단어로 표현한다.

불과 얼마전까지 이런 말이 어색하게 들렸다면 지금은 와인과 함께 다양한 음식 문화를 경험하고 배우고 실천해 보는 문화생활을 통해 폭 넓게 확산되어 이제는 친숙한 단어가 되었다.

"와인이 없는 식탁은 태양이 없는 세상과 같다."라는 프랑스의 속담처럼 다양한 음식 문화 중에서도 서양의 음식에 와인 없이 음식만 즐긴다는 것은 상상하기 힘든 일상적인 행동 양식이다.

와인은 다른 주류와 달리 풍부한 향과 적당한 산도 및 알코올 등의 조화로 이루어지는 복합적인 맛을 갖고 있어 음식과의 조화가 뛰어나다.

와인과 음식이 조화롭게 서로를 상호 보완해주는 역할을 한다. 식사 전에는 식욕을 증진하는 역할을, 식사 중에는 테이블 분위기의 윤활유 역할을 하며 식사 후에는 소화를 돕는 기능적인 역할까지 폭 넓은 역할을 수행한다.

## 2) 마리아주의 원리

### (1) 맛에 따른 와인 선택

신맛의 소스를 곁들인 음식에는 산미가 높은 화이트 와인을 곁들여야 맛의 상승 효과를 얻을 수 있다.

짠맛이 있는 음식은 미네랄이 풍부한 와인과 매칭하면 좋은 조화를 이룬다. 음식의 짠맛은 보통 소금에서 유래하며 보통 에피타이저 등 식전 요리의 중요 요소인데 산미가 있고 미네랄을 함유한 드라이 화이트 와인이 잘 어울린다. 대표적인 와인으로 프랑스의 샤블리, 독일의 모젤 리슬링 등을 들 수 있다.

달콤 새콤한 맛이 특징인 탕수육인 경우에는 동질성을 갖는 달콤 세콤한 독일 모젤 지방의 리슬링 카베네트, 리스링 슈페트레제 등급 와인이 조화를 이룬다.

단맛이 있는 음식, 특히 디저트류에는 디저트 보다 더 높은 당도를 갖는 디저트 와인을 곁들여야 디저트에 와인이 압도당하지 않고 더 좋은 상승 효과를 얻을 수 있다. 이때 와인과 디저트가 풍미면에서 서로 동질감이 있어야 더 좋은 마리아주를 연출한다

매운맛은 서양에서는 통각으로 분리되며 아시아에서만 사용되는 맛이다. 보통 서양인들의 미각에는 매운맛은 통증으로 인식하며 입안을 씻어내기 위해 스위트 와인을 마시지만 아시아인의 미각에는 탄닌이 강하지 않고 붉은 과일향이 풍부하면서 알코올이 다소 높은 레드 와인이 잘 어울린다. 대표적인 예로 프랑스 꼬뜨 뒤 론 남부 지방의 그르나슈 품종을 메인으로 사용하는 지공다스 와인을 들 수 있다.

### (2) 조리 방법에 따른 와인 선택

#### ① 삶기(Steamed)

재료의 특성을 해치지 않는 가장 부드러운 조리법으로 와인 또한 아주 심플하게 양조한 와인이 잘 어울린다. 스테인레스 스틸로 양조한 와인으로 스파클링 와인으로는 이태

리의 프로세코, 화이트 와인으로는 뉴질랜드 쏘비뇽 블랑을 들 수 있다.

② 튀기기(Fried)

기름에 튀긴 요리의 느끼함을 씻어 주는 상큼한 화이트 와인이 잘 어울리며 튀김 특유의 바삭한 식감을 고려해서 드라이한 화이트 스파클링 와인이 잘 어울린다. 이태리 프로세코, 스페인의 까바, 프랑스의 크레망, 신세계의 일반적인 스파클링 와인 등을 들 수 있다.

③ 볶음(Stir-Fride)

요리의 재료와 소스에 따라 화이트, 레드를 선택한다 심플하고 하얀 소스를 곁들인 생선, 돼지고기라면 독일 모젤 지방의 드라이 리슬링 화이트 와인을, 흰살 고기에 고추가루 같은 강한 향신료를 곁들인 경우에는 가볍고 과일향이 풍부한 브르고뉴 보졸레 지방의 가메이 품종의 레드 와인이 잘 어울린다.

④ 구이(Pan or Grill)

팬으로 구운 요리는 심플한 드라이한 화이트 와인이 잘 어울리며 그릴로 구운 경우에는 오크 에이징을 한 무거운 스타일의 레드 와인이 잘 어울린다. 구세계, 신세계 비티스 비니페라 품종의 풀바디 와인 스타일이라면 잘 어울릴 것이다.

⑤ 국물(Soup)

탕과 조림등 국물 요리에는 굳이 와인을 매칭하지 않고 다른 음료를 매칭하는 편이 더 좋을 수 있다. 여러 가지 음료를 상황에 맞게 활용하는 다양성이 필요하다. 그래도 와인을 마시고 싶다면 입안을 깔끔하게 하는 스파클링 정도가 어울릴 것이다.

## ② 와인과 음식의 조화

### 1) 일품 요리 와인 마리아주

조화는 음식과 와인 어느 한쪽이 다른 한쪽을 압도하지 않는 것이 중요하며 먼저 와인과 음식의 성격을 먼저 파악하는 것이 중요하다.

완벽하게 맞는 표현은 아니지만 흔히 "생선에는 화이트 와인 붉은 고기에는 레드 와인"이라는 포괄적 추천이 그 대명사처럼 전해진다.

대표적인 예로는 다음과 같다.

- 육질이 단단하고 맛이 풍부한 붉은 살 스테이크–풀바디하고 탄닌이 풍부한 레드 와인
  ex) 구세계: 보르도 와인, 스페인 리오하 등
  신세계: 미국 캘리포니아, 칠레, 호주 등의 품종 와인(까베르네 쏘비뇽, 멜롯, 쉬라) 등
- 육질이 부드러운 흰살 육류(돼지, 닭): 미디엄 바디의 산도가 있는 레드 와인.또는 산미가 있는 화이트 와인
  ex) 구세계: 이태리 키안티 클라시코, 산지오베제 레드 와인. 독일 모젤 리슬링 화이트 와인
  신세계: 오스트레일리아, 미국의 리슬링 등
- 생선, 해산물: 산미가 있는 신선한 화이트 와인
  ex) 구세계: 프랑스 샤블리, 이태리 소아베, 스페인 리하스 바이샤스 등
  신세계: 뉴질랜드 쏘비뇽 블랑 등
- 신맛이 강한 드레싱이 가미된 샐러드: 가볍고 산도가 높은 드라이 화이트 와인
  ex) 구세계: 이태리 소아베, 스페인 리하스 바이샤스, 신세계: 뉴질랜드 말보로 쏘비뇽 블랑 등

- 짠맛이 있는 치즈: 귀부 포도로 만든 스위트 와인
  ex) 구세계: 보르도 쏘떼른 등 신세계: 칠레, 미국, 오스트레일리아의 화이트 품종 레이트 하비스트 등
- 특정 지역 토속 요리: 향토 요리와 와인은 같이 발전하므로 해당 지방 와인

## 2) 코스 요리 와인 마리아주

아페리티프부터 시작하여 콜드 에피타이저(스타터), 수프, 핫 에피타이저, 메인 요리, 치즈, 디저트 커피 또는 티로 이어지는 코스 구성의 각 요리에 어울리는 와인을 추천한다. 와인 한가지로 추천 요청시에는 메인 요리에 어울리는 와인을 추천한다.

### (1) 아페리티프(Aperitif)

아페리티프는 프랑스 어로 식사전에 마시는 술. 즉 식욕 촉진을 위한 음료이다. 알코올로 식욕을 끌어 올릴 수 있도록 진베이스(진토닉 등)나 보드카 베이스(그레이 하운드 등)의 알코올이 높은 칵테일이 좋으며 와인으로는 드라이하고 가벼운 화이트 와인, 또는 스파클링 와인이 잘 어울린다.

높은 알코올과 상큼한 산미는 대표적인 식욕 촉진 요소이다. 화이트 와인은 오크통 숙성을 하지 않은 가벼운 스타일이 좋다. 특별한 행사라면 품격을 올려주는 고급 샴페인이 잘 어울린다.

보통 식사 테이블 착석 전 리셉션 행사에서 한입 크기로 구성된 카나페, 치즈, 올리브 등과 함께 제공된다.

샴페인과 카나페

(2) 콜드 애피타이저/스타터(Cold Appetizer/Starter)

애피타이저는 코스에서 첫 코스로 제공되는 음식으로서 식욕을 돋우기 위해 식사전에 나오는 간단한 요리를 뜻하며 미국 영어에서 주로 사용한다. 식사의 시작을 알리는 요리로서 영국 영어에서는 스타터라고 불린다. 정통 프렌치 레스토랑에서는 불어로 오르되브르(hors-d'œuvre)라고 표기한다.

대표적인 애피타이저 요리와 어울리는 와인은 다음과 같다.

① 아스파라거스: 녹색 허브 뉘앙스의 화이트 와인으로 대표적인 뉴질랜드 쏘비뇽 블랑을 추천한다.

② 푸아그라: 코스요리의 빠떼 형태로 제공될 경우에는 샴페인 또는 단맛이 과하지 않은 오프 드라이 스타일의 알자스산 게브르츠 트라미네르를 추천한다.

③ 훈제연어: 연어를 연기로 훈연하고 소금에 재운 요리로 특유의 훈연향과 소금의 짠맛이 특징적인 요리이다. 프랑스 샤블리, 프랑스 쌍세르의 쏘비뇽 블랑, 독일의 드라이 리슬링 등 산미가 있으면서 토양에서 유래하는 특유의 미네랄이 느껴지는 와인을 추천한다.

④ 샐러드(Salad)

보통 스타터로서 제공되며 드레싱 없는 그린 샐러드에는 일반적인 드라이 화이트 와인, 신선한 식물성 풍미의 쏘비뇽 블랑, 드라이 리슬링, 오크 숙성을 하지 않은 샤르도네를 추천한다.
상큼한 드레싱을 곁들인 샐러드에는 산도가 높은 스페인 리하스 바이샤스의 비뉴 베르드, 뉴질랜드 말보로 쏘비뇽 블랑, 독일 모젤의 드라이 리슬링을 추천한다.

(3) 수프(Soup)

일반적으로 유럽에서는 수프가 코스에 포함되는 경우가 아주 적은 편이나 한국에서는 코스 일반적으로 제공되고 있다. 이것은 한국의 국물 문화가 코스에 녹아 든 형태로 볼 수 있다. 기본적으로 와인은 액체이므로 일반적으로 액체 류에 액체를 매칭하지 않으나 다음과 같이 몇 가지 추천할 수 있다.

① **부야베스**: 생선과 해산물이 듬뿍 들어간 프로방스 지방 특유의 수프로서 지역성에 맞게 프로방스산 화이트나 로제 와인을 추천한다.

② **크리미 차우더**: 스페인의 드라이 쉐리 와인을 필두로 상큼한 샤르도네 품종 와인이나 산미가 있는 심플한 드라이 화이트 와인을 추천한다.

(4) 핫 에피타이저(Hot Appetizer)

① **크림소스를 곁들인 넙치 구이**: 좋은 식재료를 사용한 요리이므로 요리의 격에 맞추어 오크 숙성 한 프랑스 브르고뉴의 고급 화이트 와인 뿔리니 몽라셰, 샤샤뉘 몽라셰, 뫼르쏘. 또는 신세계와인으로는 미국의 고급 캘리포니아 샤르도네 화이트 와인을 추천한다.

② **버터 소스를 곁들인 농어 구이**: 좋은 식재료를 사용한 요리이므로 요리의 격에 맞추어 오크 숙성한 프랑스 브르고뉴의 고급 화이트 와인 뿔리니 몽라셰, 샤샤뉘 몰라셰, 뫼르쏘. 또는 지역 특산 요리에 맞춰 알자스의 그랑 크뤼 리슬링을 추천한

다. 신세계 와인으로는 미국의 고급 캘리포니아 샤르도네 화이트 와인을 추천한다

③ **바비큐 연어구이**: 탄닌이 가볍고 섬세한 브르고뉴 피노 누아, 보졸레 가메이 품종의 레드 와인, 신세계의 멜롯 품종 와인, 진판델 등 탄닌이 섬세하고 바디감이 라이트한 레드 와인을 추천한다.

④ **팬 프라이드 푸아 그라**: 흙 내음과 미네랄이 풍부하고 바디감이 묵직한 스타일의 프랑스의 뽀므롤 레드 와인을 추천한다. 신세계 와인으로는 멜롯 고유의 품종을 느낄 수 있는 미국 캘리포니아 나파 밸리 멜롯 레드 와인을 추천한다.

(5) 메인 요리(Main Dish)

① **송아지 스테이크**: 탄닌이 강하지 않은 프랑스 브르고뉴, 이태리의 키안티, 신세계의 메를로, 피노누아, 품종의 레드 와인, 화이트 와인은 프랑스의 샤블리, 오크통 숙성을 하지 않은 샤르도네 품종 와인을 추천한다.

② **오리 구이**: 가벼운 붉은 살 색감과 부드러운 육질의 요리로서 섬세한 탄닌의 프랑스 지브리 샹베르땡, 본 로마네 등 고급 브르고뉴 와인, 이탈리아 피에몬테의 숙성된 바롤로, 바르바레스코 와인을 추천한다. 신세계 와인으로는 캘리포니아 나파 밸리의 피노 누아 품종 와인을 추천한다.

③ **가금류**(givier): 풍미가 강한 야생 조류의 요리로서 프랑스 보르도, 브르고뉴, 북부 론, 스페인 리오하 등 구세계의 고급 레드 와인을 추천한다

④ **비프 스테이크**: 프랑스 북부 론 지방의 레드 와인, 보르도의 고급 풀 바디 레드, 신세계의 풀 바디 레드 와인 등 거의 모든 레드 와인에서 적어도 미디엄 바디 이상의 레드 와인을 추천한다.

⑤ **구운 양고기:** 고급 보르도 레드 와인, 신세계의 품종 와인 중 카베르네 쏘비뇽, 멜롯 등으로 양조한 묵직하고 풀 바디 고급 레드 와인을 추천한다.

### 세부 고려 사항

A. 소스(Sauce): 메인 요리 마리아주의 또 하나 중요한 요소이다.
일반적으로 와인이 영한 레드 와인일 경우 요리는 레드 와인 소스, 숙성된 레드 와인인 경우 버섯 소스, 좀더 오랜 숙성으로 쿰쿰한 풍미가 있는 고급 와인인 경우에는 블랙 트러플 소스가 어울린다.
호주 쉬라즈나 루아르의 까베르네 프랑 같은 매콤하고 풋풋한 풍미의 레드 와인인 경우 후추 소스를 곁들이면 와인과 요리의 일체감을 맛볼 수 있다.

B. 채식 주의자 메뉴 및 와인 추천
채식 주의자인 경우 육류 스테이크의 대체 요리로 버섯 스테이크를 추천한다.
채식주의자의 경우 와인추천에는 동물성 식품의 허용 범주가 중요하다. 알러지 등 신체적 이유 또는 동물성 식품을 먹지 않는 채식주의자는 와인 양조과정에서 계란 흰자, 물고기 부레 등의 동물성 물질을 사용하는 일반적인 와인은 마실 수 없다. 이 때문에 채식주의자용 비건(Vegan) 와인이나 동물성 물질을 사용하지 않은 내추럴 와인을 추천해야 한다.

채식주의자에서 가장 많은 수가 속하는 락토 오보(Lacto-Ovo)인 경우 유제품까지 섭취 가능하므로 숙성된 프랑스의 쌩떼밀리옹 와인을 추천한다.
버섯의 질감이 고기의 질감과 유사하여 와인의 바디감과 어울리며 버섯 특유의 풍미가 숙성된 쌩떼밀리옹 와인의 부드러운 탄닌과 함께 표출되는 와인의 흙, 버섯 향과 일체감의 조화를 이룬다.

### (6) 치즈(Cheese)

"치즈와 와인의 마리아주는 항상 옳다"라는 주장이 당연하게 받아들여지고 있지만 의외로 치즈와 와인은 서로를 돋보이게 해줄 수도 있고 서로를 파괴할 수도 있기에 고려해야 할 사항이 많다. 그 중에서도 치즈의 원료가 되는 원유(소 우유, 양 우유, 염소 우유), 제조 방법, 숙성 방법을 가장 주의 깊게 고려해야 한다.

일반적으로 레드 와인과 까망베르, 브리 치즈 등을 곁들여 먹는 경우가 흔하다. 잘 어울리는 마리아주라고 생각하지만 어울리지 않는 마리아주이다.

까망베르 와 브리 모두 화이트 와인에 더 동질성을 갖는 치즈이기 때문이다. 일반적으로 치즈와 와인의 조화에서 대부분의 치즈는 화이트 와인의 성질과 동일한 풍미와 미감에서도 동질성과 상쇄성을 갖고 있다. 치즈의 고소한 풍미와 맛은 화이트 와인의 오크 숙성에서 나오는 버터리한 풍미와 기름진 맛과 어우러진다. 맛에서는 숙성에서 생성된 짠맛과 드라이 화이트 와인의 신맛은 서로 간의 맛을 증폭시키며 스위트 와인의 단맛은 치즈의 짠맛을 상쇄시키는 조화를 만들어 낸다. 때문에 레드 와인과의 조화로운 마리아주를 위해서는 이 치즈와 레드 와인 사이를 이어주는 빵과 잼이라는 매개체가 필요하다. 이 매개체 덕분에 서로 이질적이었던 까망베르, 브리 치즈와 레드 와인 사이에 연결 고리를 갖게 된다.

코스 요리에서 보통 메인 요리 다음으로 치즈 코스가 구성되어 있다. 이때 나오는 치즈와 메인 요리와 제공된 레드 와인과 함께 마시는 경우 좋은 조화를 위해 검붉은 과일의 맛과 풍미를 갖는 잼이나 과일 꿀리(Coulis, 과일 퓨레) 등을 곁들이면 좋으며 말린 무화과나 견과류 등을 곁들이면 더욱 훌륭한 마리아주를 경험할 수 있다.

### 치즈 플레이트와 와인 마리아주

- 브리(Brie): 풀 바디한 샤르도네 와인, 과일 향이 나는 신선한 레드 와인 중에서는 프랑스 브르고뉴의 피노 누아, 보졸레 가메이 품종 와인을 추천한다.
- 까망베르(Camembert): 오크통 숙성을 한 브르고뉴 화이트 와인, 캘리포니아 샤르도네 와인을 추천한다. 레드 와인은 브리의 추천과 같다.
- 샤비뇰(Chavignol): 프랑스 루아르 지방의 원통형의 형태의 소형 염소 치즈로서 염소 우유 자체의 산도로 인해 톡 쏘는 신맛이 강하다. 지역성에 맞추어 루아르의 쏘비뇽 블랑을 추천한다.
- 뮌스터(Munster): 알자스, 로렌 지방에서 3주간의 치즈 숙성 기간 동안 정기적으로 우유와 소금물로 치즈 표면에 바르면서 숙성을 진행시키면 점차 색상은 오렌지빛에 적색을 띄며 미감에서 은은한 단맛과 진한 우유의 풍미가 어우러지게 된다. 지역성에 맞추어 알자스산 게브르츠 트라미너를 추천한다.
- 블루치즈(Blue Cheese): 강렬한 짠맛과 자극적인 풍미는 일반적인 드라이 화이트 와인과 레드 와인과 극단적인 상극을 보여준다. 이러한 치즈의 짠맛과 강한 풍미에는 스위트 와인이 잘 어울린다. 레이트 하비스트를 포함한 귀부와인, 아이스 와인까지도 조화롭게 어울린다. 그중 고급 블루 치즈인 로크포르(Roquefort)에는 전통적으로 프랑스의 고급 쏘떼른, 영국의 블루 스틸턴에는 포르투갈의 포트 와인이 전통적인 추천 와인이다.

(7) 디저트(Desert)

① 과일 타트 계열 디저트: 신선한 화이트 디저트 와인으로 레이트 하비스트, 영한 노블 랏 와인, 알자스 방당주 따르디브 등 과하지 않은 미디엄 스위트 정도의 당도를 가진 독일 모젤의 리슬링 아우스레제 등의 와인과 좋은 궁합을 이룬다.

② 초콜렛 케익: 포르투갈의 포트 와인, 프랑스 루시용의 반뉠스 등 레드 주정강화 와인과 환상적인 궁합을 보여준다.

(8) 커피 또는 티(차)(Coff or Tea)

과거 프렌치 레스토랑이 유행이었던 시절에는 시가 바(Cigar Bar)에서 포트 와인까지 마무리하고 담소를 나누는 것으로 마무리를 지었으나 현재 미식 산업에서 시가 바가 사라졌고 건강 음료로 커피와 고급 차 문화가 급격하게 성장하였다. 미식의 마무리를 고급 스페셜티 커피(Specialty Coffee), 영국 웨지 우드(WEDG WOOD)의 고급 홍차와 다기 세트 또는 중국 운남성의 만송, 노반장 등의 명품 보이차를 선택하여 품격을 높일 수 있다.

# ③ 아시아 요리 와인 마리아주

## 1) 한국

아시아 요리와 와인의 마리아주에서 가장 난이도 높은 요리이다. 한식은 짠맛, 단맛, 매운맛, 신맛, 감칠맛 등을 모두 표출하는 어디에도 없는 복합성을 띄고 있다.

최근 한류 문화의 전세계적 유행과 더불어 한국 음식이 세계에 널리 소개되고 있다. "한식의 세계화"를 통한 성장보다 K-POP을 비롯한 문화를 통한 성장이 비약적으로 이어진 상황이지만 역으로 한식과 와인의 절묘한 마리아주를 제안할 수 있는 절호의 기회이기도 하다.

한국 음식의 특징은 다른 국가와는 크게 2가지의 큰 차이점을 보여준다. 한식은 주요 요리와 함께 반찬이라는 별도의 사이드 디쉬가 동시에 제공된다. 온갖 다양한 맛과 질감, 풍미가 한꺼번에 제공되기 때문에 처음 접하는 외국인들은 식사를 어떻게 해야 하는지 방법부터 어려워한다.

한식은 제공된 다양한 음식을 자신이 조립해서 먹는 요리이다. 이것이 첫번째 이슈이다. 한식의 중심이 되는 김치에 대한 이슈가 두 번째이다. 김치는 소재로는 배추라는 식물이기에 화이트에 가깝고 양념인 고추가루 성분은 레드 와인의 풍미에 가깝다. 게다가 서양에서는 통각이라 여기는 매운맛 때문에 와인과 마리아주를 해친다고 말한다.

게다가 와인과의 조화에서 서양에서 가장 금기시하는 매운맛과 신맛이 동시에 테이블 중심의 맛을 이루기 때문에 와인과의 마리아주를 어렵게 한다. 이에 서양의 여러 와인 전문가들은 한식과 와인 마리아주에서 김치를 빼야 한다고 주장하기도 한다. 이점은 상황에 따라서는 적합한 방법이기도 하지만 김치를 요리해서 제공하는 방법도 있다.

김치를 팬으로 볶아서 김치 볶음이라는 요리로 만들면 와인과 어울리는 연결 고리가 생성된다. 특히 이를 이용한 김치 볶은 밥과는 깔끔한 프랑스의 샤블리 와인이 깔끔한 마리아주를 연출한다.

또한 김치처럼 고추장은 한국 요리에만 존재하는 고유의 양념이다. 서양인들에게는 매운맛을 약간의 단맛의 와인으로 마리아주를 만들어 주고 한국인에게는 매운맛 자체를 즐길 수 있게 이에 맞는 마리아주를 추천한다. 이런 관점에서 서양인에게는 독일의 리슬링 카베넷트 와인을 한국인에게는 프랑스 론 지방의 그르나슈 품종 와인을 추천할 수 있다.

- 고추장 소스를 곁들인 비빔밥: 주재료가 야채와 쌀이므로 음식의 바디감이 라이트하고 고추장의 매콤한 풍미와 얼얼한 미감이 특징인 요리이다. 요리의 바디감과 풍미, 특징적인 미감과 여운을 고려해야 한다. 이에 신선한 붉은 과일향을 갖으며 탄닌이 거칠지 않고 알코올이 받쳐주는 와인이 어울린다. 프랑스 론 지방의 꼬뜨 뒤 론 레드 와인과 그 지방의 세부 지역인 바께라스 등 그르나슈 품종 레드와인 또는 스페인 후미야(Jummia) 마을의 모나스트렐(Monastrell) 품종의 레드 와인을 추천한다.

- 육회: 육회의 재료는 소고기 이므로 레드 와인이 잘 어울릴 것 같지만 육회에는 화이트 와인이 잘 어울린다. 이유는 굽거나 익히는 조리법이 아닌 생고기 그 자체이기 때문이다. 육회에는 이외에 여러가지 양념과 함께 참기름으로 마무리하는데 참기름 등 재료의 풍미에 가려지지 않는 풍미와 산미가 있는 와인이 잘 어울린다. 대표적으로 독일 모젤 또는 라인가우의 리슬링 품종 와인, 프랑스 샹파뉴 지방의 잘 숙성된 샴페인을 예로 들 수 있다.

### 2) 일본

재료 본연의 특징을 섬세하게 표현하는 일본 요리의 풍미는 와인에서도 순수하고 섬세한 와인을 페어 할 때 마리아주를 극대화시킬 수 있다. 일반적으로 스파클링 와인을 포함하여 화이트 와인은 오크 숙성을 하지 않은 라이트 한 바디의 와인이 가장 잘 어울린다.

- **스시**: 일반적으로 사케가 가장 잘 어울리며 와인으로는 원료인 쌀의 풍미가 특징적인 일본의 샤르도네 와인과 잘 어울린다. 스파클링 와인으로는 오크 통 숙성을 하지 않은 심플하고 산미가 있는 이태리의 프로세코를 추천한다.
- **참치 뱃살, 연어 등 기름진 붉은 생선 사시미**: 가벼운 바디의 프랑스 브르고뉴의 피노누아, 가메이 또는 미국 캘리포니아 또는 오렌곤의 피노 누아, 뉴질랜드 피노 누아를 추천한다.
- **데리야키소스의 야키토리**: 달콤하면서도 간장의 풍미의 소스가 진한 요리로 잘 숙성된 미국 캘리포니아의 묵직한 피노 누아 또는 달콤한 과일향 풍미를 갖으며 미감에서 알코올의 여운이 남는 미국 캘리포니아 소노마의 진판델 품종 와인을 추천한다.

### 3) 중국

중국은 전통적으로 동시에 여러 메인 요리가 제공되는 상차림이다. 따라서 광범위한 풍미와 질감이 존재하여 와인 마리아주에 어려움이 있다. 이경우 완벽한 마리아주를 이루는 와인을 찾기보다는 여러가지 와인에 두루 어울릴 수 있는 다용도 와인을 선택하는 방법이 중요하다. 일반적으로 중식에는 화이트 와인과 로제 와인이 어울리고 그 중에서도 약간 단맛이 있는 오프 드라이 스타일 와인이 잘 어울린다. 중국 요리는 다양한 재료를 사용하는데 와인 마리아주에서 가장 중요한 요소로 소스와 풍미에 초점을 맞춰야 한다.

- **육류의 색이 진한 중국 음식**: 전통적으로 중국 샤오싱주(Shàoxīngjiǔ)가 가장 잘 어울리며 와인의 경우 육류와 함께 조리된 소스에 진한 과일 풍미가 풍부하고 알코올이 높은 신세계 레드 와인이 어울린다. 신세계 품종 와인으로 미국 캘리포니아의 진판델, 오스트레일리아 쉬라즈, 아르헨티나의 말벡을 추천한다.

- **스파이시한 해산물 볶음 요리**: 소스의 강렬한 맛과 풍미가 특징이므로 샴페인, 스파클링 와인 화이트 와인에서는 풍미가 풍성한 프랑스 꼬뜨 뒤 론 남부 지방의 샤또네프 뒤 파프 화이트 와인 그리고 같은 지방의 따벨 로제 와인을 추천한다.

- **가장 대중적인 달고 신맛이 나는 돼지고기 탕수육**: 살짝 달콤하고 상큼한 산미를 둘다 갖고있는 독일 모젤 지방의 카비넷트 리슬링 또는 다른 관점으로 스위트하고 향신료 풍미가 강한 프랑스 알자스의 게브르츠 트라미너 품종 와인을 추천한다

### 4) 동남아시아

최근 동남아시아 음식이 점차 대중화되고 있다. 태국, 베트남, 라오스를 공유하는 향신료의 음식 범주로 묶어서 마리아주를 소개해 본다.

일반적인 동남아시아 음식은 강한 향신료의 풍미가 특징이기 때문에 이에 어울리는 풍미가 강한 화이트 와

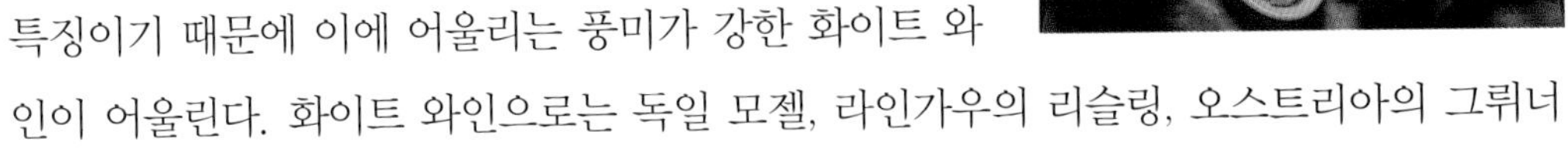

인이 어울린다. 화이트 와인으로는 독일 모젤, 라인가우의 리슬링, 오스트리아의 그뤼너

벨트리너, 프랑스 알자스의 게브르츠 트라미너를 추천하고 로제 와인으로는 프랑스 꼬뜨 뒤 론 지방의 따벨 로제 또는 약간의 단맛이 있는 프랑스 루아르 지방의 로제 당주를 추천한다.

## 4 레스토랑에서 간단한 와인 선택 기준

고급 레스토랑에서는 대개 소믈리에가 상주하고 있지만 부재인 경우를 대비해서 약간의 지식을 갖추는 편이 좋다.

- 제일 원칙은 무난하게 가격이든 색깔이든 양조 방법이든 뭐든 중간적인 성격의 와인을 선택한다. 가격이라면 하우스 와인, 색깔이라면 로제 와인, 양조 방법이면 스텐리스 스틸에서 양조한 심플한 와인을 선택한다.
- 서로 다른 음식을 주문했을 경우 와인이 최소 절반 정도 인원의 음식과 어울려야 한다.
- 극단적인 와인 선택을 피해 위험부담을 줄이는 방법으로 화이트 와인인 경우에는 프랑스 샤블리 또는 오크 숙성을 하지 않은 샤르도네, 뉴질랜드의 쏘비뇽 블랑 품종의 와인이 좋다. 레드 와인인 경우에는 신세계의 품종 와인으로 멜롯 또는 과일 풍미의 까베르네 멜롯 브렌딩한 와인이 좋다.
- 구세계 와인으로 이탈리아 토스카나 지방의 키안티 와인은 탄닌과 산미를 적절히 갖고 있어 특히 여러 음식과 무난하게 조화를 이룬다.
- 특정 나라의 요리 전문 레스토랑에서의 와인 선택 시에는 그 나라의 그 지방 와인을 택하는 것이 좋다. 음식과 와인은 서로 호흡하며 발전하기 때문에 실패 확률이 적다.
- 복잡하고 매칭하기 어려운 식재료를 사용한 메뉴인 경우에는 샴페인 또는 스파클링 와인을 선택하면 조화가 무난하다. 탄산 성분이 있는 스파클링 와인은 다양한 음식과 여러가지 음식에 두루 매칭할 수 있는 성격을 갖고 있다.
- 고급스럽게 즐기고 싶다면 샴페안이 제격이다. 샴페인은 일반적으로 화이트, 레드 품종을 같이 사용하므로 두 가지 품종의 특성을 갖고 있어 음식의 포용력이 넓다.

## 참고문헌

강찬호, 와인백과, 기문사, 2013.
고재윤, 와인커뮤니케이션, 세경북스, 2020.
고종원 외, 세계와인과의 산책, 대왕사, 2013.
고종원 외, 세계의 와인, 기문사, 2011.
고종원의 세계와인문화이야기, 호텔앤레스토랑, 2012년 5월호.
관세청 공시자료
금양 인터내셔날 자료 제공
김성혁, 김진국, 와인학개론, 백산출판사, 2002.
김의겸, 최민우, 정연국, 와인 소믈리에 실무, 백산출판사, 2016.
대유라이프 (주)리델 글라스, 디켄터 이미시 제공
독일 가이젠 하임, 와인대학 자료 제공
로드 필립스, 도도한 알코올 와인의 역사, 시공사, 2002.
리델 글라스, 까브 드 뱅 이미지 제공
마이클 슈스터, 와인테이스팅의 이해, ㈜BaromWorks, 2007.
박성철, 독일 와인의 조용한 품질 혁명-Mosel을 중심으로.
베르너 오발스키, 와인, 예경, 2005.
사진작가 이운식님 사진 제공
소펙사 코리아, 프랑스 와인 산지 지도, 사진 제공
손진호, 손교수와 함께 배우는 와인의 세계-초중급 종합편, 손진호 와인연구소, 2010.
손진호, 손교수와 함께 배우는 와인의 세계-이탈리아 와인편, 손진호 와인연구소, 2007.
손진호, 손교수와 함께 배우는 와인의 세계-뉴월드 와인편, 손진호와인연구소, 2009.
손진호, 손진호와 함께 배우는 와인의 세계-프랑스 와인편, 손진호와인연구소.
손진호, 제9회 중앙와인학술축제-뉴질랜드 와인, 중앙대 지식산업교육원 와인아카데미, 2010.
손진호, 이효정, 와인 구매 가이드 2, WB barom works, 2008.
손진호, 이효정, 이세용, 안데스의 정기, 남미 와인 산업의 현황과 미래 진단.
송점종, 혁신과 창조의 산물, 수퍼 토스칸 와인, 주간경향, 2013.3.12.
오펠리 네만, 와인은 어렵지 않아, 그린쿡, 2019.
유석천, 독일 와인의 재발견-맥주에서 와인으로, KOTRA, 2008.
은광표, 와인이야기: 세계의 와인, 연세대학교 평생교육원, 2009.
이효정, 와인과 음식의 조화.
제4회 중앙 와인 학술 축제
제7회 중앙 와인 학술 축제 캘리포니아 와인 - 중앙대학교 산업 교육원 와인 전문과정

조선경제, 2014.1.29., B7면.
조선일보, 2016.4.14.
조셉 바스티아니치, 이탈리아 와인 가이드, 바롬웍스, 2010.
조정용, 올댓와인 2, 해냄, 2009.
최병호, 최희진, 최신 와인 소믈리에 이해, 백산출판사, 2010.
최훈, 와인과의 만남, 자원평가연구원(IR), 2010.
최훈, 유럽의 와인, 자원평가연구원, 2010.
한국교직원신문, 2017. 3. 6.
한국주류수입협회, 주류저널, 2010. 7월호
한국학중앙연구원, 시사상식사전.
한준섭 외, 전통 이태리 요리, 백산출판사, 2011.
허용덕 외, 와인 & 커피 용어해설, 백산출판사, 2009.
호텔앤레스토랑 8월호, 김준철- 현대적인 와인으로 거듭나는 스페인 와인, 2014.
호텔앤레스토랑, 2014년 6월호.
호텔앤레스토랑, 2014년 8월호.
호텔앤레스토랑, 2014년 9월호.
휴 존슨 외, 와인아틀라스, 세종서적, 2009.
㈜제주시대
児島速人, CWE Test Your Knowledge of Wine ワイン教本, イカロス出版, 2008.
日本ソムリエ協會教本社團法人日本ソムリエ, 協會飛鳥出版.
田辺由美, Wine Book, 飛鳥出版, 2009.
Asia wine Trophy 사진 제공
Asian Palate 지니 조리
Christopher Fielden, 上級ワイン教本Exploring wines & Spirits, 柴田書店, 2009.
Hough Johnson, Jancis Robinson.
Musee Sato Yoichi, Wine Tasting.
The Wine & Spirit Education Trust.

http://algogaza.com/
http://basicjuice.blogs.com/basicjuice/2007/10/a-question-of-e.html 아이스 와인 포도
http://blog.daum.net/thewines/7?srchid=IIM9xZbO000&focusid=A_177FDF0C4AB8D3AC3C033C
http://blog.naver.com/beh314?Redirect=Log&logNo=130014584529 VDP
http://blog.naver.com/jayokim?Redirect=Log&logNo=110051298346 독일 와인산지 지도
http://blog.naver.com/jbcr/40015842059
http://blog.naver.com/macallan1973/120022683932
http://blog.naver.com/PostView.nhn?blogId=foodpin&logNo=120192838401
http://cordelia.typepad.com/anastasia/2009/07/sweet-commandaria.html
http://ebook.ehyundai.com/

http://electronica.tistory.com/275
http://en.wikipedia.org/wiki/Classification_of_Saint-%C3%89milion_wi
http://en.wikipedia.org/wiki/File:Grape_varieties_in_Germany_over_time.pngne
http://en.wikipedia.org/wiki/Germany_wine:독일 와인
http://evjoo.tistory.com
http://hyodon.nonghyup.com
http://lukegeography.files.wordpress.com칠레 와인지도
http://m.blog.naver.com/cocrystal
http://mashija.com/
http://navercast.naver.com
http://palatepress.com/wp-content/uploads/2010/03/Nicolas-Joly-plowing.jpg
http://search.naver.com
http://sports.media.daum.net/cup2010/news
http://terms.naver.com
http://terms.naver.com
http://wikipedia.com/Bordeaux Wine Official Classification of 1855
http://wine.jp/nouveau/
http://wineandchamp.lebonami.com/content/vin-ros%C3%A9-du-sud-ouest
http://winefolly.com/review/hungarian-wines-for-the-win/
http://winefolly.com/tutorial/understanding-italian-wine-list/
http://wine-play.com
http://www.bing.com
http://www.bing.com/images/
http://www.blogyourwine.com/a-to-z-pinot-noir-oregon/
http://www.champagne.fr/wpFichiers/1/1/Mediatheque/11/Associes/11/Fichier/appellation.pdf
http://www.chateauloisel.com/degustation/classement-sauternes-1855.htm소떼른 등급체계
http://www.djwinefair.com
http://www.foxnews.com
http://www.germanwines.co.kr/ 독일 와인협회
http://www.germanwineusa.com/german-wine-101/read-wine-label.html 독일 와인라벨
http://www.google.co.kr
http://www.internetwineguide.com/structure/ww/v&w/europe/fr/sud-ouest/sudouest.htm
http://www.kleinconstantia.com/our-news/robert-parker-rates-vin-de-constance-95-points/
http://www.kyongbuk.co.kr
http://www.la-cave-a-vin.fr/vin-corse.php
http://www.omnimap.com/catalog/access/winemaps/wine-fra.htm#p4
http://www.omynara.com

http://www.pedien.com/news/
http://www.santorini4you.com/santorini_wine.html
http://www.snooth.com
http://www.sommeliertimes.com/
http://www.the-scent.co.kr/
http://www.vin-terre-net.com
http://www.wikipedia.org/
http://www.winemega.com/classification_pessac_leognan.htm페샤레오냥 등급체계
http://www.wineok.com/
http://www.winetour-france.com
http://www.yonhapnews.co.kr
https://bigbanyanwines.com/2015/12/29/4-basic-wine-and-food-pairing-rules
https://blog.daum.net/
https://businesstech.co.za/news/lifestyle/91516/the-best-wines-in-south-africa/
https://chantallascaris.co.za/
https://closcachet.com.au/terroir-definition/
https://glassofbubbly.com/
https://ifreebsd.ru.com/
https://infonavi.tistory.com/
https://insanelygoodrecipes.com/
https://lacantinawines.com/collections/australian-wines
https://m.blog.naver.com/jollyholly
https://m.hankookilbo.com/
https://m.news1.kr
https://mobile.twitter.com/hashtag/givier
https://moodysbutchershop.com/
https://nl.pinterest.com/
https://nonoboring.tistory.com/
https://onedaywithous.tistory.com/
https://priceonomics.com/how-epic-fortunes-were-created-during-the/
https://shop.winefolly.com/collections/regional-wine-maps
https://sites.google.com/site/wwwhealthygreekfoodscom/greek-cuisine-history
https://sosexywines.com/
https://steemit.com/
https://swartlandindependent
https://v.daum.net/
https://wine.lovetoknow.com/

https://www.100ita.com/blog/italian-wine-classification-for-quality-level/?lang=en
https://www.bbcgoodfood.com/
https://www.bordeaux.com
https://www.broadsheet.com.au/
https://www.delish.com/
https://www.drinkmemag.com/
https://www.eatmart.co.kr/
https://www.facebook.com/374739973080596/
https://www.facebook.com/topshelf.kl/photos
https://www.goodfruit.com/
https://www.google.co.kr
https://www.health.harvard.edu
https://www.istockphoto.com/
https://www.joongang.co.kr
https://www.junsungkinews.com/40149
https://www.kj.com/
https://www.localnaeil.com/
https://www.robertparker.com
https://www.sommeliertimes.com
https://www.tastinggeorgia.com
https://www.thecheeseshopofsalem.com/
https://www.thespruceeats.com/
https://www.tours.com.pt/enoturismo/
https://www.townandcountrymag.com/
https://www.tripadvisor.com/
https://www.wine21.com
https://www.winepleasures.com/
https://www.winetraveler.com/
https://www.youtube.com/
https://www.youtube.com/ 루뱅
https://www.yummly.co.uk/
http://www.winepictures.com/france/joly.
www.aromaster.com/ aroma wheel
www.australia.com
www.christmasmagazine.com/.../label.jpg
www.fotolia.com/id/117223 트로켄 베렌아우스레제 사진(보트리티스 감염)
www.wine21.com

www.wine21.com 슐로스베리그 이미지
www.wineok.com
www.wineok.com
www.wosa.co.za
www.wosa.co.za;www.thedi.gov.za

## 저자소개

### 고종원


경희대학교 국제경영전공(경영학 박사)
서울대학교 보건대학원 식품외식경영자과정 이수
중앙대학교 와인어드바이저/와인마스터과정 수료
연세대학교 세계와인과정 이수
일본 OGM 와인전문과정 수료
미국호텔협회 총지배인(CHA) 자격증 취득
미국호텔협회 와인소믈리에 자격증 취득
미국레스토랑협회 외식경영전문가(FMP) 자격 취득
Certificate Pre Tea-Master(J.T.Ronneldt KG. Frankfurt am Main/Germany)
Certificate of Completion technical course in La Marzocco(Italia)
숭실대학교 경영대학원 식음료경영학과 와인과정 최우수강사 선정
안양 과천 상공회의소 와인특강 초청교수
한국외식업중앙회 경기도지회 와인자격취득과정 주임교수
(사)한국평생능력개발원 식음료자격취득검정위원회 심사위원장
한국커피와인문화연구원 심사위원장, 선임연구위원
M이코노미(MBC), 트래블데일리 칼럼리스트(와인칼럼 기고)
호텔앤레스토랑 와인칼럼리스트(세계와인문화이야기)
한국관광신문 논설위원(와인칼럼 기고)
한국외식음료협회 와인소믈리에/커피바리스타 심사위원
한국산업인력공단 국가기술자격 조주기능사 실기 심사위원
프랑스 Kov Commanderie(와인기사작위)
한국와인소믈리에협회 편집이사, 이사
미국 와인턴주, 중국 연태 · 봉래 · 청도 와인투어 등
CCB(Asia) 홍콩 Wine Dine Festival 참가
현) 연성대학교 호텔관광전공 교수
연성대 평생교육원 와인소믈리에/와인마스터과정 주임교수


〈저서 및 논문〉
세계의 와인(기문사), 세계와인과의 산책(대왕사), 와인의 세계(기문사),
와인워크북(신화), 와인테루아와 품종(신화) 등 저술
와인관련 논문, 와인칼럼 다수

## 이정훈

세종대학교 일반대학원 호텔관광경영학과 박사과정 수료
2015 제3회 A.S.I아시아&오세아니아 베스트 소믈리에 경기대회 대한민국 국가대표(Semi-finalist)
2014 제10회 한국 국가대표 소믈리에 경기대회 왕중왕전 준우승
2013 제9회 한국 국가대표 소믈리에 경기대회 우승
A.S.I(국제소믈리에 협회)공인 Diploma Sommelier A.S.I 대한민국 1호 Sommelier
프랑스 농식품진흥공사 Sopexa 공인 Sommelier
영국 C.M.S(Court of Master Sommelier) 공인 Sommelier
프랑스 U.D.S.F(B.A): 프랑스(보르도&아키텐) Sommelier 협회 공인 Sommelier
독일 Mosel Wein Sommelier 협회 공인 Sommelier
(사)한국국제소믈리에협회 공인 Master Sommelier
독일 Berlin Wine Trophy 심사위원
홍콩 Asia Wine & Spirit Award Champion Sommelier Panel
홍콩 Asia Top Sommelier Summit 대한민국 국가대표
Asia Wine Trophy 심사위원
Korean Wine Awards 심사위원
Korea Wine Challenge 심사위원
한국 와인 베스트 트로피 심사위원
한국 와인 대상 심사위원
중앙일보 와인 컨슈머리포트 심사위원 팀 리더
삼성 지펠 스파클링 워터 냉장고 관능평가 자문위원
국내 주요 정수기 물맛 품평회 심사위원
웹진 더센트와인 칼럼리스트
전통주 관능평가 심사위원
(사)한국국제소믈리에협회 자격 검정 필기 출제 & 실기 심사위원
한국 국가대표 소믈리에 경기대회 필기 출제 & 실기 심사위원
(사)한국국제소믈리에협회 기술분과위원
(사)한국국제소믈리에협회 부회장(자격 검정)
연성대학교 평생 교육원 와인 소믈리에 과정 소믈리에 실기 강사
한국음료강사협의회 대표 강사
숭실대학교 경영대학원(MBA) 외식경영학과 F&B Seminar 과정 초빙 강사
현) Grand Walkerhill Hotel Sommelier

〈저서 및 논문〉
세계의 와인(기문사), 세계와인과의 산책(대왕사), 와인의 세계(기문사),
쉽고 재미있는 음료의 모든 것(지식인) 등 저술
와인 칼럼 다수

세계와인수업

2023년 1월 15일 초판 1쇄 인쇄
2023년 1월 20일 초판 1쇄 발행

**지은이** 고종원 · 이정훈
**펴낸이** 진욱상
**펴낸곳** (주)백산출판사
**교 정** 박시내
**본문디자인** 오행복
**표지디자인** 오정은

**등 록** 2017년 5월 29일 제406-2017-000058호
**주 소** 경기도 파주시 회동길 370(백산빌딩 3층)
**전 화** 02-914-1621(代)
**팩 스** 031-955-9911
**이메일** edit@ibaeksan.kr
**홈페이지** www.ibaeksan.kr

ISBN 979-11-6567-606-3 93590
**값 32,000원**